"十三五"国家重点图书出版物出版规划项目

—— 面向未来的交通出版工程·交通大数据系列 ——

大数据驱动道路交通尾气排放量化技术方法与应用

刘永红　余　志　蔡　铭　丘建栋 / 著

同济大学出版社·上海

图书在版编目(CIP)数据

大数据驱动道路交通尾气排放量化技术方法与应用/刘永红等著. —上海:同济大学出版社,2022.6

面向未来的交通出版工程. 交通大数据系列 "十三五"国家重点图书出版物出版规划项目

ISBN 978-7-5765-0116-2

Ⅰ.①大… Ⅱ.①刘… Ⅲ.①数据处理—应用—汽车排气污染—空气污染控制 Ⅳ.①X734.201-39

中国版本图书馆CIP数据核字(2022)第005247号

"十三五"国家重点图书出版物出版规划项目
国家出版基金资助
上海市新闻出版专项资金资助
面向未来的交通出版工程·交通大数据系列

大数据驱动道路交通尾气排放量化技术方法与应用

刘永红　余　志　蔡　铭　丘建栋　著

丛书策划：高晓辉
责任编辑：李　杰
责任校对：徐春莲
封面设计：王　翔

出版发行　同济大学出版社　www.tongjipress.com.cn
（地址：上海市四平路1239号　邮编：200092　电话：021-65985622）
经　　销　全国各地新华书店、建筑书店、网络书店
排版制作　南京文脉图文设计制作有限公司
印　　刷　上海安枫印务有限公司
开　　本　787mm×1092mm　1/16
印　　张　12.75
字　　数　318 000
版　　次　2022年6月第1版
印　　次　2022年6月第1次印刷
书　　号　ISBN 978-7-5765-0116-2
定　　价　108.00元

内容提要

本书主要以多源、多维的交通运行监测数据为基础，融合单个车辆尾气排放测试数据、气象与空气质量监测数据，建立了跨领域的交通环境大数据体系；针对区域、道路、单个车辆等不同层级的交通尾气排放量化需求，提出了包括车辆活动水平、行驶工况、排放因子量化表征和清单计算的成套方法和模型技术，实现了宏观、中观、微观和不同层级的交通尾气排放量精细计算，以及排放特征和来源分析。结合广东、佛山、深圳、重庆和宣城等省市的实际应用案例，从交通尾气排放清单、动态实时监测系统平台、交通尾气排放污染治理决策支撑等方面入手进一步阐述了大数据驱动交通尾气排放量化技术的应用，旨在为交通、生态环境保护等相关行业的研究人员和管理者提供方法指导和实际案例参考。

作者简介

刘永红，女，中山大学智能工程学院副教授，博士生导师，院长助理，广东省交通环境智能监测与治理工程技术研究中心主任。主要从事交通环境大数据、交通尾气排放精准量化与防控等研究。近5年主持国家级、省市级课题30余项，在*nature communication*等高质量期刊发表论文53篇。研究成果支撑了全国第二次道路交通污染源普查以及广东省、香港、佛山、广州、重庆等省市大气污染攻坚战和交通污染治理政策措施发布。获广东省科技进步二等奖、中国智能交通协会科技进步二等奖和中国交通运输协会科技创新青年奖。担任全国第二次污染源普查技术专家、世界交通大会绿色交通系统技术委员会主席、广东省第十三届人大常委会环保咨询专家、广东省碳普惠专家委员会委员等。

余志，男，中山大学智能工程学院教授，博士生导师，视频图像智能分析与应用技术公安部重点实验室副主任，广州市人民政府决策咨询专家。主要从事智能交通系统、交通环境、视频图像与大数据、低碳政策与技术等研究。先后主持和参与70多项国家和省部级重大科研项目，发表论文百余篇。曾任中山大学工学院首任院长、国家863计划主题专家组组长。曾是国家百千万人才工程第一、二层次首批人选。获中国青年科技奖、广东省科技进步二等奖、中科院自然科学二等奖、中国智能交通协会科学技术奖二等奖等奖项。获中国青年科技标兵、中科院有突出贡献的青年科学家等称号。

蔡铭，男，中山大学智能工程学院教授，博士生导师，副院长。中国公路学会交通院校工作委员会常务委员，广东省本科高校交通运输类专业教学指导委员会副主任委员，广东省城市规划协会交通专业委员会副主任委员。主要研究领域为交通大数据、交通环境工程、智能交通系统、自主式交通系统。主持了包括国家重点研发计划项目、国家自然科学基金面上项目、广东省科技计划重大专项等在内的科研项目。获中国城市规划学会科技进步一等奖、华夏建设科学技术奖一等奖、中国智能交通协会科学技术奖二等奖、广东省教学成果一等奖等奖项以及“南粤优秀教师”称号。

丘建栋，男，教授级高级工程师，深圳市城市交通规划设计研究中心交通信息与模型院院长。具有15年交通建模、交通排放和大数据领域从业经验，主持和参与50余项大中城市的大数据及仿真平台项目，参与10项部省市级科研课题。累计申请30项专利，发表论文35篇，参编5本专著和行业标准。获广东省科技进步一等奖、华夏建设科技奖一等奖、中国智能交通科技一等奖、深圳市科技进步一等奖等23项省市级奖项。2015年面向全球建立“未来交通实验室”。获评深圳市投控系统“十大青年工匠”、深圳市罗湖区“菁英人才”以及深圳市高层次专业领军人才。

“面向未来的交通出版工程·交通大数据系列”
丛书编委会

总 序

FOREWORD

城市交通领域正在发生一系列深刻的变化。在管理体制变革、相关技术领域创新以及社会发展目标变化的背景下，城市交通战略与对策规划方法、技术支持系统务必作出相应的调整。如何将与交通相关的大数据资源转变为决策支持，进而提升相关的行动效果，正是在此背景下提出的重要课题。

当前，正值交通规划与战略决策体系变革的热潮，我非常高兴地看到“面向未来的交通出版工程 · 交通大数据系列”丛书的编写稿。这套丛书涵盖了基础分析理论、实践经验总结、平台构建实操以及领域场景应用思考等各个环节，为城市交通规划、设计和管理领域大数据技术的应用推广提供了宝贵的理论依据和实践范例。丛书的作者们长期致力于交通大数据分析领域的研究与实践，字里行间蕴藏着他们的不懈努力和辛勤付出。

在生态文明的前提下，强调以人为本的城市交通，面临着通过技术与政策解决社会问题的巨大挑战，是一个需要体系化作战才能取得胜利的战场，也是一个存在诸多未知和不确定性的领域。经过多年努力，尽管我们已经在交通网络连接方面取得了巨大的成功，在构建健康社会和经济空间结构方面不断取得进展，却依然面临社会治理模式、城市生活模式和经济发展模式转型的挑战。因此，突破原有经验和理论的束缚，通过创新决策方式、创新服务模式、创新对策方法，探寻城市交通可持续发展路径，显得尤为重要。

交通大数据技术所展现出的应用前景，对于城市交通复杂系统的可持续发展具有重要的意义。它能够帮助管理者和研究人员更加及时、准确地认识城市交通自身属性，乃至认识所关联的社会经济环境发生的变化，更快地掌握演化进程中的各种规律，更好地适时响应外界环境变化对城市交通系统生存发展的调控需求。交通大数据已经成为科学决策不可或缺的基础资源与技术支持手段。

对于处在变革和创新时代的城市交通来说，交通大数据技术绝非信息技术的简单应用，而是推动管理和决策模式变革的一种技术手段。正因如此，对于应用场景的深入理解，对于管理和决策科学的融会贯通，是交通大数据研究的精髓，也是这套丛书的独到之处。在领略大数据应用逻辑的基础上研究数据处理方法，是这套丛书向读者传递的重要学术内容。

尽管我们在交通大数据技术研究和应用方面取得了可喜的进展，但若想真正进入"自由王国"还需付出更大的努力。希望这套丛书的出版，能够帮助更多人进入这一富有挑战和希望的领域，从而更好地推动城市交通领域的技术进步。

（全永燊）

2021 年 11 月

前言

PREFACE

随着城市化、机动化交通系统的快速发展，道路交通尾气排放逐步成为城市主要的空气污染物和碳排放来源。车辆在行驶过程中排放的NO_x，VOCs，$PM_{2.5}$等污染物，是城市大气复合污染的主要来源之一，也是制约交通绿色转型发展的瓶颈之一。在我国治理大气污染攻坚战和“碳达峰、碳中和”行动计划中，道路交通尾气排放控制均被列为工作重点与难点，而开展道路交通尾气排放量化技术研究，实现对这一复杂动态系统排放的精准量化则是支撑科学减排和防控的重要基础。

道路交通尾气排放精准量化是特色鲜明的交叉学科问题，涉及交通、环境、计算机和地理等学科。在复杂、随机、时变道路交通系统中，车辆尾气排放受车况（燃油类型、发动机技术、尾气处理技术、使用时长等）、路况（行驶状态、道路状况等）等综合影响，呈现显著的个体排放多样化、空间分布不均匀、动态时变等特征。基于宏观统计数据构建的排放量化方法难以对车辆在不同时空域的行驶工况、活动水平实现全面准确的捕捉与刻画，使得排放量化结果的时空分辨率低、不确定性大。车辆尾气排放的精准量化一直面临着诸多技术问题和挑战，缺少对不同气象条件、车辆、时段的排放规律、排放驱动力和空气污染来源的精准认知，难以满足我国科学精准减污降碳的迫切需求。

交通、环境领域大数据时代的到来为解决这一技术难题提供了较好的研究契机和发展条件。首先，智能交通系统2000年开始在中国各大城市投入建设和运行以来，中国城市道路交通运行监测网络逐步壮大与完善，为道路交通尾气排放量化技术研究提供了越来越丰富的交通活动实景数据资源。其中，电警式治安卡口监测、营运车辆GPS监测等目前在中国大多城区主要道路覆盖率已达70%，这一指标在新一代智能交通建设示范城市则更高，这些技术可实现对途经监测点位的任意行驶车辆的身份识别、行驶速度监测，从而实时或动态掌握大范围、大规模路网车辆运行数量和运行工况，改变了传统以车辆注册登记量、问卷调查行驶里程等宏观静态数据来表征车辆活动水平和活动工况的方式。其次，近10年来生态环境领域大数据的发展，如国家环境空气质量自动监测网络布设、机动车排气污染监控网络建设，产生了海量数据，包括6项基本空气污染物浓度数据和气象数据，以及在模拟行驶工况和实际行驶工况下单个车辆尾气排放量或排放速率数据。在国家政府数据公开共享机制和具有高度社会责任心的企业共享行动的推动下，这些去隐私数据的共享程度越来越高，将被越来越多的政府人员、科技工作者、企业、公众获取，诸如此类的交通大数据使得精准表征路网大规模行驶车辆的尾气排放系数或排放因子成为可能，这些均为道路交通尾气排放技术研究和发展提供了极好的数据条件。

本书主要以多源、多维的交通运行监测数据为基础，融合单个车辆尾气排放测试数据、气象与空气质量监测数据，建立了跨领域的交通环境大数据体系；针对区域、道路、单个车辆三种尺度的交通尾气排放量化需求，提出了包括车辆活动水平、行驶工况、排放因子量化表征和清单计算的成套方法和模型技术，实现了宏观、中观、微观等不同时空尺度、不同层级(区域→路网→个体)的交通尾气排放精细计算、排放特征及来源分析。结合广东、佛山、深圳、重庆和宣城等省市的实际应用案例，从交通尾气排放清单、实时监测系统平台、交通尾气排放污染治理决策支撑等方面入手，进一步阐述了大数据驱动排放量化技术的应用，旨在为交通运行管理、生态环境保护等相关行业的研究人员和管理者提供方法指导和实际案例参考。

全书分为9章。第1章主要阐述了道路交通尾气排放的基本原理、交通环境大数据与尾气排放量化技术的研究进展。第2章主要阐述了尾气排放精细量化所需用到的交通环境大数据的内容和特征。第3～5章属于方法学的内容，主要阐述了尾气排放量化技术体系中最重要的三方面，即多领域大数据的融合处理、车辆尾气排放因子本地化、多尺度道路交通尾气排放计算方法。第6～8章主要结合广东省内和其他典型城市的实际交通环境大数据，从多尺度清单特征揭示、实时排放监测分析系统研发和城市尾气污染精准治理决策三个方面分别详细阐述了尾气排放量化方法的技术效果，内容包括多尺度道路交通尾气排放清单应用、道路交通尾气排放实时监测系统平台以及道路交通污染来源精确解析与治理应用。如果您是一名从事道路交通尾气排污管理的工程技术人员，希望了解和掌握道路交通尾气排放量化方法在大气污染攻坚战中的应用情况，可详细查阅这三章的内容。第9章阐述了问题与挑战以及研究展望。

本书由刘永红、余志设计。第1章由刘永红、丁卉、李丽、黄文峰撰写，第2～3章由蔡铭、丁卉、黄敏撰写，第4～5章由丁卉、李丽撰写，第6章由李丽、丁卉、丘建栋撰写，第7章由徐伟嘉、丘建栋、李丽撰写，第8章由刘永红、丁卉撰写。全文由刘永红、余志、丘建栋统稿。

本书在编写过程中得到硕士研究生黄文峰、钟慧、李考欣、杨鑫茹和科研助理王润竹、孔繁灵等人的协助，他们在查阅文献、文字录入及绘图、校核方面做了较多的工作，在此一并表示感谢。书中引用了国内外学者的研究成果和相关资料，并得到案例应用地市相关管理部门的支持和帮助，在此表示真挚的感谢。

大数据驱动的道路交通尾气排放量化技术研究离不开科技工作者、管理人员和工程技术应用人员的共同努力。本书编写团队历经十多年的交通尾气排放模型研究，凭借对交通、环境科学、计算机等多学科交叉问题有限的研究经历与认知编写本书，虽然已梳理出较为体系化的道路尾气排放量化技术方法和工程实践案例，但是由于实际问题的复杂多样、多学科思维方式的差异和自身认知的不足，本书内容仍不够全面和完善，尤其近年来，随着人工智能、物联网、超算等新兴信息技术的发展，道路交通系统理论和方法学均在发生变革，并且这种变革已经逐渐渗透到交通环境问题的研究中。这一领域的研究仍有诸多技术难题需要继续攻克，希望本书能抛砖引玉，引发与同行学者和相关行业管理、工程技术人员的共同关注和探讨。

本书成果来源于国家自然科学基金资助项目“考虑时变交通流的城市高架桥附近 PM_1、$PM_{2.5}$ 污染三维时空演变机理研究”（项目编号：41975165）、“基于大数据的智慧交通基础理论与关键技术”（项目编号：U1811463），在此表示感谢！

著　者

2022 年 4 月

目 录

CONTENTS

1 绪　　论

随着国家2030年"碳达峰"、2060年"碳中和"目标的提出和城市空气污染治理的不断深入，道路交通尾气排放已成为城市和区域空气污染、温室气体排放的主要或首要排放源，给城市居民带来极大的健康风险和疾病危害，制约着我国"双碳"(碳达峰、碳中和)和"美丽中国"目标的实现。因此，快速提高我国道路交通尾气污染科学、精准防控水平已成为我国"十四五"期间乃至更长时期的一项紧迫任务。而大数据驱动的交通尾气排放精准量化技术将是科学精准治污的重要基础，提高尾气排放量化计算方法的精准度和时空分辨率成为新要求。本章从车辆尾气排放基本原理、危害和影响因素、量化技术等方面展开阐述，并分析总结当前交通环境大数据情况及其对尾气排放量化技术研究的支撑作用。

1.1 道路交通尾气排放及危害

从全球来看，道路交通尾气已成为诸多城市大气污染的主要来源(表1-1)，也是一种具有复杂、随机多变特性的排放源，尾气中的多种空气污染物严重威胁人民群众的生命健康。道路交通尾气污染物主要包括CO、挥发性有机物(VOCs)、NO_x、大气颗粒物PM(Particulate Matter，包括PM_{10}，$PM_{2.5}$，PM_1等)，对环境空气质量及人类健康危害极大。

表1-1　2017年典型国家和地区道路污染源排放占总排放的比例

国家和地区	CO/%	NO_x/%	$PM_{2.5}$/%	PM_{10}/%	VOCs/%
中国		46	10～50 (北京:36)		
韩国	29	36	10	4	4
美国	37	35	8	11	13
欧盟	21	39	11	10	9(NMVOC)
中国香港	53	20	12	10	19
韩国首尔	63	49	17	5	11

注：NMVOC为非甲烷挥发性有机化合物，英文全称为Non-Methane Volatile Organic Compounds。

CO是一种有毒的无色无味气体，道路交通尾气中的CO主要是由于汽油、柴油中碳元素在发动机气缸内不完全燃烧生成的，其在人体内与血液中血红蛋白结合的能力比O_2高出250倍[1]，人过量吸入时可能出现头疼、头晕、乏力、恶心等症状，严重者会出现晕厥和昏迷甚至死亡，人体神经系统也会遭到不同程度的损伤，包括反应障碍、迟钝、记忆力下降、意识模糊等。

VOCs是指大气中除CO和CO_2外，所有参加大气光化学反应的挥发性有机化合物。道路交通尾气中的VOCs是促进气溶胶形成的重要因素，也是大气臭氧污染的重要前体物。VOCs 对人体呼吸系统的伤害较大，长期吸入过量 VOCs 可能导致癌症等多种疾病的发生。

NO_x 是指以 NO 和 NO_2 为主的大气污染物，主要由空气中的 N_2 与发动机燃料中的含氮有机物在燃烧过程中产生，会对人体呼吸系统产生危害。与 VOCs 一样，NO_x 也是大气臭氧污染的重要前体物，并且转化后的硝酸盐是形成大气气溶胶的重要来源。

大气颗粒物对人体危害具有明显的粒径特征，研究发现，大气颗粒物在人体呼吸系统的沉积作用包括扩散沉积和碰撞沉积两种机理，粒径在 2.5 μm 以上的大气颗粒物主要发生碰撞沉积，粒径小于 0.1 μm 的大气颗粒物主要发生扩散沉积[2]。可吸入颗粒物（PM_{10}）经过鼻腔进入支气管之前，通常粒径在 2.5～10 μm 的颗粒物通过碰撞沉积作用在鼻腔内被吸收掉，而大量粒径在 0.1 μm 以下的极细颗粒物会通过扩散沉积作用进入支气管和肺泡中，这意味着大部分的 $PM_{2.5}$（粒径≤2.5 μm）和 PM_1（粒径≤1 μm）能够深入肺部，对人体健康造成更大危害，引发咳嗽、呼吸困难、哮喘、慢性支气管炎等呼吸系统疾病，并导致心律失常、心脏病等心血管方面的疾病[3]。其中，PM_1 在慢性阻塞性肺病和哮喘患者呼吸系统的沉积剂量较正常人体高 49%～59%，粒径小于或等于 2.5 μm 的颗粒物数量浓度达肺部总沉积量的 83%，而粒径大于 2.5 μm 的颗粒物在大气中经过干湿沉降能被较好地去除，进入肺部的浓度和毒性相对较低[4]。

生态环境部发布的《中国移动源环境管理年报（2021 年）》显示，2020 年全国机动车保有量达 3.72 亿辆，汽车保有量达 2.81 亿辆，同比增长 8.1%；全国机动车四项污染物排放总量达 1 593.0 万 t，CO，HC，NO_x，PM 分别为 769.7 万 t，190.2 万 t，626.3 万 t，6.8 万 t。我国第一批城市大气细颗粒物（$PM_{2.5}$）源解析报告显示，深圳、北京、上海和广州的移动源排放已成为大气细颗粒物的首要来源，占比分别达到 52.1%，45.0%，29.2%和 21.7%。随着我国城市化进程的不断发展和人口密度的不断提高，道路交通尾气排放对在上述城市人口密集地区活动人群的健康造成极大威胁。

在我国，道路交通尾气不仅是城市空气污染的主要来源，也是第三大温室气体（主要指 CO_2）的主要来源。2019 年中国道路交通 CO_2 排放占全国 CO_2 排放量的 7.9%，仅次于能源供应和工业生产部门。CO_2 是一种无色无味的气体，也是空气的组分之一，在强烈吸收地面长波辐射后能向地面发出波长更长的辐射，对地面起到保温作用，进而产生温室效应。由温室气体过量排放导致的气候变化在全球范围内造成了诸多影响，如频繁出现极端天气，严重影响人类生产生活。因此，控制 CO_2 排放总量、提高碳汇能力、实现碳循环平衡等措施对应对全球气候变化具有重要意义。2020 年 9 月 23 日，国家主席习近平在第 75 届联合国大会上郑重宣布中国二氧化碳排放力争于 2030 年前达到峰值，努力争取 2060 年前实现碳中和。习总书记强调，实现碳达峰、碳中和是一场广泛而深刻的经济社会系统性变革，要把碳达峰、碳中和纳入生态文明建设整体布局。由此可见，“双碳”达标是系统性、战略性和全局性的工作，覆盖能源、工业、交通等全社会的各个行业部门，需要各行业各部门多措并举、协同推进“双碳”达标。从交通行业部门来看，2013年以来，我国碳排放增速总体趋于平缓[5]，但城市交通碳排放却成为增速最快的领域。因此，在未来相当长的时期，道路交通作为减碳潜力较大的重点领域，将在实现“双碳”达标过程中发挥重要作用。

综上所述，无论是从大气污染精细防治目标，还是从“双碳”目标来看，及时、快速、准确量化计算道路上行驶车辆尾气排放量是一项急需的基础研究。但因道路交通尾气排放不同于固定的工业源排放，具有复杂、随机、动态多变、不可测的特征，道路交通尾气排放精准量化一直是一个技术难题。

1.2 尾气排放基本原理及影响因素

道路交通尾气污染物排放主要有三个途径：①无论是气体污染物 NO_x，VOCs，CO，还是颗粒物PM，多数是经由尾气管排出的运行排放，也是尾气排放的主要部分；②挥发性有机物VOCs还来源于静置、曲轴箱泄漏排放和燃油系统蒸发排放；③车辆行驶时轮胎与地面摩擦产生的颗粒物，也是大粒径颗粒物产生的源头之一。本书主要讨论道路交通运行车辆尾气排放问题。

由于城市道路交通网络上行驶的车辆数量庞大、类型众多，即车辆技术性能（发动机型号、使用时长、车辆类型、燃油类型、排放标准、排放处理装置等）相差较大，再叠加油品质量、不同功能及线形道路上车辆运行状况（车速、加速度）、驾驶员习惯、天气状况等综合影响，不同状态下车辆尾气排放水平差异大，并且众多车辆汇聚在不同道路空间上，使得道路交通尾气排放呈现显著的时空分布不均匀特征。因此，道路交通尾气排放的影响因素可归为车、油、路、环境共四类，包括车辆技术性能及使用状况，燃油类型及油品质量，车辆运行工况，温度、湿度及海拔等。

1.2.1 车辆技术性能及使用状况

影响车辆技术性能的因素包括发动机技术、排量和车重等，而排放标准是车辆技术性能的重要体现。我国自20世纪90年代起参照欧洲车辆排放标准体系，逐步推行愈加严格的车辆排放标准（表1-2），以激励车辆从生产到使用环节中的尾气控制技术升级。2016年轻型车第五阶段排放标准开始推行，意味着我国机动车污染控制水平与以欧美为代表的机动车发达国家的差距从20年缩短至4～8年[6]。2020年底正式出台的《轻型汽车污染物排放限值及测量方法（中国第六阶段）》，在进一步严格各污染物排放限值的基础上，增加了实际行驶污染物排放试验和汽油车排放颗粒物数量测量，对车辆排放控制性能提出了更高的技术要求。

此外，对于在用车而言，车辆性能会随累计行驶里程、维护状况等因素而劣化，其污染物排放水平会随车辆发生劣化而波动[7]，因使用状况形成的劣化也是影响车辆排放水平的重要技术特征参数。

表 1-2 我国机动车排放标准及燃油标准实施情况

标准类型	燃油类型	国Ⅰ	国Ⅱ	国Ⅲ	国Ⅳ	国Ⅴ	国Ⅵ
轻型车	汽油	2000/1/1[c]	2004/7/1[c]	2008/7/1[d]	2010/7/1[d]	2016/4/1[e]	2020/7/1[i]
	柴油	2000/1/1[c]	2004/7/1[c]	2010/7/1[d]	2010/7/1[d]	2017/1/1[e]	2020/7/1[i]
	其他动力[a]	2000/1/1[c]	2004/7/1[c]	—	2010/7/1[d]	—	2019/7/1[i]
重型车	汽油	2003/9/1[f]	2004/9/1[f]	2009/7/1[h]	2012/7/1[h]	2018/7/1[g]	2021/7/1[j]
	柴油	2003/9/1[f]	2004/9/1[f]	2007/1/1[g]	2010/1/1[g]	2017/7/1[g]	2021/7/1[j]
	其他动力[b]	2003/9/1[f]	2004/9/1[f]	2007/1/1[g]	—	2016/4/1	2019/7/1[j]
燃油标准	汽油	2000/1/1	—	2006/12/1	2011/5/1	2017/1/1	2019/1/1
	柴油	—	2003/10/1	2010/1/1	2013/2/1	2017/1/1	2019/1/1

a 指 LPG、NG、混合电动、两用燃料、单一气体燃料。

b 指 LPG，NG。

c～j 分别依据国家标准《轻型汽车污染物排放限值及测量方法（Ⅰ）》(GB 18352.1—2001)、《轻型汽车污染物排放限值及测量方法(中国Ⅲ，Ⅳ阶段)》(GB 18352.3—2005)、《轻型汽车污染物排放限值及测量方法(中国第五阶段)》(GB 18352.5—2013)、《车用点燃式发动机及装用点燃式发动机汽车排气污染物排放限值及测量方法》(GB 14762—2002)、《车用压燃式、气体燃料点燃式发动机与汽车排气污染物排放限值及测量方法(中国Ⅲ，Ⅳ，Ⅴ阶段)》(GB 17691—2005)、《重型车用汽油发动机与汽车排气污染物排放限值及测量方法(中国Ⅲ、Ⅳ阶段)》(GB 14762—2008)、《轻型汽车污染物排放限值及测量方法(中国第六阶段)》(GB 18352.6—2016)、《重型柴油车污染物排放限值及测量方法(中国第六阶段)》(GB 17691—2018)。

现有机动车技术性能的获取方法可概括为三种[8]。

1. 部门宏观调查

从政府统计数据、交通管理部门业务数据、汽车行业统计年报、研究报告等资料进行数据提取。例如，美国统计局从 20 世纪 60 年代开始，每五年对全国各州的卡车使用状况进行调查和公布；我国交通运输部于 2008 年开展“全国公路水路运输量专项调查”，覆盖了我国 30 多个省、直辖市和自治区，具有很强的代表性。政府开展的调查通常覆盖地域广、样本多，因此获取的数据最为准确和全面。在数据积累机制完善、数据资源共享环境较好的国家和地区，基本可以通过这种渠道获得所需数据。此外，从汽车服务部门也可获取大量的车辆技术信息和活动水平。2007 年，中国环境科学研究院对全国地级及以上城市的机动车技术及活动水平进行了调查。机动车类型包括轻型客车、摩托车和出租车，但从汽车服务部门获取的信息中可以发现，通常存在车辆品牌单一的问题，且以车龄较小的车辆为主。

2. 问卷调查

开展实地调研，设计问卷对道路上的机动车进行抽样调查，获取用于排放计算所需的机动车信息，如车辆活动水平和技术水平，然后进行统计和分析。这种方法可根据研究需要进行设计，获取的信息细致且实用。缺点是工作量大，并且要求选取的调查地点具有代表性。另外，所得信息只能体现调查当时的车辆技术水平和活动水平。2004 年以来，清华大学相继在北京、佛山、宜昌等地开展了多种车型的技术水平和活动水平的实地调查。

3. 车队模型法

机动车保有量、新注册车辆和不同车龄车辆的报废率之间存在一定的规律，车队模型法是利用这种规律建立车队模型，动态模拟车队新旧车交替过程的方法。车队模型法包含三个要素：每年新车数量、存活曲线和机动车保有量。由机动车销量和存活曲线可以获取机动车保有量，利用机动车保有量和存活曲线也可计算新车数量，这使得车队模型法在应用上具有一定的灵活度。

1.2.2 油品品质

油品品质直接影响汽油和柴油的特性以及内燃机的性能，进而影响车辆排放水平。研究表明，燃油品质的提高有助于道路交通尾气的减排[9]。表 1-3 给出了中国汽油和柴油品质提升的情况，可以看出，汽油油品升级重点体现在硫含量、芳香烃含量和烯烃含量的变化上。研究表明，汽油中硫含量和芳香烃含量的降低可以有效降低 HC，CO，NO_x 的排放。美国空气质量改善研究计划（Air Quality Improvement Research Program，AQIRP）的研究指出[10]，硫含量从 0.005%降至 0.001%时，CO 下降 10.3%，NO_x 无变化，HC 下降 6.6%；芳香烃从 45%降至 20%时，CO 下降 5.96%～13.3%，HC 下降 7.5%～10.1%。

表 1-3　　中国车用汽油与柴油质量指标变化

项目		质量指标				
		国Ⅱ	国Ⅲ	国Ⅳ	国Ⅴ	国Ⅵ
汽油	硫含量/%[a]	0.05	0.015	0.005	0.001	0.001
	苯含量/%[b]	2.5	1	1	1	0.8
	芳香烃含量/%[b]	40	40	35	35	35
	烯烃含量/%[b]	35	30	25	25	18
柴油	硫含量/%[a]	0.05	0.035	0.005	0.001	0.001
	多环芳香烃含量/%[b]	—	11	11	11	7

a 单位为质量百分比。
b 单位为体积百分比。

我国从 2000 年开始采用轻柴油标准（相当于国Ⅰ标准），现阶段已开始实施国Ⅵ排放标准，柴油中的硫含量和芳香烃含量改变明显，其中，硫含量对颗粒物数量浓度影响显著，Liang[11] 在试验中发现，将硫含量从 0.000 3%提高到 0.035%时，PM 排放量增加约 29%，而其他污染物排放量没有明显变化。

此外，随着油品提升技术的发展和能源标准的提高，绿色环保的新能源常被用于改善机动车尾气排放情况，如电力、天然气（压缩天然气 CNG、液化天然气 LNG）、液化石油气（LPG）、复合燃料等。

1.2.3 道路和运行工况

道路是机动车运行行为及排放行为的主要发生场所，因此，道路的几何线形、功能特征、服务水平及道路类型等，在很大程度上决定了道路交通状况及行驶特征，如车流结构、车流平均速度、车辆运行模式特征等，进而影响排放。

在几何线形方面，道路坡度、弯道曲线半径、竖曲线曲率等道路线形设计均会对机动车运行模式、平均速度造成影响。当车辆上坡行驶时，重力会对车辆起作用，并增加发动机负载、燃油使用和尾气排放；相反，下坡行驶时，重力会帮助车辆降低发动机负载、燃油使用和尾气排放。当车辆处于弯道行驶时，车辆会产生更为频繁的加减速行为，特别是半径小于或等于 550 m 的小半径圆曲线路段。

在道路功能特征方面，城市内通勤干道的主要车型为小型客车；与城市内通勤干道相比，城际联通道路上的中重型货车占比会有较为明显的提升，NO_x 污染物的排放占比也相应有所增加。

在服务水平及道路类型方面，我国的城市道路类型大致可以分为主干道、次干道和一般道路三类。主干道通常路面宽、车流量大，且基本不设红绿灯；次干道路面和车流量较主干道要小一些，通常设有红绿灯；一般道路多为窄路面，且分布于商业区中，呈平面交叉。这些道路特征使得车辆的运行工况因不同道路类型而有所差异，车辆的怠速和加减速比例也有所不同。

1.2.4 环境因素

车辆的使用环境条件，如温度、湿度、海拔等因素也会对其排放水平产生影响。在环境温度方面，美国环境保护署(Environmental Protection Agency，EPA)发现，在 50～80℉，CO 和 HC 的排放随温度降低而升高；低于 50℉时，污染物的排放随温度的降低呈非线性增加。在环境湿度方面，对于 NO_x 污染物，其排放浓度会受到环境相对湿度的影响，相对湿度越大，排放的 NO_x 浓度越低。在海拔方面，随着海拔的增加，空气密度随之下降，由此可能导致机动车尾气排放和能耗的增加。一些机动车尾气排放模型都考虑了环境因素[12]。

1.3 道路交通尾气排放量化技术研究进展

1.3.1 不同尺度排放量化方法概述

目前车辆尾气排放量化主要是利用道路交通车辆活动水平、行驶工况与单位排放因子参数结合计算实现[8]。由此可见，道路交通车辆活动水平表征精细度和排放因子准确度直接决定了排放量化技术水平。道路交通系统结构复杂、时变性强，车辆活动水平参数大规模采集难度大，大多数研究仅能采集到部分或局部交通活动数据，对其表征多数采用局部交通活动数据代替或推断整体规律、统计型宏观参数表征车辆动态变化的行驶工况等传统抽样统计型研究手段,来实现对道路交通车辆活动水平的表达[13]。总体形成宏观区域尺度、中观路网尺度、微观个体车辆尺度等三种不同尺度的道路交通尾气排放量化方法。

1.3.2 车辆活动水平表征技术研究

宏观区域交通尾气排放量化是实现对特定区域内车辆排放的总量估算,仅考虑区域车辆整体情况,不考虑细致的交通流运行特征,一般通过机动车保有量、车辆年均行驶里程、人口经济参数等宏观参数获得区域内机动车排放的总量水平和空间分布特征。区域模型首先得到区域污染物排放总量,再基于一定的时空分配规则与网格精度,对排放总量进行分配。欧美发达国家对区域交通尾气排放研究从 20 世纪 70 年代初开始,建立并持续更新各地的排放清单数据库[14]。集计的基础数据和再分配规则导致区域模型所得结果的时空分辨率不高,无法真实反映交通流的动态运行与排放特征。Gómez[12]通过对比研究指出,区域网格排放结果的准确性受分配指标精细程度的影响,但目前以流量或路网密度的分配方法计算的结果仍存在较大的不确定性。为提高方法的准确性,不少研究者从分配规则方面展开研究,例如,Sowden 等[15]在对南非开普敦市 2005 年机动车排放清单编制中,将网格道路长度作为空间分配规则,该方法后来成为区域排放清单网格化分配的主要方法;根据网格人口密度和路网密度指标,何东全[16]和郭慧[17]分别编制了北京市和杭州市的网格排放清单;针对自上而下法精度不高的问题,郑君瑜等[18]提出标准道路长度的定义,并以该指标与交通流量建立空间分配方法。这些方法在一定程度上修正了区域模型的结果,但仍无法对动态的交通运行状况进行真实、实时的反映。此外,大量静态的基础信息依赖重复性统计或调查手段,需花费大量人力、物力、财力,且统计结果存在误差。

中观路网交通尾气排放量化是实现几条道路或研究区域内路网上车辆排放量化,通过交通流车队运动状况表达(如平均速度、车辆类型等参数),获得路网机动车排放的时空特征、各车型的排放贡献占比,排放清单结果可用于机动车排放溯源,但往往排除个体车辆运行的随机性,如运行工况模式(加减速工况占比)。针对交通流动态运行信息获取的研究,主要有以仿真手段为代表的模拟方法和以实测数据为代表的实测方法。Stevanovic 等[19]借助交通仿真模型 VISSIM 模拟对比了不同信号配时下的排放差异;Boriboonsomsin 等[20]基于 Paramics 模型分析了不同车道类型的排放水平;Chen 等[21]构建了交通仿真模型 VISSIM 与排放模型 CMEM 的耦合方法。基于仿真手段的动态排放计算方法在数据源有限的条件下是一种可行方法,但仿真方法需要较为复杂的模型假设和参数标定,且模型的建模结果缺乏验证,无法满足实际情况和持续性需求[22]。近年来,交通监测大数据的发展使得利用实时交通运行动态数据进行机动车尾气排放计算的研究成为可能,形成了一系列基于实时交通信息的、时空分辨率更高的机动车尾气排放研究成果[23],从 21 世纪初的视频电警式卡口,到近五年的射频识别技术(Radio

Frequency Identification，RFID），被广泛应用于中国各大城市（如南京、重庆、深圳等）的车辆中。随着各种新技术的研发应用，用于表征道路交通车辆活动水平的数据种类越来越多、数量规模越来越大。Ghaffarpasand 等[24]基于伊斯法罕交通规划和研究部（Transportation Planning and Studies Department of Isfahan，TPSDI）提供的 2018 年所有道路小时流量数据，建立了 1 km×1 km 的机动车排放清单，该清单的高分辨率空间分布表明，排放集中在市中心，尤其是大部分政府和行政部门集中的欠发达历史区域。Zhang 等[25]利用 2013 年 8 月南京市 485 个 RFID 点位的小时流量数据，建立了南京市路段级机动车排放清单，并识别出两类排放热点区域。由于路边交通检测数据由政府管理，研究人员无法自由获得，基于互联网技术的各类交通数据成为新的研究数据源，如网约车轨迹数据以及基于开放地图数据服务商提供的实时交通状况指数或平均速度。基于开放地图数据可以开发高分辨率的车辆排放清单，以分析特定时期或不同情景的排放特征，并量化交通运行活动对污染物排放的影响。

微观个体车辆排放量化是实现个体车辆某段时间或某个时刻的车辆排放量化，该排放量化技术将机动车排放溯源精度从车辆类型提升至个体车辆尺度，有助于识别出高排放车辆并进行精准的尾气排放污染防控。微观尺度模型针对单车开发，通过物理模型或数学模型构建单车排放计算方法，耦合单车动态运行与排放关系，其时间分辨率可达到分钟甚至逐秒。在单车的动态运行与排放耦合关系构建中，研究者围绕动态运行表征参数展开多种参数构建和对比研究，建立对比了以 v-a[26]、机动车比功率（Vehicle-Specific Power，VSP）[27]、VSP-v、VSP-ES[28]等表征参数的耦合关系，其中，机动车比功率被认为具有较高的动态运行排放表征能力，该参数亦被广泛应用于多种排放模型。目前单车尺度的研究多用于排放特征分析，尚未形成以逐辆车辆的运行特征与实时排放水平为基本计算单位的路网交通排放计算方法，并且现有的车型分类体系在排放水平表征方面仍较为粗糙。近年来，杭州、深圳、宣城等城市开始重视智慧交通平台搭建，通过对整个城市路网上车辆活动的宏观掌控和微观调度实现交通资源的智能化调配。随着视频电警式卡口密集布设以及城市交通“大脑”的初步发展，不仅可以获得真实路段交通流量，也可以建立每辆车的运行轨迹，使单车尺度路网交通排放量精准计算成为可能。

1.3.3 排放因子模型研究进展

道路交通排放量化计算的另一个重要参数是排放因子，而排放因子的确定主要依靠实际排放测试、排放因子模型来实现。

机动车排放测试主要包括台架测试、隧道测试、道路遥感测试、实际车载排放测试和移动实验室测试。目前排放因子研究中应用较多的是台架测试和实际车载排放测试两种，另外三种测试技术更多地用于车辆实际运行排放监管、实际道路车辆排放水平研究中。

台架测试是一种实验室环境下的机动车性能检测方法。通过底盘测功机或发动机测功机模拟道路行驶阻力，测量机动车在不同实验工况下的排放水平、燃料经济性、制动性能等指标。台架测试作为一种可排除路况、天气等户外因素影响的室内排放检测技术，可根据试验需求自主控制试验变量，并且试验具有可重复性，因此被广泛应用于汽车试验研究、产品开发和汽车质量检测中。台架测试可以确定一定工况下的机动车排放因子，但结果的离散性较大并且难以快速反映条件变化时排放因子的变化情况。

车载排放系统是一套完整的机动车尾气检测设备，将其放置在被测车辆上，可以对车辆排气直接采样，将排气连接到车载气体污染物测量装置上，实时测量污染物的体积浓度和排气体积流量，计算得到气体污染物的排放量。根据试验测得的瞬时排放和运行信息，获得车辆实际道路排放因子。车载排放测试的一个显著优点是可以长时间连续监测被测试车辆在真实道路交通状态下和真实环境下的污染物排放速率，能够测得一些在实验室里难以模拟的因素(如坡度、高海拔地区)。在欧洲，车载排放系统被用于验证在用的欧Ⅴ、欧Ⅵ重型发动机是否符合排放标准。但是车载排放系统本身有一定的重量(30～70 kg)，会给一些轻量化的汽车带来一定的测量误差。由于现实环境的不确定性，车载排放测试的可重复性低。

面对道路交通尾气排放量化需求，基于大量排放测试数据的排放因子模型逐步形成。排放因子是排放模型中定量表达车辆单位排放量的参数，与排放清单量化尺度、交通活动水平参数尺度相对应，排放因子模型的模拟尺度覆盖宏观、中观和微观尺度，目前开发得较为成熟的机动车排放因子模型如表 1-4 所示。

表 1-4　　常用机动车排放因子模型

模型	来源	建立时间	模拟尺度	行驶表征	参数关系
MOBILE	美国	1978 年	宏观、中观	平均速度类	数学关系类
COPERT	欧洲	1985 年	宏观、中观	平均速度类	数学关系类
EMFAC	美国	1988 年	宏观、中观	平均速度类	数学关系类
CMEM	美国	1995 年	微观	行驶工况类	物理关系类
MOVES	美国	2001 年	宏观、中观、微观	行驶工况类	数学关系类
IVE	美国	2003 年	宏观、中观	行驶工况类	数学关系类

MOBILE 模型是 EPA 基于对长期大量台架测试数据和平均速度测试数据进行回归分析而开发的模型，该模型曾是世界上应用最广的排放因子模型之一。MOBILE 模型考虑“车重、燃油类型”两个分类层级，将车辆分为 28 类。其排放因子计算原理是：假设车辆的基础排放因子随行驶里程的增加呈线性劣化，并考虑车辆活动水平、技术水平、使用环境等因素，进一步修正得到实际运行状况下的排放因子。该模型在使用时需考虑到开发地区与我国在车辆结构特性、使用习惯和运行环境等方面具有较大差异，其

以车辆用途为依据的分类方法难以直接应用于我国车队车型。

COPERT 模型源于欧洲环境署(European Environment Agency,EEA)开展的机动车排放因子研究,第一版模型 COPERT 85 发布于 1989 年,随后不断升级至 COPERT 90,COPERTⅡ、Ⅲ、Ⅳ,目前最新的一版是 COPERTⅤ。模型可根据用户输入,定义不同地区的车辆排放标准等基础信息,因此具有较广泛的适用性,可应用于基础数据薄弱的国家和地区。由于我国排放标准体系参照欧洲标准,因此该模型在我国具有较好的应用。COPERT 模型根据发动机排量、车辆总质量、燃料类型和排放标准等,将车型分为六类。其排放因子计算是在完整 FTP 循环工况下基于平均速度的函数实现,并考虑行驶状况和环境因素对排放因子进行修正,因而对于以平均速度作为动态活动水平表征的计算方法具有较好的适用性。近年来,大规模获取道路上车辆行驶速度越来越容易实现,COPERT 模型常用于开发城市宏、中观尺度上的机动车年排放清单。Grassi 等[29]使用 EMISIA SA 和 EEA 协同开发的 COPERT 软件(版本 5.3)计算阿根廷中型城市 2018 年的道路移动源排放清单,并发现 2013 年的排放量高于 2018 年。李荔等[30]利用 COPERT V 模型和 ArcGIS 建立了江苏省 2015 年 1 km×1 km、小时尺度分辨率的机动车网格化清单。

北京大学谢邵东等[31]通过比较 COPERT Ⅲ模型、MOBILE 模型与台架测试得到的中国机动车排放因子发现,由于 COPERT Ⅲ模型能够兼容我国目前和未来一段时间内机动车的排放标准且较 MOBILE 模型所需参数少,因而更适合计算我国机动车尾气污染物排放因子。但 COPERT 模型中的第一级车型分类相对较粗糙,且不能很好地与我国公安部门车型分类标准相兼容,需进行车型匹配研究,从而可能增加排放因子的不确定性。

由于美国加州与其他州采用不同的排放标准,EMFAC 模型是美国加州空气资源局(California Air Resources Board,CARB)为模拟本地区机动车污染物排放量而开发的一款可用于计算在加州地区高速公路、快速路以及主干路等不同道路等级上行驶的各种车辆污染物排放因子和排放量的模型工具。EMFAC 模型的基本原理与 MOBILE 模型基本相同,均是针对基础排放因子进行行驶里程、车速、驾驶行为、温度等参数的修正。

CMEM 模型是由美国加州大学河滨分校和密歇根大学于 20 世纪 90 年代中期合作开发,用于计算轻型车在各种运行工况下的燃油消耗速率和机动车排放速率。CMEM 模型设计了六个模块(发动机所需功率、发动机转速、空燃比、燃料消耗速率、发动机排放和污染物通过催化器的比例)计算轻型车单车或车队在微观驾驶工况下的逐秒污染物排放速率和燃油消耗速率。CMEM 模型主要应用于与交通仿真模型耦合研究,比较不同管控措施下的排放差异或作为目标函数的决策变量进行路径优化或信号控制。王佚等[32]通过将微观交通仿真模型 VISSIM 和微观排放模型 CMEM 衔接整合起来,在南京一段隧道内建立机动车尾气模拟平台,比较分析限速及诱导标志设置等不同交通控制与管理措施对隧道尾气污染的影响。刘永红等[33]利用微观仿真平台,结合微观排放模型 CMEM,在不同流量条件下,对让路控制、环形交叉口、信号控制等三种控制方式进行仿真并评价相应的交叉口综合运行成本。廖翰博等[34]采用 Paramics 微观仿真平台,结合微观排放模型 CMEM 建立收费站交通运行模型,从油耗和尾气排放量等方面对收费站运行情况进行定量分析。Zhu 等[35]采用 CMEM 模型计算车辆燃油消耗,建立多目标最优(包含燃油消耗成本最小)的时变绿色车辆路径模型。

MOVES 模型是 EPA 从 2001 年开始研发的新一代综合排放模型。在 MOVES 模型的建模开发过程中,EPA 大量采用美国本土机动车进行多种排放测试,特别采用了大量车载排放测试数据,因此,该模型能够反映机动车在实际道路行驶的排放特征。MOVES 模型可计算运行排放、启动排放、刹车排放、蒸发排放、轮胎磨损颗粒和额外怠速排放等多种排放过程。与 MOBILE 和 EMFAC 等传统宏观模型相比,MOVES 模型可以满足多种空间尺度要求的排放计算。MOVES 模型的计算原理框架如图 1-1 所示。

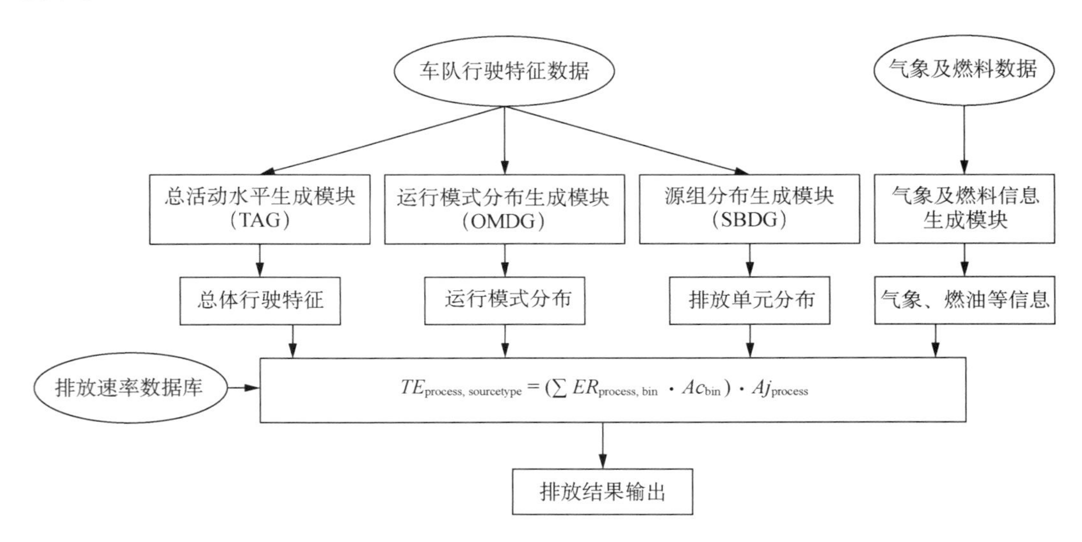

图 1-1　MOVES 模型计算原理框架

采用 MOVES 模型计算微观尺度的排放时,要输入多种参数,包括运行模式分布、车辆类型、车龄分布结构、道路类型、使用燃油种类(汽油、柴油等)、燃油组分(含硫量、雷氏蒸汽压等)、气象参数(温度和湿度)等。

由于 MOVES 模型的建模基础数据来自美国机动车排放测试,模型反映的是美国本土机动车的基础排放速率。因此,在利用 MOVES 模型计算我国城市的基础排放速率前,需要对模型的基础排放速率库进行本地化修正或建立中美机动车排放水平的匹配关系。

胥耀方等[36]对 MOVES 模型开展了北京汽车 VSP 特征和排放因子本地化研究。

单肖年等[37]考虑了中美两国车辆排放限制标准及测试工况的差异，提出了 MOVES 模型本地化修正方法，并进行了案例分析。孙振华等[38]基于汽车动力学模型计算载重车在不同坡度路段上坡行驶过程中的瞬时速度，并将其作为 MOVES 模型的基础数据，预测不同坡度和初速度组合下的碳排放量。汪晶发等[39]基于 MOVES 模型和 ArcGIS，建立了 2017 年西安市分辨率为 1 km×1 km 的机动车污染物排放清单。

IVE 模型也是 EPA 开发的一款排放因子模型，采用了"车辆大小＋燃料类型＋用途＋燃料传动系统＋燃油蒸发控制系统＋排气控制系统/控制"六级分类体系，将车型精细划分为 1 372 个自定义的车辆技术类型和 45 个非常规技术类型，并引入了 VSP 参数，其计算结果的准确性和可靠性大大提高。该模型对车型技术水平的详细表征以及测试数据来源使其在发展中国家具有良好的应用条件。IVE 模型同样采用对基准排放因子进行修正的方式，计算车辆在特定运行条件下的排放因子。为更好地体现车辆的行驶特征，IVE 模型引入 VSP 和发动机负荷 ES(Engine Stress)两个参数，并以其组合表征车辆动态运行特征，每一区间分别对应不同的排放因子。

1.4 交通环境大数据的发展

道路交通尾气排放量化技术提升离不开交通环境大数据的支持，包括车辆运行工况数据、车辆活动水平或强度数据、车辆运行环境数据等。随着我国城市交通运行监测网络、大气环境监测网络、机动车排污监控网络的发展，以及诸如高德、腾讯、滴滴出行等大型互联网企业的发展，产生了海量的、高时空分辨率的交通环境数据，为道路交通尾气排放量化技术快速发展创造了良好的条件和机遇，有力推动了我国道路交通尾气排放量化技术的分辨率和精度提升。

1.4.1 城市交通运行监测网络的发展

城市交通运行监测网络是一种大型的分布式监测网络，以先进的计算机、通信、控制检测、信息处理等技术为基础，具备数据采集、设备控制指令下发、信息集成、子系统互联、信息共享和信息展示等功能。通过发展城市交通运行监测网络，可以实现交通管理从传统的静态方式向科学实时的动态方式转变，达到高效解决道路交通四要素人、车、路、环境之间的问题，解决交通供给与需求之间存在的矛盾的目的。

城市交通运行监测网络收集道路交通数据的方式主要有 5 种：①通过公安交通管理部门的车辆保有量数据库，获得车辆身份信息、技术特征信息和业务办理信息等；②通过高德、百度等运营商采用的用户众包的信息采集方式，获取拥堵指数、道路交通速度等交通运行数据；③通过治安卡口视频和电子车牌识别检测技术，获取带有时间记录、车辆信息的个体车辆出行数据及特征，包括车辆牌号、车辆种类、车道名称与位置、行驶方向、地点描述等信息；④利用浮动车采集数据，在出租车、公交车、社会志愿型车辆等活动范围较大的车辆上安装 GPS(Global Positioning System)和无线通信装置，以获取个体车辆较为真实的行驶轨迹、运行状态等；⑤通过实地采集、遥感、航拍、卫拍等方式，获取地理信息数据以及路网信息数据与特征，包括地貌、建筑、路网、兴趣点等多维地理信息，以及道路类型、名称、方向、地理位置、长度等详细信息。

近年来，我国开始大力发展城市交通运行监测网络，通过对交通数据信息的采集、存储、传输、处理、分析及应用，实现了交通数据信息的开放与共享。2014 年，由交通运输部牵头，建成了“交通运输科技信息资源共享平台”，主要包括科技资源、专题应用以及信息服务三个模块，提供的数据类型包括卡口过车数据、车流量数据、公交站点路线数据、营运车辆 GPS 数据、刷卡数据、街道实时数据、路段属性数据等。在全国交通运行监测网络实现平台化应用的基础上，各省市也开始大力推进城市交通运行监测网络的发展。2016 年推出的“深圳市政府数据开放平台”和 2019 年改版上线的“上海市公共数据开放平台”提供了大量与交通有关的数据，如路网实时流量信息、路段详细信息、公交走向、道口断面信息等。近年来，国内有 200 多家企业从事交通运行监测网络的研发工作，相关研发成果也已投入市场并占据一席之地[40]。例如，百度地图、高德地图等可提供路况查询服务，通过四种颜色分别表征畅通、缓行、拥堵、严重拥堵；中国电信开发的“天翼云交通大数据平台”可提供实时路况监测、车流量评估、拥堵指数、交通速度等方面的数据产品服务。

1.4.2 大气环境监测网络的发展

大气环境监测网络分为环境空气质量监测网络和气象数据监测网络。环境空气质量监测网络是采用空气质量监测站构建的网格化监测网络，并利用物联网技术实时获取各监测点数据，基于地理信息系统(Geographic Information System，GIS)技术制作空气质量地图。气象数据监测网络将地面气象站、雷达、气象卫星监测得到的十几个气象要素传输到气象数据库中，通过统计分析和处理，为天气预报、灾害预防等提供气象保障服务。通过大气环境监测网络，可以获取精准、可靠的气象和大气污染数据信息，为后续的环境规划、管理和决策提供可靠依据。

大气环境监测网络采集空气质量数据的方式主要有 5 种：①通过空气质量检测站对大气污染物和气象参数进行 24 小时连续在线监测，包括 $PM_{2.5}$，PM_{10}，SO_2，NO_2，CO，O_3，VOCs 等大气污染物以及部分气象参数；②通过设置在无人区域的地面气象站，采集气压、气温、湿度、风向、风速、降水量、积雪深度、日照时间、云量等气象数据；③高层大气气象观测，主要通过释放无线电探空仪和布置风廓线雷达实现，前者可以认为是地面气象站的高空版，可以收集约 30 km 高空处的气象数据，后者可以认为是地面雨雪气象雷达的“孪生兄弟”，主要测量高空中的风速和风向等信息；④地面气象雷达系统通过建立在各地的雷达设施向所在空域云层发射厘米级波长的电磁波，观测数百千米范围内云层中的凝结核、冰晶、雨滴、雪花的形成情况；⑤通过气象卫星监测大范围区域内的气象变化，特别是台风一类的灾害性气象事件。

近年来，我国大气环境监测网络发展迅速，实现了气象和环境空气质量信息的实时更新和发布。2008 年，中国气象局发布了中国天气网（http://www.weather.com.cn/），网站包含实时更新的天气地图、雷达图、卫星云图，并提供大风、大雾、森林火险等灾害预警功能。2010 年，中国环境监测总站发布了全国城市空气质量实时发布平台，实现了对全国 338 个城市 1 436 个大气环境自动监测站点的 $PM_{2.5}$，PM_{10}，SO_2，NO_2，CO，O_3，VOCs 等大气污染物浓度数据的实时存储、传输与发布，同时可通过对监测数据的分析和判断，提供空气质量预警、主要污染物来源分析、污染源追溯、空气质量报告等服务。2017 年，国家气象科学数据中心发布了中国气象数据网（https://data.cma.cn/），提供的数据包括地面气象资料、高空气象资料、卫星探测资料、天气雷达探测资料，还可以进行数值预报，提供完整、及时、稳定、准确的气象数据服务。

1.4.3 机动车排污监控网络的发展

近年来，随着计算机、互联网、物联网、信息通信以及设备感知等技术的不断发展，我国机动车尾气污染监控系统开始了全方位的发展。在国家政策层面上，2018 年 6 月，国务院发布了《打赢蓝天保卫战三年行动计划》，明确提出要建立“天地车人”一体化的全方位监控系统。2019 年 1 月，11 个部委联合发布了《柴油货车污染治理攻坚战行动计划》，提出推进监控体系建设和应用，对柴油车开展全天候、全方位的排放监控。

在这个一体化、全方位的监管体系中，台架测试、遥感监测、黑烟车视频抓拍是目前主要的机动车尾气排放检测方法。

台架测试主要是指当前“I/M”制度（Inspection Maintenance Program，检验维护制度）中的“I”，即对在用车进行强制性定期检测。对于汽油车，主要检测 CO，HC，NO 的排放状况，对于柴油车，主要检测光吸收系数或不透光度、NO_x 的排放状况，并且这些检测数据会实时上传至主管部门。我国于 2018 年发布了新的标准《汽油车污染物排放限值及测量方法（双怠速法及简易工况法）》（GB 18285—2018）、《柴油车污染物排放限值及测量方法（自由加速法及加载减速法）》（GB 3847—2018），并于 2019 年开始正式实施。

机动车遥感监测技术是一种非接触式车辆排放测量方法，从 2008 年北京率先使用固定式机动车遥感监测设备开始，至今已有十多年的发展历史。在这个发展过程中，一些地方政府陆续出台了地方标准，如北京、广州规定了使用方法以及测量限值。2017 年，环境保护部发布了《在用柴油车排气污染物测量方法及技术要求（遥感检测法）》（HJ 845—2017），主要用来检测柴油车的不透光度以及 NO_x 排放浓度。遥感技术最大的优点是测量速度快，是传统测功机测量速度的 10 倍以上，但是在精确度上存在很大的不确定性，因此，遥感监测方法适用于大规模快速检测场景。

黑烟车视频抓拍系统在技术上与遥感监测类似，都属于非接触式车辆排放测量方法，通过视频抓拍的方式重点监控黑烟排放等可视污染物或烟度值超过林格曼1级的机动车。系统抓拍的黑烟车短视频、图片、车牌号和识别结果等可作为管理执法与处罚的依据。目前该技术已经较为成熟，在全国范围内较多城市开展了应用。抓拍系统、柴油货车车载诊断系统（On-Board Diagnostics，OBD）等机动车排污监控网络的发展，提升了机动车污染监管能力和治理效果。

1.5 小结

随着国家"双碳"目标的提出和城市化进程不断深入，道路交通尾气排放已成为城市和区域空气污染、温室气体的主要或首要排放源。尾气排放影响因素复杂，包括车辆技术及使用状况、油品品质、道路和运行工况、环境因素等，及时、快速、准确量化计算道路上行驶车辆尾气排放量是一项重要的基础研究。本章重点介绍了道路交通尾气排放量化技术的研究进展，包括不同尺度排放量化方法、车辆活动水平表征技术、车辆排放因子模型等。随着我国城市交通运行监测网络、大气环境监测网络、机动车排污监控网络的发展，产生了海量的、高时空分辨率的交通环境数据，为道路交通尾气排放量化技术快速发展创造了良好的条件和机遇。

参考文献

[1] 王婷丽. 基于IVE模型的重庆市主城区机动车排放清单研究[D]. 重庆：重庆交通大学，2013.

[2] 黄震，吕田，李新令. 机动车可吸入物排放与城市大气污染[M]. 上海：上海交通大学出版社，2014.

[3] Tapia V, Steenland K, Sarnat S E, et al. Time-series analysis of ambient PM2.5 and cardiorespiratory emergency room visits in Lima, Peru during 2010—2016[J]. Journal of Exposure Science & Environmental Epidemiology, 2020, 30(4): 680-688.

[4] Kim C S, Kang T C. Comparative measurement of lung deposition of inhaled fine particles in normal subjects and patients with obstructive airway disease[J]. American Journal of Respiratory and Critical Care Medicine, 1997, 155(3): 899-905.

[5] 郭继孚. 推动城市交通碳达峰、碳中和的对策与建议[J]. 可持续发展经济导刊，2021，3：22-23.

[6] Wu Y, Zhang S J, Hao J M, et al. On-road vehicle emissions and their control in China: a review and outlook[J]. Science of the Total Environment, 2017, 574: 332-349.

[7] 陈泳钊，刘永红，黄晶，等. 在用轻型汽油车排放随行驶里程劣化规律分析[J]. 环境污染与防治，2015，37(4)：21-25.

[8] 贺克斌，霍红，王岐东，等. 道路机动车排放模型技术方法与应用[M]. 北京：科学出版社，2014.

[9] 谢鹏飞，汤大刚，张世秋. 京津冀地区机动车燃油质量标准升级的环境经济分析[J]. 中国环境科学，2017，37(6)：2352-2362.

[10] Hochhauser A M, Benson J D, Burns V R, et al. Speciation and calculated reactivity of

automotive exhaust emissions and their relation to fuel properties-auto/oil air quality improvement research program[C]// Auto/Oil Air Quality Improvement Research Program. Warrendale: PA, 1992: 359-390.

[11] Liang C Y, Baumgard K J, Gorse Jr R A, et al. Effects of diesel fuel sulfur level on performance of a continuously regenerating diesel particulate filter and a catalyzed particulate filter[J]. SAE Transactions, 2000, 109(4): 1259-1273.

[12] Gómez C D, González C M, Osses M, et al. Spatial and temporal disaggregation of the on-road vehicle emission inventory in a medium-sized Andean city. Comparison of GIS-based top-down methodologies[J]. Atmospheric Environment, 2018, 179: 142-155.

[13] Zhai Z, Song G, Lu H, et al. Validation of temporal and spatial consistency of facility-and speed-specific vehicle-specific power distributions for emission estimation: a case study in Beijing, China [J]. Journal of the Air & Waste Management Association, 2017, 67(9): 949-957.

[14] 魏巍. 中国人为源挥发性有机化合物的排放现状及未来趋势[D]. 北京:清华大学,2009.

[15] Sowden M, Cairncross E, Wilson G, et al. Developing a spatially and temporally resolved emission inventory for photochemical modeling in the City of Cape Town and assessing its uncertainty[J]. Atmospheric Environment, 2008, 42(30): 7155-7164.

[16] 何东全. 城市机动车污染评价体系及排放控制目标研究[D]. 北京:清华大学,1999.

[17] 郭慧. 城市机动车污染物排放的遥感测试及模型研究[D]. 杭州:浙江大学,2007.

[18] 郑君瑜,车汶蔚,王兆礼. 基于交通流量和路网的区域机动车污染物排放量空间分配方法[J]. 环境科学学报,2009,29(4):815-821.

[19] Stevanovic A, Stevanovic J, Zhang K, et al. Optimizing traffic control to reduce fuel consumption and vehicular emissions: Integrated approach with VISSIM, CMEM, and VISGAOST [J]. Transportation Research Record, 2009, 2128(1):105-113.

[20] Boriboonsomsin K, Barth M. Impacts of freeway high-occupancy vehicle lane configuration on vehicle emissions[J]. Transportation Research Part D: Transport & Environment, 2008, 13(2): 112-125.

[21] Chen K, Lei Y U. Microscopic traffic-emission simulation and case study for evaluation of traffic control strategies[J]. Journal of Transportation Systems Engineering & Information Technology, 2007, 7(1):93-99.

[22] 郝艳召. 中观层次路网机动车排放动态量化评价研究[D]. 北京:北京交通大学,2010.

[23] Zhang Y, Wu L, Zou C, et al. Development and application of urban high temporal-spatial resolution vehicle emission inventory model and decision support system [J]. Environmental Modeling & Assessment, 2017, 22(5): 445-458.

[24] Ghaffarpasand O, Talaie M R, Ahmadikia H, et al. A high-resolution spatial and temporal on-road vehicle emission inventory in an Iranian metropolitan area, Isfahan, based on detailed hourly traffic data[J]. Atmospheric Pollution Research, 2020, 11(9): 1598-1609.

[25] Zhang S J, Niu T L, Wu Y, et al. Fine-grained vehicle emission management using intelligent transportation system data[J]. Environmental Pollution, 2018, 241: 1027-1037.

[26] 姚志良，张英志，申现宝，等. 液化石油气轿车实际道路污染物排放特征[J]. 环境工程学报，2011，5(6)：1330-1334.

[27] 刘永红，林晓芳，黄玉婷，等. 佛山市轻型汽油车尾气动态排放特征分析[J]. 环境科学与技术，2018，41(2)：83-90.

[28] 杨鹏史，刘永红，黄玉婷，等. 基于 ES-VSP 分布的交通状态对公交车动态排放的影响[J]. 环境科学研究，2017，30(11)：1793-1800.

[29] Grassi Y S, Brignole N B, Díaz M F. Vehicular fleet characterisation and assessment of the on-road mobile source emission inventory of a Latin American intermediate city[J]. Science of the Total Environment, 2021, 792(3): 148255.

[30] 李荔，张洁，赵秋月，等. 基于 COPERT 模型的江苏省机动车时空排放特征与分担率[J]. 环境科学，2018，39(9)：3976-3986.

[31] 谢绍东，宋翔宇，申新华. 应用 COPERTⅢ模型计算中国机动车排放因子[J]. 环境科学，2006，27(3)：415-419.

[32] 王轶，何杰，李旭宏，等. 基于 VISSIM 的九华山隧道交通尾气污染模拟分析[J]. 武汉理工大学学报，2012，34(1)：109-113.

[33] 刘永红，廖瀚博，余志，等. 基于环境影响的交叉口控制方式综合评估研究[J]. 中山大学学报(自然科学版)，2013，52(1)：12-16.

[34] 廖瀚博，余志，刘永红，等. ETC 系统运行的环境影响分析[J]. 环境科学研究，2012，25(2)：212-219.

[35] Zhu L, Hu D. Study on the vehicle routing problem considering congestion and emission factors [J]. International Journal of Production Research, 2019, 57(19): 6115-6129.

[36] 胥耀方，于雷，宋国华，等. 针对二氧化碳的轻型汽油车 VSP 区间划分[J]. 环境科学学报，2010，(30)7：1358-1365.

[37] 单肖年，刘皓冰，张小丽，等. 基于 MOVES 模型本地化的轻型车排放因子估计方法[J]. 同济大学学报(自然科学版)，2021，49(8)：1135-1143.

[38] 孙振华，许金良，徐贵龙，等. 基于 MOVES 的上坡路段载重车碳排放规律研究[J]. 公路，2021，66(3)：328-336.

[39] 汪晶发，宋慧，巴利萌，等. 西安市机动车污染物排放清单与空间分布特征[J]. 环境污染与防治，2020，42(6)：666-671.

[40] 魏春璐. 智能交通管理系统现状与发展趋势分析[J]. 警学研究，2018(6)：111-114.

2 交通环境大数据及特征

近20年来,中国不断加快城市信息化、智慧化建设的脚步,为城市治理积累了丰富的数据资源。互联网技术、大数据技术的成熟所带来的科技变革不仅给交通管理带来了新变革,也为机动车尾气排放管理提供了新机遇,实现从"小样本数据的经验驱动"向"全域全量的数据驱动"转变。本章从交通尾气排放相关的数据源出发,详细介绍交通运行监测网络、大气环境监测网络、机动车排污监控网络发展下的交通环境大数据特征。

2.1 交通运行监测网络数据及其特征

交通运行监测网络数据主要来自交通和地理空间管理领域,包括不同业务类型的具有多源、多维、异构特点的交通运行业务管理系统数据、地理信息数据等。交通运行监测网络数据种类繁多,面向排放评估,可将其总结为以下四类:①车辆技术信息数据,以交通管理部门、环保部门、行业企业等登记管理的信息数据库为代表;②个体车辆出行数据,包括以交通流检测器和治安卡口过车记录(视频检测技术)为代表的数据源;③交通运行状态数据,以浮动车数据、交通公共信息发布平台数据为代表;④地理信息数据与路网信息数据,主要包括城市电子地图、路网图层等信息。以下将对这四类交通运行监测网络数据用于尾气排放评估进行阐述。不同来源的异构数据在时间、空间、数据属性和应用上存在巨大差异,因而在不同尺度排放计算模型中具有不同的适用性。

2.1.1 车辆技术信息数据及其特征

不同技术构成的车辆具有不同的排放特性,利用技术指标对车辆对象进行表征是实现车辆排放量化的基础。考虑到车辆技术构成的参数众多,在对影响排放的技术参数认知解析基础上,梳理出可表达排放特征的车辆技术指标体系是第一步。车辆技术信息的可获取途径较多,主要包括:车辆注册登记管理部门的数据、国家工信部公开的道路机动车辆生产企业及产品信息、商业性汽车网站发布的不同款类车辆的技术参数等。

现有可描述车辆的技术指标参数主要有:车辆品牌、车辆型号、车辆类型、燃油类型、排放标准、发动机类型、发动机排量、功率、总质量、维修情况、尾气处理装置、车龄、车辆使用程度等。通过参考交通行业标准、全国道路交通管理信息规范、机动车登记信息数据标准等技术参数标准,对车辆技术指标进行解析梳理并进行数据可收集性预估。建立表征车辆排放的技术指标体系是开展机动车尾气排放量化的基础支撑。

其中,发动机排量对尾气排放的影响在常用排放模型中较少体现,COPERT,IVE等模型中也仅将其作为识别车重的辅助指标。然而,已有研究表明,发动机排量对尾气排放有重要影响[1]。一般认为,尾气排放随发动机排量的增加而增加。由于排放后处理系统等排放控制技术的运用及不断进步,尾气排放与发动机排量之间的关系也发生了变化。随着发动机排量的增加,对尾气排放控制的要求也越来越高,因此,大排量汽车在追求动力性及燃油经济性的同时，也会优先使用最先进的发动机制造与控制技术及高效的排放控制技术等，这在一定程度上降低了车辆排放，从而使机动车排放呈现出随着发动机排量增加而下降的趋势[2]。

2.1.2 交通运行状态数据及其特征

交通运行状态数据包括道路拥堵指数、交通运行速度等，可从高德地图、百度地图等平台实时发布的数据中获取。基于运营商地图平台，通过指定城市、道路类型、时间范围，实时抓取所需精度的道路车辆速度数据，可获得不同道路、不同时段的道路拥堵指数和平均车速数据。

1. 拥堵指数

拥堵指数为实际行程时间与畅通行程时间的比值，拥堵指数越大代表拥堵程度越高。交通拥堵受天气、偶发事件等因素的影响较大，计算排放时需要对拥堵指数的异常值进行识别与剔除。以百度平台发布的拥堵指数为例，由百度地图服务商发布的"百度地图交通出行大数据平台"基于海量的交通出行大数据、车辆轨迹大数据和位置定位大数据等进行挖掘计算，可提供实时与历史路段拥堵指数，更新频率为 5 min，范围覆盖高速公路和各城市主城区道路，主城区范围是根据政府公开数据、百度地图地理数据、人口热力数据等综合分析确定。

2. 平均车速数据

以高德平台发布的平均速度数据为例，由高德地图服务商所开发的"高德交通信息公共服务平台"可提供实时与历史路段平均行程速度，时间分辨率分为 15 min、逐小时、逐日、逐月，具有覆盖范围广、数据更新频率稳定、数据公开等特点，在路网尺度的排放清单编制中具有较好的适用性，在数据精度和时空分辨率要求不高的情况下也可用于微观尺度的排放计算。但由于该数据源以交通出行诱导为服务目的，进行排放计算时需要对数据进行重新设计。

2.1.3 个体车辆出行数据及其特征

个体车辆出行数据包括车辆在道路上的行驶记录（过车记录）、行驶速度等，代表性数据源包括交通治安卡口过车记录、营运车辆 GPS 监测等。在城市交通系统中，车辆出行数据来源多、参数多、量大、异构。过车记录数据主要来源于可实时获取的交通治安卡口过车记录，即在城市道路某一断面上通过视频检测或电子车牌识别检测获得的带有时间记录、车辆信息的单一车辆过车记录，包括车牌号、车辆种类、车道名称与位置、行驶方向、地点描述等信息[3,4]。营运车辆 GPS 数据（浮动车数据）通过车载式监测手段获得，可记录包括车辆实时位置、速度等信息。实地视频监测实验的数据获取方式与交通治安卡口视频检测手段类似，是一种较为传统的人工架设摄像机采集的方式。

以下分别以具体城市的相关数据案例，阐述不同类型个体车辆出行数据的情况。

1. 交通治安卡口过车记录数据

电警式卡口和电子车牌识别检测可以快速高效地检测出通过相应路段车辆的以下属性：过车序号、卡口编号、方向类型、车道号、过车时间、号牌种类、号牌号码、号牌颜色、车辆品牌、车辆类型和入库时间，如表 2-1 所示。

表 2-1　卡口过车表说明

序号	字段名称	字段描述	字段类型
1	GCXH	过车序号	VARCHAR2
2	KKBH	卡口编号	VARCHAR2
3	FXLX	方向类型	VARCHAR2
4	CDH	车道号	NUMBER
5	GCSJ	过车时间	DATE
6	HPZL	号牌种类	VARCHAR2
7	HPHM	号牌号码	VARCHAR2
8	HPYS	号牌颜色	VARCHAR2
9	CLPP	车辆品牌	VARCHAR2
10	CLLX	车辆类型	VARCHAR2
11	RKSJ	入库时间	DATE

同时，针对卡口的地理位置等信息会提供一份卡口备案信息表，主要包括以下属性：卡口编号、卡口类型、卡口性质、行政区号、卡口名称、道路名称、卡口经度和卡口纬度，如表 2-2 所示。

表 2-2　卡口备案信息表

序号	字段名称	字段描述
1	KKBH	卡口编号
2	KKLX	卡口类型
3	KKXZ	卡口性质
4	XZQH	行政区号
5	KKMC	卡口名称
6	DLMC	道路名称
7	KKJD	卡口经度
8	KKWD	卡口纬度

个体车辆出行的过车记录系统在我国其他重点城市均有应用，如广东省交通治安卡口过车记录、重庆市中心城区电子车牌识别和佛山市南海区重点区域的交通过车监测。

2. 营运车辆 GPS 数据

来自车辆营运部门的 GPS 数据（浮动车数据），记录车辆身份信息、时间、瞬时速度、经纬度等，数据时间频率可达秒级，能够获取单车尺度的具有高时空分辨率的动态运行特征参数，近年来在各国相继推广[5]。尽管目前配备该系统的车辆以营运类车辆为主，在样本覆盖水平上较为欠缺，但由于其采样方式能够反映车队中单车的动态运行特征，因此适用于局部道路的排放分析。朱倩茹等[6]采用 GPS 浮动车数据构建了速度流量模型，采用 COPERT 排放因子模型计算广州市某路段车辆的逐小时排放；陈泳钊等[7]以浮动车数据，结合 MOVES 模型计算得到广州市珠江新城轻型车尾气排放量，并分析不同交通状态下轻型车的动态运行与排放特征差异；Kan 等[8]在总结对比现有基于浮动车的排放研究方法的基础上，提出一种基于 COPERT 模型、考虑车辆动静态特征的计算方法，并以单车为例进行说明。尽管浮动车数据具有良好的动态运行表征能力和高时空分辨率，但其数据量庞大，数据处理过程相对复杂，在区域及路网尺度排放模型中适用性较差。

2.1.4 地理信息数据与路网信息数据及其特征

地理信息数据主要来源于城市电子地图，包括地形地貌、各种平面和高程控制点、建筑物、路网、兴趣点、水系、植被、地名及某些属性信息等多维地理信息，用于表示城市基本面貌并作为各种专题信息空间位的载体。路网信息数据主要来源于电子地图的路网图层，包括道路类型、名称、方向、地理位置、长度等路网详细信息，用于表示路网结构与分布。

地理信息数据和路网信息数据主要具有四个特征：一是数据量大，这是因为这些数据大多既有空间特征，又有属性特征；二是数据分布不均匀，有的区域分布密集，有的区域分布相对较为稀疏；三是拓扑关系复杂，城市地理现象和路网之间存在复杂的空间关系，比如建筑物紧邻街道分布的相邻对象关系、公路穿越城市的关系、两条道路在城市交会的相交关系等，这些拓扑关系是城市空间查询和分析的重要依据，因此，数据更新和处理必须保持拓扑关系的一致性，避免拓扑关系错误；四是数据来源多样化，包括地图数字化、实测数据、试验数据、遥感与 GPS 数据、统计普查数据、理论推测与估计数据等。鉴于地理信息数据和路网信息数据的以上特征，在面对不同城市电子地图和路网图层的数据来源时必须进行严格的预处理。

2.2 大气环境监测网络数据及其特征

大气环境监测网络数据主要来源于监测站点的数据实时联网和地方政府部门的数

据共享。大气环境监测网络数据种类繁多，可总结为两大类：①环境空气质量监测数据（大气污染监测数据），以空气质量监测站对包括 $PM_{2.5}$，PM_{10}，SO_2，NO_2，CO，O_3，VOCs 等大气污染物的监测数据为代表；②气象监测数据，以地面气象站、高层大气气象观测系统、地面气象雷达系统、气象卫星等监测得到的十几个气象要素为代表。以下将对这两大类大气环境监测网络数据及其特征进行阐述。

2.2.1 环境空气质量监测数据及其特征

环境空气质量监测数据主要是指《环境空气质量标准》(GB 3095—2012)中列出的 $PM_{2.5}$，PM_{10}，SO_2，NO_2，CO，O_3 六种常规污染物浓度监测数据。数据来源于国家环境空气质量自动监测网络、各省及地市建设的省市环境空气质量自动监测网络，它是由各城市布设的空气质量监测站联网组成的。国家环境空气质量自动监测网络现已实现对全国 338 个城市 1 436 个大气环境自动监测站点的 $PM_{2.5}$，PM_{10}，SO_2，NO_2，CO，O_3 等大气污染物浓度数据的实时监测、存储、传输与发布。环境空气质量监测数据通常可从全国城市空气质量实时发布平台查询或获取，其包含小时、日时间尺度的全国 $PM_{2.5}$，PM_{10}，SO_2，NO_2，CO，O_3 等空气污染物浓度监测数据。时间范围覆盖 2013 年 1 月至今，空间范围覆盖中国 31 个省份 338 个城市。同时也可从企业开发的 App（如真气网）或官方学术机构[如中国东部大气数据共享网（中山大学与北京大学合作研发的学术科研平台）]的开放数据集获取。

2.2.2 气象监测数据及其特征

气象监测数据通常可从中国气象科学数据共享服务网、中央气象台官方网站以及美国国家大气研究中心（National Center for Atmospheric Research，NCAR）、美国气象环境预报中心（National Centers for Environmental Prediction，NCEP）、气象类数据共享网站等数据平台获取。面向排放量化，重点关注的气象监测要素及其主要包含的指标如下：

（1）气压：平均气压、日最高气压、日最低气压；

（2）气温：平均气温、日最高气温、日最低气温；

（3）相对湿度：平均相对湿度、最小相对湿度；

（4）降水量：20：00—次日 8：00 降水量（夜晚）、8：00—20：00 降水量（白天）、20：00—次日 20：00 累计降水量；

（5）蒸发量：小型蒸发量、大型蒸发量；

（6）风速、风向：平均风速、最大风速、最大风速的风向；

（7）0 cm 地温：平均地表气温、日最高地表气温、日最低地表气温。

中国气象科学数据共享服务网、中央气象台获取的主要是包括风速、风向、相对湿度、气温、大气压、降水量等在内的中国地面气象观测数据。美国国家大气研究中心、美国气象环境预报中心获取的主要是全球网格化气象再分析数据，例如网格化的海平面气压数据等。不同气象监测数据的时间范围、尺度信息、详细数据类别、来源及其他相关信息见表 2-3。

表 2-3　　气象监测数据的详细信息

数据项目	数据内容	数据尺度	数据来源
地市级气象站实时采集数据	气温、大气压、相对湿度、风速、风向	分钟、小时	地方政府部门
全国城市地面气象观测数据	气温、大气压、相对湿度、风速、风向	日值	中国气象科学数据共享服务网
全球网格化气象再分析数据	海平面气压、气温、相对湿度、风速等	4 小时、日值	美国国家大气研究中心、美国气象环境预报中心等

2.3 机动车排污监控网络数据及其特征

机动车排污监控网络数据是获取机动车排放因子最重要的基础条件，主要来源于生态环境部门以及试验测试，面向排放量化计算，可总结为以下五类：①实验室台架测试数据，分为整车台架测试和发动机台架测试，根据一定的测试规程模拟汽车或发动机的运行状态，对其排气进行取样分析，获取一段时间内或行驶工况下的平均排放因子；②车载排放测试数据，是在车辆行驶过程中，对被测车辆尾气管排气直接采样分析，实时测试并记录尾气排放数据、发动机运行数据、行驶状况检测数据和环境参数数据；③在用车定期排放检验数据，是在车辆年审业务工作中产生，主要用来分析车辆排放的劣化规律；④黑烟车及遥感监测数据，以黑烟车视频抓拍检测系统和遥感检测设备得到的交通特征参数、污染物排放浓度、车牌号等信息为代表；⑤车辆排放远程监控数据，以 OBD 为代表，根据发动机的运行状况随时监控车辆排放状况。以下将对这五类机动车排污监控网络数据及其特征进行阐述。

2.3.1 实验室台架测试数据及其特征

台架测试是机动车污染物排放测试的常用方法之一。台架测试的基本原理是根据既定的测试工况，将汽车（发动机）置于底盘测功机（发动机台架）上，模拟道路行驶阻力，测量机动车在不同试验工况下的排气浓度。由于台架测试具有可重复性、准确性、可控性，在新车的型式认证和生产一致性检验中应用广泛。台架测试可以确定一定工况下的机动车排放因子，但结果的离散性较大，并且难以快速反映实际条件变化时排放因子的变化情况[9]。

台架测试获取的数据字段主要包括：车辆信息（车牌号、车辆类型、燃料类型、排放标准、注册登记日期、累计行驶里程、车重、排量、使用性质等）、污染物（CO，CO_2，NO，NO_2，NO_x，HC，$PM_{2.5}$）排放浓度、燃料经济性（油耗）、环境参数（温度、湿度）等。

2.3.2 车载排放测试数据及其特征

实验室台架测试数据通常是一段时间内或既定行驶工况下的平均排放，不能完全反映车辆在实际道路条件下的排放水平，并且难以反映车辆瞬时交通状态对排放水平的影响，在一些微观决策支持应用中存在局限性，而车载排放测试就很好地解决了这些问题。

车载排放系统是一套完整的车载测试系统（Portable Emission Measurement System，PEMS），设备直接安装在行驶中的被测车辆内，直接对被测车辆尾气管排气采样，实时测试并记录车辆逐秒的行驶工况和尾气污染物排放。测试数据内容主要包括四个方面：

（1）尾气排放数据：CO_2，CO，HC，NO_x，PM 等污染物排放浓度值。

（2）发动机运行数据：发动机转速、发动机扭矩、发动机燃油消耗速率、排气温度等。

（3）行驶状况检测数据：车辆逐秒的行驶速度、经纬度信息、海拔等。

（4）环境参数数据：温度、湿度、大气压等。

对于运行数据的检测，GPS 可以实时测量车辆所在的地理位置（包括经纬度、海拔）和行驶速度。尾气管排放尾气的温度、压力和流量则由尾气流量计（EFM）进行检测。另外，测试系统还包括车载气态污染物测量设备（GAS）、车载颗粒物测量设备（PM）、气象检测设备（Ambient），通过 CAN 总线传输至电脑进行控制。根据车型的不同，车载排放测试系统的安装位置也存在较大差别，一般优先将检测设备安装在车尾箱，水平放置，测试时需要一名驾驶员和一名数据收集员，实时监控排放测试的各项情况。

车载排放测试系统主要包括两个部分：①测量系统硬件，由车载气态污染物测量设备、车载颗粒物测量设备、车载排气流量测量设备和 GPS 等组成（图 2-1）；②数据后处理系统，对测量系统硬件设备测得的数据进行分析、修正、计算，得到实际道路的瞬态排放特征和排放因子。

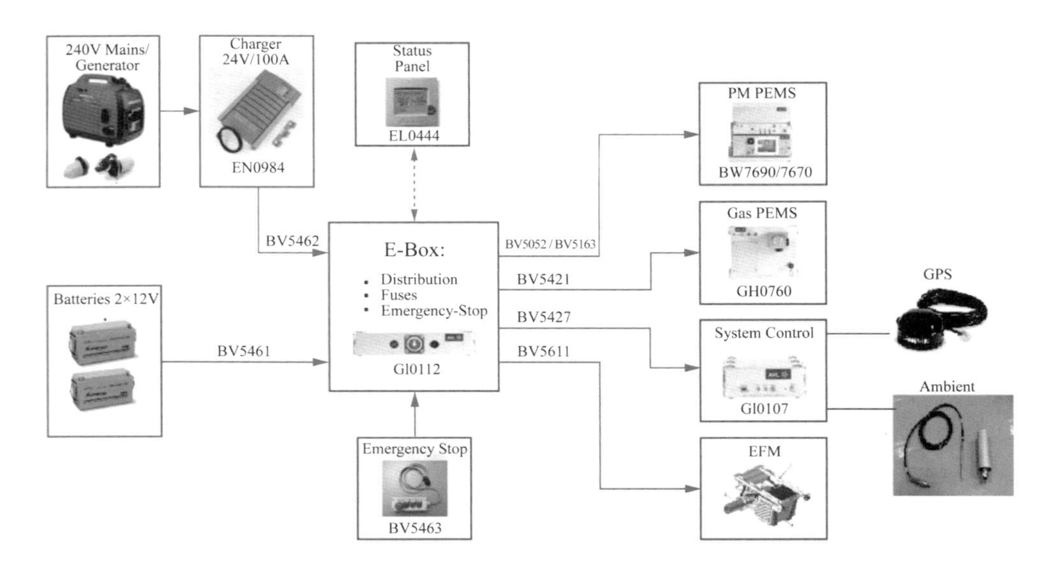

图 2-1　车载排放测试系统硬件组成

2.3.3 在用车定期排放检验数据及其特征

车辆年审(又称机动车检验),包括机动车安全技术检验、机动车排放检验、汽车综合性能检验三类。在用车定期排放检验数据主要从车辆年审工作中的机动车排放检验获得,根据生态环境部发布的《汽油车污染物排放限值及测量方法(双怠速法及简易工况法)》(GB 18285—2018)和《柴油车污染物排放限值及测量方法(自由加速法及加载减速法)》(GB 3847—2018)进行。从 2020 年 11 月 20 日起,公安部门规定 6～10 年的非营运车辆(面包车除外)由一年一审改为两年一审,自此车辆排放年检数据中车龄在 10 年以下的非营运车辆数据相对较缺乏。

在用车定期排放检验采用底盘测功机对被检车辆(整车)进行道路阻力模拟加载,测定排气浓度。检验方法主要包括:汽油车双怠速法、稳态工况法、瞬态工况法和简易瞬态工况法,以及柴油车自由加速法、加载减速法,可按规定选择其中一种方法进行检验。

在用车定期排放检验数据字段主要包括:车辆信息(车牌号、车辆类型、燃料类型、排放标准、注册登记日期、累计行驶里程、车重、排量、使用性质等)、污染物(CO,CO_2,NO,HC,烟度因子)排放水平、检测结果(合格、不合格)。

2.3.4 黑烟车及遥感监测数据及其特征

黑烟车监测数据来源于道路黑烟车在线视频抓拍系统,通过设置在道路截面上的高清摄像机,运用先进的林格曼灰度法、光流法、动态背景分离法等技术,对行驶在道路上的黑烟车进行识别和抓拍。该系统具有自动识别、抓拍黑烟车,自动放行无烟车辆,全天候无人监视,自动筛选、保存、传送、播放黑烟车的视频片段等功能。

遥感监测数据来源于道路机动车尾气遥感监测系统,通过设置在道路界面上的遥感监测设备,利用尾气遥感监测技术,对行驶在道路上的车辆尾气污染物浓度进行测量。遥感监测技术是一种非侵入式的机动车尾气排放监测技术,主要利用光学及光谱学相关理论,实现以相对低的成本检测大量机动车在实际道路行驶过程中通过遥感监测点半秒内的瞬时排放情况。一般来说,机动车在实际驾驶条件下的瞬时排放变化较大,单个遥感监测点的污染物排放浓度值具有较强的随机性,不能代表被检测车辆的排放水平,因此,设置两组及以上的遥感监测设备可增强遥感监测结果的可靠性。遥感监测设备包括固定式和移动式两种,其中固定式又可分为垂直式和水平式两种。道路遥感监测系统一般包括遥感监测分析系统、机动车车牌拍照系统、机动车测速系统、数据处理及管理系统。

黑烟车及遥感监测数据字段主要包括:交通特征参数(遥测点位信息、过车时间、车辆速度)、污染物(CO,CO_2,NO,HC,烟度因子)排放浓度、数据有效性标记、车辆信息(车牌号、车辆类型)等。

2.3.5 车辆排放远程监控数据及其特征

车辆排放远程监控数据来源于车载式在线监测系统，目前常见的是车载诊断系统（On-Board Diagnostics，OBD），一种根据发动机的运行状况随时监控汽车尾气是否超标的仪器系统。近年来，随着机动车尾气排放防控治理要求的提高，OBD 得到越来越广泛的应用。需要注意的是，OBD 系统并非直接测量机动车排放的污染物，而是由间接参数（如氧传感器电压信号、进气口空气流量等）建立排放与相关零部件之间的关系，通过对这些传感器、驱动器、电控系统等部件进行直接监测来判断车辆排放是否超标。一旦与车辆排放相关的零部件出现问题，可能发生排放超标的情况时，OBD 故障灯将会被点亮以警示驾驶员对车辆进行维修。

OBD 系统组成非常复杂，是硬件设施和软件的结合。其中，硬件设施包括电控单元（ECU）、各种传感器（如环境温度、GPS 模块等）、OBD 连接器插口等；软件包括故障诊断代码的标定、故障诊断策略等。OBD 系统数据的可获取字段主要与 OBD 的接口以及车辆型号有关，一般地，OBD 系统数据的参数字段如表 2-4 所示。

表 2-4　　OBD 系统数据的参数字段

诊断模块数据字段名		
车机 ID	发动机负荷	故障码个数
车机时间	气缸	故障灯状态
接收时间	行驶里程	故障行驶里程
协议类型	总油耗	发动机运行时间
状态掩码	OBD 瞬时油耗	剩余油量（L）
车速	电压	剩余油量（%）
发动机转速	仪表里程	长期燃油修正值
进气歧管压力	进气口温度	油门踏板位置
空气流量	冷却液温度	车机总运行时间
燃油压力	车辆环境温度	平均油耗
大气压力	气门位置	B1-S1 氧传感器输出压力
B1-S2 氧传感器输出压力	B1-S1 氧传感器输出电流	B1-S1 氧传感器输出电流
点火状态	ACC 状态（空值）	
GPS 模块字段名		
车机 ID	OBD 速度	定位模式
车机时间	GPS 速度	当前统计里程模式
接收时间	方向	发动机转速
纬度	GPS 有效位	累计里程
经度	海拔	累计油耗
电瓶电压	PDOP 精度	累计行驶时间
ACC 状态	HDOP 精度	
卫星数	VDOP 精度	

与遥感设备和车载排放测试设备相比，OBD成本相对较低、体积轻巧、安装简便，可采集发动机和车辆瞬态运行特征[10,11]，而且OBD系统还可以加装远程通信设备，将实时测量得到的车辆排放状态和相关运行数据传送到监控中心的后台服务器上，便于监管部门实时掌握车辆的排放情况，对高污染车辆发出及时整改要求[12]。目前OBD系统的安装工作已在国内不少城市进行，这使得大规模获取单车尺度的车辆运行和排放状态信息成为可能。

2.4 小结

互联网技术、大数据技术的发展促进了海量的、高时空分辨率的交通、环境、地理等多领域数据资源的积累，也为机动车尾气排放量化提供了新机遇，实现从"小样本数据的经验驱动"向"全域全量的数据驱动"转变。交通环境大数据来源众多、规模庞大，来源于不同部门、不同业务系统、不同监测手段的交通运行监测网络、大气环境监测网络、机动车排污监控网络数据，是实现尾气排放量化的基础数据源，对尾气排放量化方法的发展起到重要的支撑作用。

参考文献

[1] 中华人民共和国公安部. 道路交通管理信息代码 第4部分：机动车车辆类型代码：GA/T 16.4—2012[S]. 北京：中国标准出版社，2012.

[2] 霍红，贺克斌，王歧东. 机动车污染排放模型研究综述[J]. 环境污染与防治，2006，28(7)：526-530.

[3] Byshov N, Simdiankin A, Uspensky I. Method of traffic safety enhancement with use of RFID technologies and its implementation[J]. Transportation Research Procedia, 2017, 20: 197-111.

[4] Fernández-Sanjurjo M, Bosquet B, Mucientes M, et al. Real-time visual detection and tracking system for traffic monitoring[J]. Engineering Applications of Artificial Intelligence, 2019, 85: 410-420.

[5] 秦玲，张剑飞，郭鹏，等. 浮动车交通信息处理与应用系统核心功能及实现[J]. 公路交通科技，2006，11(11)：45-47.

[6] 朱倩茹，刘永红，曾伟良，等. 基于GPS浮动车法的机动车尾气排放量分布特征[J]. 环境科学研究，2011，24(10)：1097-1103.

[7] 陈泳钊，刘永红，林晓芳，等. 基于浮动车数据分析交通状态对轻型车排放的影响[J]. 环境科学研究，2016，29(4)：494-502.

[8] Kan Z, Tang L, Mei-Po K, et al. Estimating vehicle fuel consumption and emissions using GPS big data[J]. International Journal of Environmental Research & Public Health, 2018, 15(4): 566.

[9] 邓顺熙，史宝忠. 我国轻型汽车污染物排放因子的测试研究[J]. 中国环境科学，1999，19(2)：176-179.

[10] 中华人民共和国生态环境部. 柴油车污染物排放限值及测量方法(自由加速法及加载减速法):GB 3847—2018[S]. 北京:中国环境科学出版社,2018.
[11] 卢笙,吴烨,张少君,等. 基于车载诊断系统的轻型乘用车实际道路油耗特征分析[J]. 环境科学学报,2018,38(5):1783-1790.
[12] 杨柳含子. 基于车载诊断系统的机动车油耗与氮氧化物排放特征研究[D]. 北京:清华大学,2016.

3 多领域时空数据融合处理

交通环境大数据来源于交通管理、环境保护、移动互联网等部门和行业，包括静态的地理信息、路网信息、车辆技术信息，以及动态的交通监测、气象监测、空气质量监测等多类别数据，交通环境大数据驱动下的尾气排放量化研究，面临着大规模数据多源异构、离散稀疏、表达不一的问题。因此，基于交通环境大数据，实现车辆、交通出行、路网、地理、气象、空气质量等多领域数据的关联融合是开展车辆排放量化研究的重要基础。本章对尾气排放量化所需的多领域时空数据融合处理技术进行详细讲述，关键技术点主要包括动静态交通环境监测数据标准化组织、异常数据判别与处理、跨领域数据关联与融合等内容。

3.1 动静态交通环境监测数据标准化组织方法

为实现多领域数据的关联融合，首先需要建立标准化的数据组织方法，解决不同业务系统数据无缝转换与有序管理的问题。近年来，随着大数据的发展，对交通环境监测数据的管理要求也越来越高，不少学者着手研究基于交通规则理解与车道级的路网数据模型，以实现对数据的标准化、实体化管理。传统的 GIS 数据模型采用一维线段来表示道路，但实际上道路并不是简单的一维线段，而是有一定宽度的面状实体，是由多个车道组成的复杂对象，其本身具有丰富的交通特征信息。对于驾驶员来说，了解每一条车道上的交通指示变得越来越重要，基于车道尺度的表达模型更符合人类行为的实际需要。国外在相关领域的研究很活跃，已经提出若干道路数据模型，如地理数据文件(Geographic Data File，GDF)、NCHRP 模型、Dueker-Butler 模型等。国内也有相关研究，如戴文博[1]建立了基于道路特征的多层交通网络时空数据模型，实现了桂林市道路交通应用系统，提高了现有交通设施的利用率，帮助出行者根据出行意愿选择较高等级的道路，从而节省行驶时间，同时也可以对一些空间数据进行分析和管理，实现空间数据的合理利用。

建立车道级的路网数据模型[2]，实现对城市路网、具体道路、车道、方向、交通规则的数字化表达，可谓是建立动静态交通环境监测数据标准化组织管理方法的有效途径。通过研究车道级路网数据模型，改变原有的以节点和连线为基本对象的地理信息模型，将地理信息存储和表达的对象细化到车道级别。根据对交通规则的理解，将依附于路网、道路、车道的交通流数字化，并建立地理信息系统中交通对象与交通规则的关联关系。车道级路网数据模型将车道级路网数据与交通规则的表达相结合，以此为基础，可形成一个标准空间上的动静态交通环境多源监测数据组织规范，实现交通环境监测实体化管理、跨平台数据格式转换与数据交互。

根据应用需求，路网描述的特点以及形成的数据模型需满足以下要求：

(1) 路网几何特征及物理拓扑结构的表述：包括道路的位置、车道数、长度、宽度、弯曲度、交叉口以及道路之间的物理连通关系等。

(2) 路网基本建模单元的表达：将交通组织不变路段作为路网基本建模单元，即建模单元内部的车道数不变、车道属性不变、车道间的连通关系不变等。

(3) 车道级路网拓扑关系的表述：描述不同基本建模单元间车道的连通关系，如明确每个转向的上游车道和下游车道等。路段内部车道的连通可表达相邻车道的连通关系。

根据上述要求，本团队研究建立了车道级路网数据模型(图 3-1)，采用分层网络，分为两个层次，以满足不同应用场景对模型精细级别的需求。

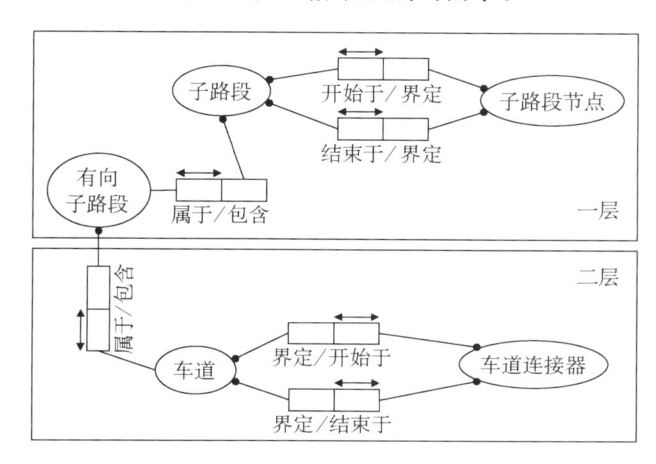

图 3-1　车道级路网数据模型的对象关系

(1) 模型的第一层由路网基本建模单元组合而成，包含路段(RoadSegment)、路段节点(RoadSegmentNode)、子路段(link)、子路段节点(node)和有向子路段(arc)等要素。在同一子路段中，(双向)道路的线形、横断面或交通组织不变，在子路段基础上，根据交通流向将子路段划分为不同的有向子路段。

(2) 第二层路网在第一层路网的基础上细化描述，包含车道(lane)和车道连接器(lane connector)两个要素。车道以有向子路段为参照，一个有向子路段一般包含多条车道，每条车道可以具有不同的转向类型。车道连接器用于连接不同路段间或路段内的每对车道。

以车道级路网数据模型为基础，对尾气排放量化所涉及的车辆技术信息数据、交通出行数据、气象监测数据、空气质量监测数据等各类型数据制定通用的数据接口，建立各类数据的属性类型及与路网数据的关联关系模型，对各类动静态交通环境监测数据实体进行标准化定义。设计数据库的概念模型，并对需要存储的各类数据进行逻辑分类，实现交通环境监测数据的标准化管理。基于动静态交通环境监测数据标准化管理技术，从数据的合法性、安全性、科学性上保障数据真实可靠。

在数据存储方面，交通环境监测数据具有分布存储、多源异构、更新速度快、高安全性要求等特点，这对数据存储技术提出了重大的挑战。传统的集中式存储对搭建和管理的要求较高，而在当今信息爆炸的时代，人们可以获取的数据呈指数增长，单纯在某个固定地点进行硬盘的扩充在容量大小、扩充速度、读写速度和数据备份等方面的表现都无法达到要求。此外，大数据处理系统的数据多来自客户，数据种类多，存储系统需要存储各种半结构化、非结构化的数据，如文档、图片、视频等。因此，大数据的存储宜采用分布式文件系统来管理这些非结构化数据。到了20世纪末，计算机技术和网络技术得到了飞速发展，分布式存储技术也越来越成熟，其中Hadoop分布式文件系统(Hadoop Distributed File System，HDFS)得到了广泛应用。因此，研究分布式存储的数据查询方法与技术，是实现对交通环境监测大数据进行快速、安全查询和管理的有效支撑。

3.2 异常数据判别与处理算法

为保证数据的可靠性、完整性和有效性，需及时对异常数据进行判别，实现数据从采集到处理后的全过程质量控制。数据质量控制标准是数据采集人员在数据采集与处理过程中遵循的用于评估和保证数据质量的规范体系。质量控制主要包括对数据采集过程、数据处理过程等进行的一般性质量检查，其目的在于评估最终数据是否符合质量标准，除此之外，还包括对离散值、异常值、缺失值等异常数据的判别与处理。本节不仅介绍了数据质量控制的一般性原则，还整理了针对交通环境大数据的异常数据判别与处理方法，供读者参考。

3.2.1 数据质量控制的一般性原则

1. 交通数据采集的合理性检查

(1) 采集参数、采集内容与采集目标或建模、评估等要求一致。

(2) 抽样采集时抽样框架对目标对象全覆盖。

(3) 抽样采集时抽样方法和样本量满足关键统计量的精度要求。

2. 数据完整性和可靠性核查

数据完整性和可靠性核查是指对采集到的数据进行质量控制，主要发生在数据处理阶段。数据处理阶段质量控制包括数据编码与录入、数据清洗等，并应符合以下规定：

(1) 采用统一的编码规则对入库数据进行编码。

(2) 同类数据统计应采用相同的量纲。

(3) 将重复、多余的数据筛选清除，将缺失的数据补充完整，将错误的数据纠正或删除，制订规范化数据清洗操作流程。其中，去重的基本思想是“排序与合并”，先将数据按一定规则排序，然后通过比较邻近记录是否相似来检测记录是否重复，将重复的样本进行简单的删除处理；补缺是指对缺失值的处理，主要依据缺失值属性的重要程度以及缺失值的分布情况进行相应的处理。

在缺失率低且属性重要程度低的情况下，最简单的方法是根据缺失值的属性关系把数据分为几个组，分别计算每个组的均值，用均值替代缺失的数据。

在缺失率高且属性重要程度高的情况下，主要采用插补法和建模法进行补充。

插补法包括多重插补法和热卡填充法。①多重插补法：通过变量之间的关系对缺失数据进行预测，利用蒙特卡罗方法生成多个完整的数据集，再对这些数据集进行分析，最后对分析结果进行汇总处理。②热卡填充法：在非缺失数据集中找到一个与缺失值所在样本相似的样本(匹配样本)，利用其观测值对缺失值进行插补。最常见的方法是使用相关系数矩阵来确定哪个样本与缺失值所在样本最相关。

建模法是指利用回归、贝叶斯、随机森林、决策树等模型对缺失数据进行预测。

一般而言，数据缺失值的处理没有统一的流程，必须根据实际数据的分布情况、倾斜程度、缺失值所占比例等来选择合适的方法。

异常值，也被称为“离群点”。对于异常值，通常将其直接删除，或视为缺失值，按照缺失值的方法进行处理。

异常值的检测主要有以下两种方法：①一般性统计分析。通过数据集的简单描述性统计(T 检验、S 检验等)，发现是否存在异常值。② 3δ 原则 —— 基于正态分布的离群点检测。如果数据服从正态分布，在 3δ 原则下，异常值为一组测定值中与平均值的偏差超过 3 倍标准差的值，距离平均值 3δ 之外的值出现的概率为 $P(|x-u|>3\delta)\leqslant 0.003$，属于极个别的小概率事件。如果数据不服从正态分布，也可以用远离平均值的多少倍标准差来描述。

(4) 位置信息转换为数字信息时，优先考虑经纬度坐标编码，或采用相同的交通分区系统进行编码。

(5) 统计分析结果应具有可重复性。

总体来说，数据完整性和可靠性核查主要包括以下三个方面：①数据处理时，应对采集数据的完整性、异常值和逻辑关系进行核查；②对采集数据的分析结果与其他来源公开数据的一致性进行核查；③通过一定数量的抽查或调查数据对采集数据的客观性进行核查。

3.2.2 交通数据异常处理方法

车辆技术信息数据、出行数据主要来源于交通管理部门的系统平台或网络数据收集等，均是庞大的数据集。原始出行数据采集主要基于视频技术、电子标识技术以及线圈感应技术等，在实际数据采集过程中，由于设备或传输系统故障以及路面交通状况异常等原因，所采集的原始数据会存在错误、丢失、不精确等问题。若直接利用会影响最终的车辆尾气排放量化准确性，主要原因如下：①传输设备故障和交通状况异常使得采集的数据错误或不完整；②采集设备连续持久的工作特性存在一些弊端，容易导致其失效或差错;③抽样数据缺乏代表性,不能完整反映原始采样样本;④压缩技术不健全导致数据压缩过程中数据出现缺失。因此有必要对收集或采集到的交通数据进行预处理,开展异常数据处理工作。

1. 交通治安卡口过车记录数据异常值处理

1）错误数据处理

治安卡口过车记录是针对车牌号码进行判别和处理,出现的错误数据主要包括两种:①车牌号码未被识别而产生无效过车记录,即记录中车牌号码显示“—”;②车牌号码出现乱码现象。以上两种情形均会使该条过车记录数据无法用于交通流水平测算,并且因缺乏其他有效信息,难以进行还原、校正,故而作废,处理方式为删除该条数据。

基于以上情况,为提高卡口数据的质量控制水平,主要采用表 3-1 所示的数据清洗规则对异常卡口数据进行识别和处理。

表 3-1　　异常卡口数据清洗规则和处理方式

数据清洗规则	识别对象	异常判断标准	处理方式
规则 1	过车记录数据	无法识别,即出现“—”	删除
规则 2	过车记录数据	车牌乱码	删除

2）重复数据处理

过车记录因连续抓拍、检测数据重复上传等会导致重复数据的产生,需要对其进行去重处理,具体方法为:按车牌、抓拍时间排序,将车牌号一致、抓拍时间间隔小于设定阈值的数据视为重复数据,对其进行去重处理。

3）新能源车筛选

由于新能源车不产生尾气排放,需对其进行标记筛选。新能源车号牌与传统燃油车号牌最直接的区别有两点:一是颜色,小型新能源车号牌为渐变绿色,大型新能源车号牌为黄绿双拼色;二是位数,新能源车号牌比传统燃油车号牌多 1 位,从 5 位上升到 6 位。鉴于位数区别易识别的特点,可根据号牌筛选出新能源车,进一步提高车辆技术信息的补充率。

图 3-2　新能源车与传统燃油车号牌对比

2. 交通车速数据异常值处理

交通车速数据异常值处理主要是针对路段长度过短或异常的速度数据、大于合理阈值的速度数据进行异常值处理。路段长度过短是指一条道路上可能获取到多个路段级速度数据，对应该道路的不同路段长度，在此舍去路段长度过短的车辆速度数据。大于合理阈值的速度数据是指采集的车辆速度数据数值过大，例如 200 km/h，超出各道路类型的速度限制或车辆速度合理的范畴，属于该情形的平均速度数据也应舍去。

基于以上情况，为提高车速数据的质量控制水平，可采用表 3-2 中的数据清洗规则，对异常数据进行识别和处理。

表 3-2 异常速度数据清洗规则和处理方式

数据清洗规则	识别对象	异常判断标准	处理方式
规则 1	车辆速度数据	道路长度过短	删除
规则 2	车辆速度数据	速度大于合理阈值	删除

3.3 跨领域大数据深度关联与融合技术

为实现不同来源数据在排放量化中的有效关联，语义统一表达、路网-车辆-出行-环境信息多层次参数匹配、时空关联是必不可少的处理手段。本团队在数据时空关联的基础上，特别针对交通流数据稀疏问题，提出了分道路的交通流数据推算方法；针对车辆技术信息稀疏问题，利用公开网络平台机动车技术信息的抓取与融合，建立了以车辆型号为最小单位的车辆技术信息数据库，实现了交通流数据和车辆技术信息数据的质量增强[3]。

3.3.1 跨领域数据的语义统一表达与关联

带有空间位置属性的路网信息、动态的交通出行数据均含有道路属性；静态车辆技术信息、个体车辆交通出行数据均带有车辆属性。但由于数据来源于不同的业务系统平台，同一参数在不同源数据中的表达不一致，由此带来数据难以直接关联使用的问题。在本团队研究中，首先，针对路网信息、车辆技术信息、出行数据、气象监测数据、空气质量监测数据等相关参数及其数值表达不统一的问题，建立了各参数的标准化表达体系，以便于多源交通信息的多层次匹配与时空关联；其次，利用时间字段，通过数据库中“日期时间”字段索引，实现不同来源数据的时间关联；最后，利用地理信息系统与路网数据模型，通过路网、出行参数与环境监测参数的空间映射及匹配，实现不同来源数据的空间关联。

针对路网信息、车辆技术信息、交通出行数据(以治安卡口过车记录数据、车速数据为例)、环境数据，参数统一表达与时空关联的数据间逻辑关系如图 3-3 所示。

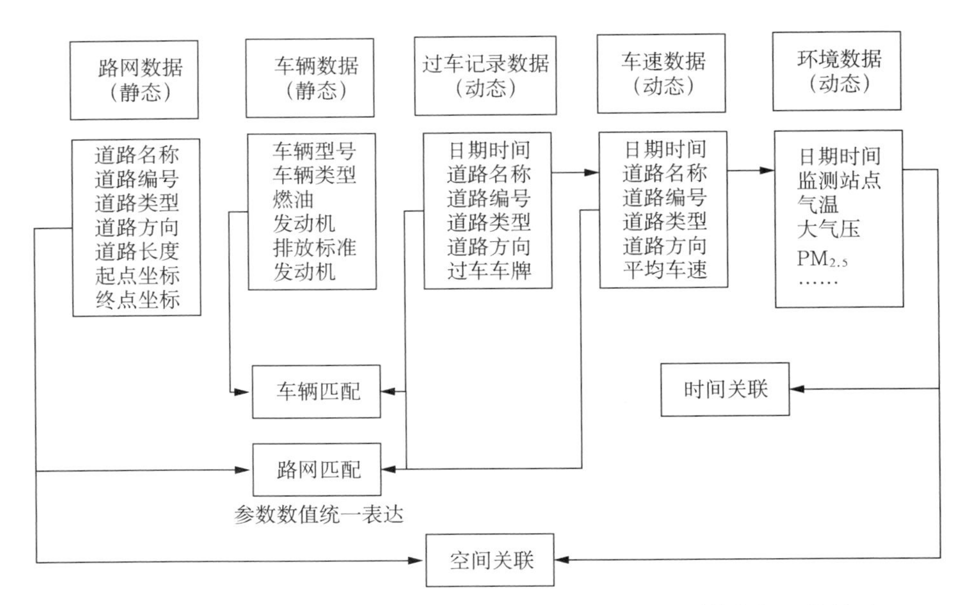

图 3-3　路网-车辆-出行-环境的参数统一表达与时空关联的数据逻辑关系

1. 标准化参数表达体系

如图 3-4 所示，实现标准化参数表达的步骤主要包括参数表达的标准化、数值表达的标准化以及不同来源数据中个别参数的检查与校对。考虑到路网数据、交通流数据、车速数据均带有道路名称、道路类型等道路信息，且表述不一致，因此，根据已建立的道路信息标准化表达体系，分别对不同数据源中的道路名称、道路类型、路段划分、路段位置表述进行检查与校对。

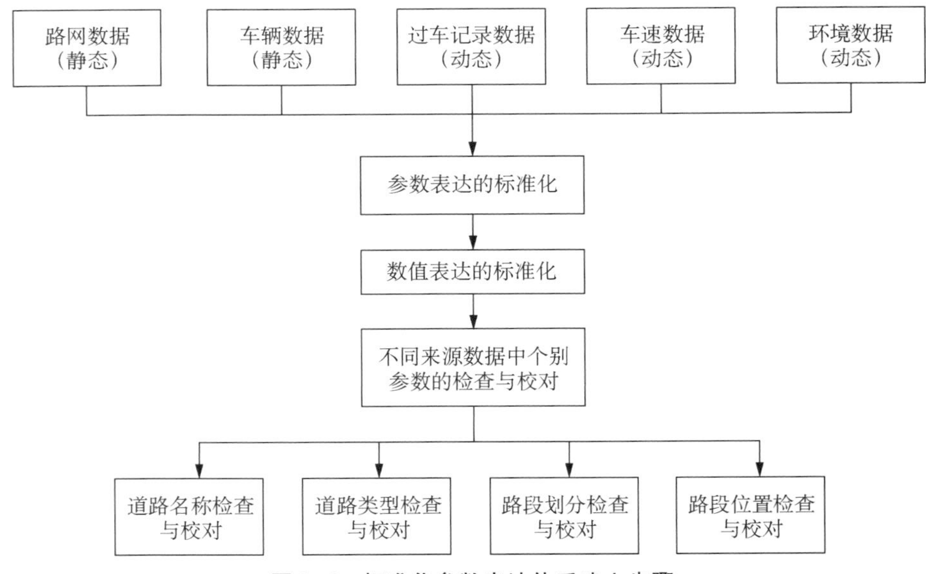

图 3-4　标准化参数表达体系建立步骤

2. 时空关联

面对时效性、准确性的需求，建立有效的地理时空数据关联是从多源异构数据中快速、准确提取信息的关键和前提。以基于地理信息系统的时空关联为例，技术路线如图 3-5 所示，其中，时间关联可通过动态交通出行的时间与环境数据的时间索引实现。空间关联可利用地理信息系统，实现路网道路、交通出行监测点位与环境监测站点的空间映射与匹配。

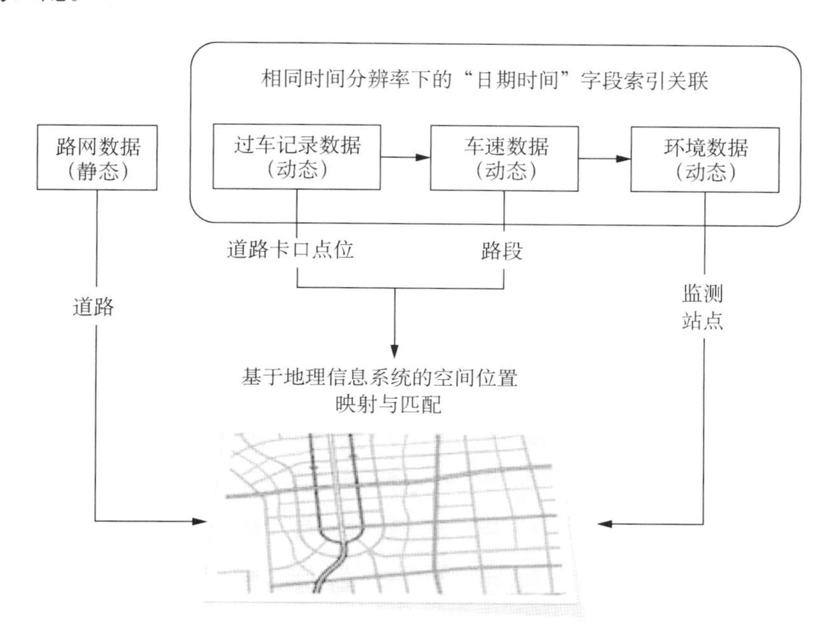

图 3-5 时空关联的技术路线

随着城市中各领域大数据越来越丰富，数据结构也越来越具有异构性。地理信息系统是表达数据空间特性的有效工具和手段。所有参数在统一的表达描述下，不同来源数据的参数之间可通过地理信息系统空间位置映射实现空间关联聚合与展示。

3. 多源交通信息匹配

多源交通信息匹配是数据关联环节的重要内容，主要包括车辆技术信息数据与交通出行数据的匹配、路网信息与出行数据的匹配等，技术路线如图 3-6 所示。

以交通治安卡口过车记录数据为例，通常只能识别过往车辆的车牌号和颜色信息，不足以支撑道路车辆技术特征或车队技术构成的识别。因此需根据车牌号字段，将动态出行数据与静态车辆技术信息数据库进行匹配，获取车辆类型、燃料类型、排放标准、控制技术等与车辆排放水平评估紧密相关的全面信息。交通治安卡口过车记录数据仅具备卡口点位的经纬度信息，缺乏所处道路信息，如道路名称、类型、车道方向、交通规则等，因此需要将路网信息匹配到交通出行数据中。最终实现路网信息数据、车辆信息数据、交通出行数据的参数关联，便于对不同来源交通数据的读取与关联使用。

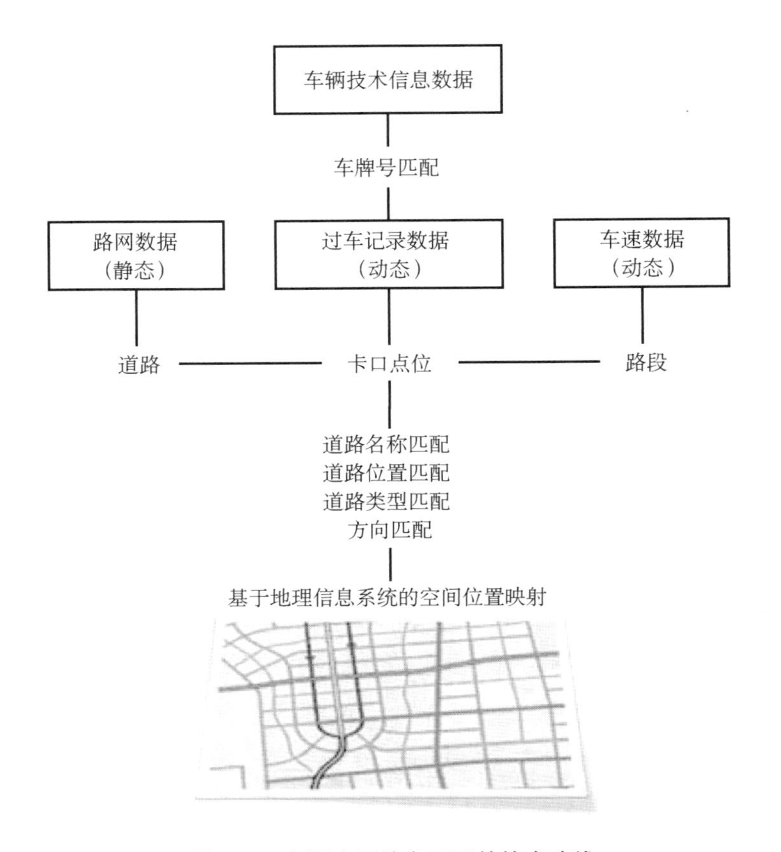

图 3-6　多源交通信息匹配的技术路线

3.3.2　车辆技术信息数据的质量增强

车辆技术特征是影响尾气排放的主要因素之一，在排放量化的过程中，需要以车辆类型、燃料种类、排放标准、重量等技术参数指标对车辆进行描述，不同的类别匹配不同的基础排放因子。由于车辆技术信息参数众多，全面获取难度大，目前在常用排放模型中，描述车辆技术特征的指标多以车辆类型、燃油类型、排放标准为主，车辆技术特征描述的精细化程度不高，不能精细刻画车辆技术特征对排放的影响，从而影响排放计算的准确性。

针对车辆技术信息稀疏问题，本团队研究提出了以"车辆型号"为细化车辆分类的技术方法（详见第 5 章 5.3.2 节），利用公开网络平台进行机动车技术信息的抓取与融合，建立了以车辆型号为最小单位的车辆技术信息数据库，细化了车辆分类体系，提升了对车辆技术性能描述的精细程度。具体操作方法如下：

车辆型号是为识别车辆而指定的一串由字母和数字组成的编号[1]，是表明汽车的主要特征参数，是确定一辆车技术参数的最小单位，可作为车辆技术特征的主要标识码。以车辆型号作为分类指标有利于提高车辆分类的精细化程度，为进一步挖掘各型号车辆的技术特征与排放特征奠定基础。我国公共安全行业标准《全国道路交通管理

信息数据库规范 第2部分:机动车登记信息数据结构》(GA 329.2—2005)[2]规定,机动车登记信息数据总体包括机动车基本信息、产品公告信息、底盘信息、生产企业信息等共21项信息,其中机动车基本信息89类、产品公告信息45类、底盘信息34类。结合相关文献对排放影响因素的研究,除去环境因素、运行工况因素以及车辆负载等外部因素,车辆自身技术参数对尾气排放的影响因素包括车辆总质量、燃油类型、燃油品质、排放标准、汽车排量、排放后处理装置等[6]。因此,根据需求分析,结合机动车登记信息中可公开获取的字段范围,挑选其中32个数据字段,建立了基于车辆型号的在用车技术指标体系,参数具体可归纳为以下7类:

(1) 车辆基本参数:车辆型号、车辆品牌、车辆类型、总质量、整备质量;

(2) 车辆外观参数:车辆长度(mm)、车辆宽度(mm)、车辆高度(mm);

(3) 车辆油耗数据:0—100 km加速时,综合工况油耗(L/100 km)、市区工况油耗(L/100 km)、市郊工况油耗(L/100 km);

(4) 发动机基本参数:发动机型号、发动机生产企业、发动机排量(L)、发动机功率(kW)、发动机功率转速(rpm)、发动机扭矩(N·m)、发动机扭矩转速(rpm)、发动机最大马力(Ps);

(5) 发动机燃油参数:燃料种类、燃油标号、供油方式、排放标准;

(6) 发动机其他参数:发动机位置、发动机进气形式、发动机气缸数、发动机气缸排列形式、发动机每缸气门数、发动机压缩比(%);

(7) 车辆后处理装置。

车辆型号数据库的构建技术路线如图3-7所示。首先需要利用机动车保有量数据库和国家工信部平台所包含的车辆型号数据,尽可能全面地收集道路行驶车辆的型号数据,并记录不同车辆型号所对应的燃料类型、排放标准、发动机型号等技术参数信息,从而完成车辆型号初始数据库的构建。以车辆型号为主键,利用车辆登记数据与网络信息抓取技术,建立面向中国在用汽车车辆的技术指标信息库。目前,我国工信部官方网站(http://www.miit.gov.cn/)公开公告道路机动车辆生产企业及产品信息,包括车型信息目录等,据此可获取中国全类型车辆的车型、车辆型号等产品技术信息。另外,在商车网(https://www.cn357.com/)、海车集(http://www.haicj.com/)等商业性汽车网站也可查询到大多数在用车的详细技术参数,包括在用车车型、车辆型号、公告型号、发动机信息、车辆载重信息等。因此,采用网络信息抓取方式,可实现不同类型车辆的详细技术信息补全。

为满足车辆购买者对车辆参数信息的获取需求,中国汽车网、中国专用汽车网、海车集、商车网等多个网络平台可免费提供我国公开的在用车信息检索服务,但受平台服务对象定位不同的影响,各平台数据库完整性各不相同。其中,商车网更侧重货车等重型车辆的信息公开,而国家工信部网站、海车集则更多地面向轻型车信息数据收集。研究团队通过广泛收集网络平台公开的车辆信息,对每一个车辆型号,均记录其燃料类型、排放标准、发动机型号、发动机参数、发动机特殊技术等信息，与机动车保有量数据库和国家工信部公告的新增车辆型号数据库进行互相补充完善，构建了基于车辆型号的技术参数数据库。

在多个车辆信息平台间，车辆基本参数以及外观参数等常见参数均为可查询字段，但发动机参数的可获取字段存在差异。为尽可能提高数据库中发动机参数部分的完整性，在数据收集处理阶段，可以先建立“车辆型号”与“发动机型号”的映射关系，通过融合多个平台的数据，建立以“发动机型号”为主键的发动机参数数据库，最后以“发动机型号”为连接依据将发动机参数匹配给“车辆型号”。

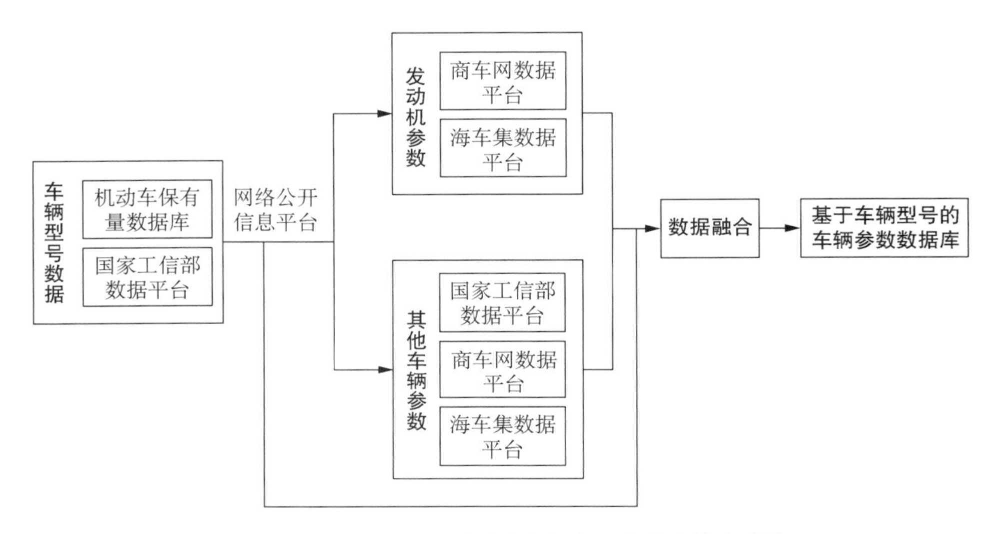

图 3-7　基于车辆型号的技术参数数据库构建技术路线

车辆型号数据库主要通过两种途径来提高数据的完整性：

(1) 以车辆型号数据作为分类指标，利用商业性网站数据与官方发布数据进行互相补充完善；

(2) 建立以发动机型号为分类指标的发动机参数数据库，根据车辆型号数据和发动机型号数据的相互匹配，补充车辆型号数据库的发动机参数信息，从而提高发动机参数字段的完整性。

在本团队 2020 年首次构建的数据库中，车辆型号覆盖了 2018 年 4 月之前广东省机动车保有量数据库中的车辆型号以及 2018 年 4—11 月国家工信部公开的车辆型号[7]，即车辆型号数据的获取分为两个部分。其中，2018 年 4 月之前的车辆型号信息由广东省机动车保有量数据库提供，2018 年 4—11 月的新增车辆型号数据由工信部官方网站中的“中国汽车燃料消耗量查询系统”补充。基于车辆型号的技术参数数据库数据来源及数据覆盖情况如表 3-3 所示。

表 3-3　　基于车辆型号的技术参数数据库数据覆盖情况

时间范围	车辆类型覆盖情况	已收集数据覆盖情况	车辆型号数据条数
2018 年 4 月之前	所有车辆类型	覆盖广东省保有量数据库中 78%的车辆	58 760 条
2018 年 4—11 月	乘用车 M1 类 轻型车辆 M2 类 轻型货车 N1 类	覆盖该时间段内我国公告的所有 M1,M2,N1 类车辆	2 959 条

注:国家工信部“中国汽车燃料消耗量查询系统”中仅可查询最新通告批次中的 M1,M2,N1 类新增车辆型号,M 类和 N 类汽车的定义参照《机动车辆及挂车分类》(GB/T 15089—2001)。

基于车辆型号的技术信息数据库部分数据字段示例如表 3-4 所示。

表 3-4　　基于车辆型号的技术参数数据库部分数据字段示例

车辆型号	…	发动机型号	发动机生产企业	排量/L	功率/kW	…	燃料类型	排放标准	…
AUDIA41.8TCVT	…	BKB	一汽—大众汽车有限公司	1.8	120	…	汽油	国Ⅱ	…
AUDIA43.0AT	…	BBJ	一汽—大众汽车有限公司	3	162	…	汽油	国Ⅱ	…
AUDIA6L1.8	…	ANQ	上海大众汽车有限公司	1.8	92	…	汽油	国Ⅱ	…
AUDIA6L1.8T	…	AWL	一汽—大众汽车有限公司	1.8	110	…	汽油	国Ⅱ	…
AUDIA6L1.8TAT	…	AWL	一汽—大众汽车有限公司	1.8	110	…	汽油	国Ⅱ	…
BFC6127H-1	…	P11C-VF	上海日野发动机有限公司	10.5	280	…	柴油	国Ⅳ	…
BFC6127H-1	…	ISLe37540	东风康明斯发动机有限公司	8.9	276	…	柴油	国Ⅳ	…
BFC6127H-1	…	WP12.375E40	潍柴动力股份有限公司	11.6	276	…	柴油	国Ⅳ	…
BFC6128H3D5	…	YC6MK375-50	广西玉柴机器股份有限公司	10.3	276	…	柴油	国Ⅴ	…
BFC6140HW	…	WP12.400E40	潍柴动力股份有限公司	11.6	294	…	柴油	国Ⅳ	…

3.3.3 交通流数据的质量增强

现有城市交通监测点位往往布设在某些典型道路或路口处，并非全路网覆盖，以视频拍摄或电子识别形式记录。因此，利用交通监测数据进行尾气排放量化研究时，会存在明显的交通流数据稀疏的问题，例如数据漏检、道路无监测点位等。监测数据校验、分道路的交通流数据推算方法是实现交通流数据质量增强的常用手段。

以交通治安卡口过车记录数据为例，它是以在道路布设视频监测卡口的方式获取道路上的动态过车记录。交通治安卡口系统目前仍有一定的误差率，最典型的误差就是卡口漏检。本书提出一种卡口数据校验方法，实现对检测数据的校验，减少卡口检出率计算误差的产生，提高卡口检出率，从而提升交通卡口检测数据的质量。

在研究范围和时间段内根据历史卡口数据库中相同车牌的车辆经过两个相邻卡口的时间差，得到完整的单次出行链数据，再根据漏检卡口界定的原则，推算漏检车辆的可能出行路径[8]。根据漏检车辆的可能出行路径和历史卡口数据库，采用贝叶斯概率模型回溯推算出对应于漏检车辆的所有可能出行路径的漏检概率。基于回溯推算出的漏检概率，结合历史卡口数据库的数据对漏检车辆进行数据检验和补全。最终利用数据检验和补全的结果计算卡口的检出率。图 3-8 为卡口检测数据校验方法的流程图。

此外，由于卡口并非城市全路网覆盖，为实现全部道路上车辆尾气排放量化，需要建立无卡口道路的交通流量推算方法，图 3-9 所示为交通流数据的推算逻辑关系。针对无检测卡口的道路，可利用经典的交通速度-密度-流量三参数模型[9-11]，建立分城市、分道路类型、分时段、分车辆类型的交通流量推算方法。

根据交通流理论，交通流量 Q、行车速度 V、车流密度 K 三个表征交通流特征的基本参数之间存在 $Q=V\cdot K$ 的基本关系。由于交通流三参数之间存在等式关系，所以确定交通流三参数中任意两个参数的关系，即可唯一确定其他参数的关系，如确定流量-速度关系，即可确定流量-密度和密度-速度关系。经典的交通流三参数（即速度、密度、流量）关系模型一般包括以线性模型、二次多项式模型、三次多项式模型、指数模型、对数模型为主的回归模型，及以 Greenshields 模型、Greenberg 模型和 Underwood 模型为主的经验模型。利用历史交通速度、流量数据，拟合得到上述形式的数学模型，并完成模型检验，即可进行交通流推算。

推导出不同道路类型的交通流量，与实际统计所得的交通流量进行对比分析。在广州某推算案例中得到的各模型相对误差平均值如表 3-5 所示，在某些道路上，交通流推算精度在 90%以上。

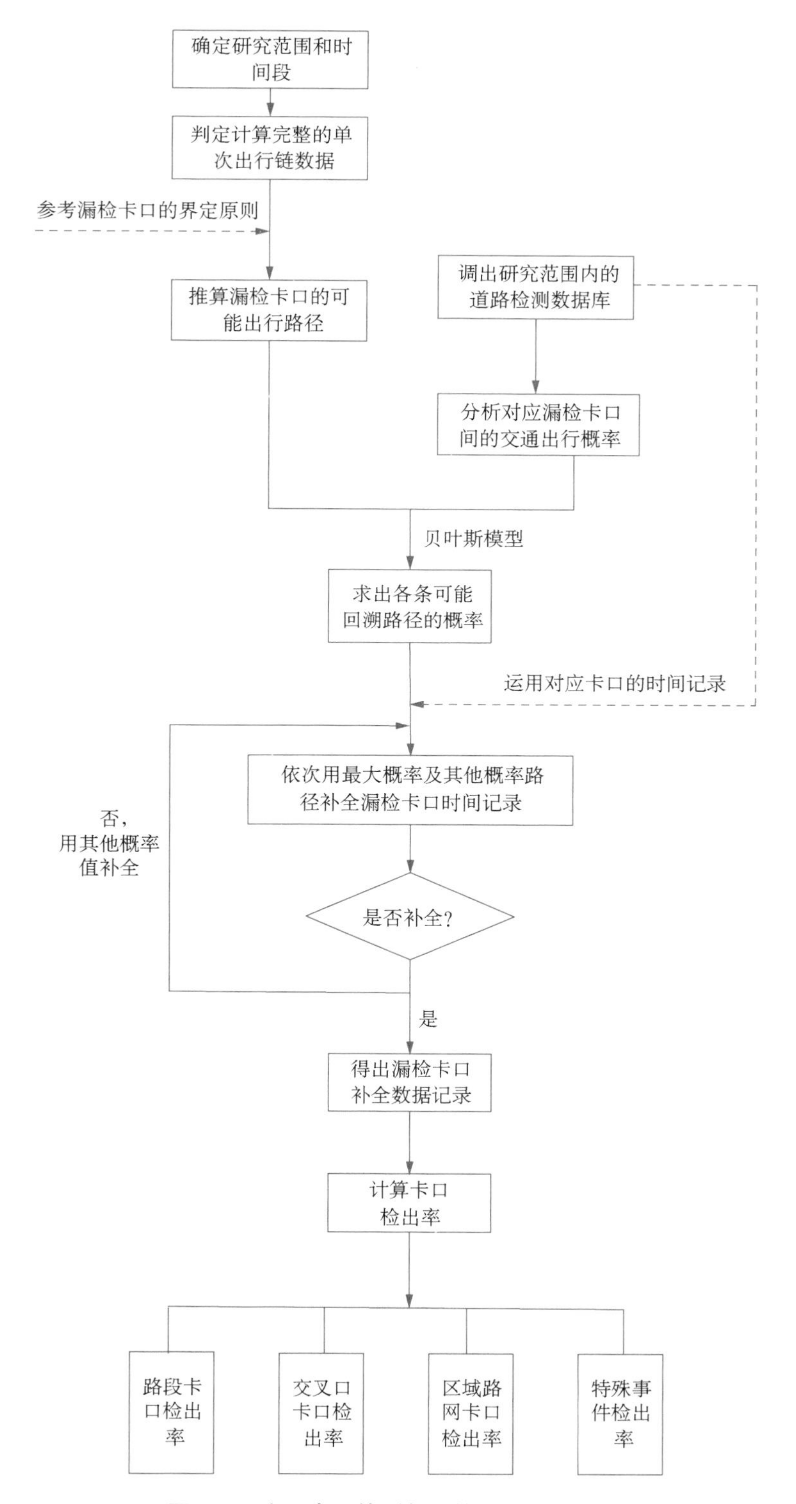

图 3-8　交通卡口检测数据的校验方法流程

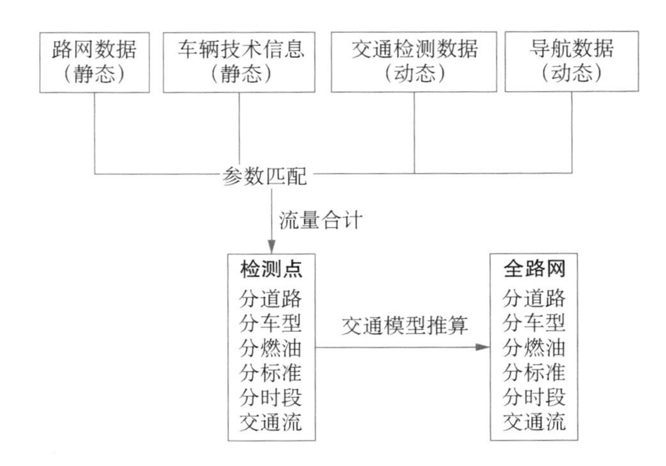

图 3-9　交通流数据的推算逻辑关系

表 3-5　不同道路类型上交通流推算的相对误差

道路类型	白天			夜晚		
	线性模型	对数模型	指数模型	线性模型	对数模型	指数模型
快速路	34.18%	5.93%	6.21%	32.71%	10.17%	26.99%
主干路	23.85%	7.56%	14.78%	38.05%	12.38%	19.33%
次干路	26.18%	3.74%	10.12%	40.22%	7.03%	9.39%
支路	34.56%	10.93%	24.53%	41.56%	10.67%	20.80%

3.4 小结

针对道路交通尾气排放量化研究所涉及的地理、交通、环境等多领域时空数据，本章主要介绍了多源数据融合处理过程中的关键技术点，包括多领域动静态数据标准化组织方法、中国车辆技术信息数据库的构建、多时空参数的统一表达与时空关联、交通运行数据的扩样与推算、异常数据处理等。通过多领域数据融合处理，提高了不同部门间数据贯通利用效率，为后续研究奠定了坚实的数据基础。

参考文献

[1] 戴文博. GIS-T 空间数据库模型应用与研究[D]. 桂林：桂林电子科技大学，2015.
[2] 钮中铭. 基于规则的路网数据模型及其应用[D]. 广州：中山大学，2016.
[3] 丁卉. 基于个体行为数据的交通尾气排放计算与实时平台技术研究[R]. 广州：中山大学，2021.
[4] 中国汽车工业联合会. 汽车产品型号编制规则：GB/T 9417—1988 [S]. 北京，1988.

[5] 中华人民共和国公安部. 全国道路交通管理信息数据库规范 第2部分：机动车登记信息数据结构:GA 329.2—2005 [S]. 北京:中国标准出版社,2006.
[6] 贺克斌，霍红，王岐东. 道路机动车排放模型技术方法与应用[M]. 北京：科学出版社，2014.
[7] 林颖. 基于身份检测数据的车辆尾气排放精细量化方法研究及应用[D]. 广州：中山大学，2020.
[8] 沙志仁. 一种卡口数据的数据校验方法、系统和装置:CN201711000886.X [P]. 2021-05-25.
[9] 林晓芳. 数据驱动的多尺度机动车尾气排放模型与应用研究[D]. 广州：中山大学，2018.
[10] 邹竞芳. 基于GIS的广州市道路交通噪声地图研究[D]. 广州：中山大学，2013.
[11] 王家伟. 可解释深度学习城市路网交通状态预测研究[D]. 广州：中山大学，2019.

4 车辆排放因子本地化研究

城市机动车在道路行驶过程中的排放受多种因素影响，如车辆技术水平、行驶工况、交通环境、驾驶行为等都会对车辆的实际排放产生重要影响。实际道路条件下机动车的排放因子是量化机动车尾气排放的基础。2014 年，国家环境保护部发布《道路机动车大气污染物排放清单编制技术指南（试行）》（以下简称《指南》），确定了机动车尾气排放系数的计算，并提供了各类车型综合基准排放系数以及环境、交通状况、劣化、油品、载重等各类修正因子的推荐值。为了持续控制汽车尾气排放，我国已于 2021 年 7 月在全国范围内实施汽车第六阶段标准。而《指南》自发布以来，未更新升级，在实际应用过程中，存在一些问题。例如，目前国Ⅵ标准排放因子缺失，劣化修正因子最新为 2018 年版，交通状况修正因子不够精细，且基准排放系数在平均累计行驶里程和典型城市行驶工况下获得。因此，本章将对机动车排放因子关键影响因素与本地化建立方法进行详细阐述。

4.1 大数据驱动的排放因子本地化研究思路

《指南》中的排放因子主要由基准排放因子和修正因子两部分组成。主要研究思路是通过车载试验收集城市道路车辆行驶数据，提取若干特征参数用于描述短行程的行驶特点，利用主成分分析法和聚类分析法提取典型的短行程，建立本地行驶工况。在此基础上，利用台架测试数据、车载排放测试数据和机动车环保检测数据，建立基于本地行驶工况的基准排放因子和本地化修正因子，并与通过电警式卡口、电子标识、线圈检测等监测手段获取的道路车辆交通信息相结合，获得区域内车辆污染物和碳排放的综合排放因子，技术路线如图 4-1 所示[1,2]。

1. *基准排放因子计算方法*

基于本地运行工况，结合车辆每个 Bin 的平均排放速率和本地运行工况的 Bin 时间分布以及平均速度，获得单车在本地运行工况下的各污染物和 CO_2 基本排放因子，计算方法如式(4-1)所示。

$$EF_{(V_0)h,j}=\frac{3\ 600}{v_0}\sum_{1}^{k}(\overline{ER}_{h,j,k}\cdot T_k) \tag{4-1}$$

式中，$EF_{(V_0)h,j}$ 为车辆 h 在本地运行工况下对污染物 j 的基准排放因子，g/km；V_0 为本地运行工况下的平均速度，km/h；$\overline{ER}_{h,j,k}$ 为车辆 h 在 Bin k 内对污染物 j 的平均排放速率，g/s；T_k 为本地运行工况在 Bin k 内的时间比例。

在单车基准排放因子的基础上，对同一车型的基准排放因子进行算术平均，即可获得分车型的基准排放因子，计算公式如式(4-2)所示。

$$\overline{EF}_{(V_0)j,m,l,n}=\frac{1}{N_{m,l,n}}\sum_{1}^{N_{m,l,n}}EF_{(V_0)i,j} \tag{4-2}$$

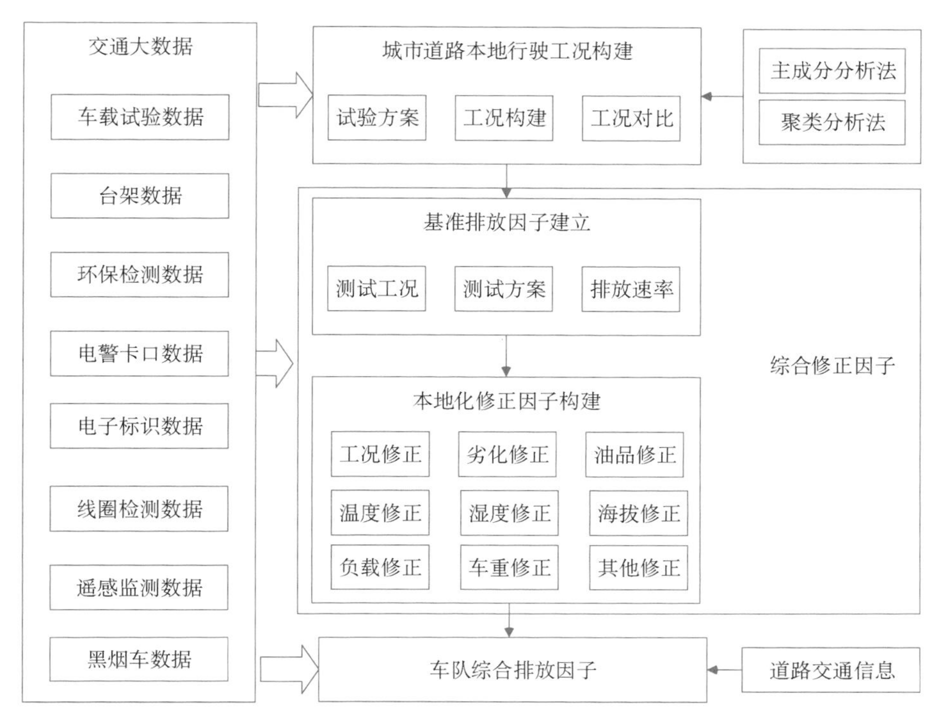

图 4-1　排放因子本地化技术路线

式中，m，l，n 分别代表车辆类型、燃料类型和排放标准；$\overline{EF}_{(V_0)j,m,l,n}$ 为车辆类型m、燃料类型 l、排放标准 n 的车型在本地运行工况下对污染物j 的基准排放因子，g/km；$N_{m,l,n}$ 为属于同一车型的车辆总数；$EF_{(V_0)h,j}$ 为属于同一车型 i（车辆类型 m、燃料类型 l、排放标准 n）的车辆 h 在本地运行工况下对污染物 j 的基准排放因子，g/km。

2. 综合修正排放因子计算方法

基于所求得的基准排放因子和各类修正系数，不同车型对应的各污染物综合排放因子的计算公式如下：

$$EF_{i,j}=\overline{EF}_{(V_0)i,j}\cdot\left(\frac{V_0}{V}\cdot\sum_k CF_{i,j,k}\cdot Fraction_k\right)\cdot CF_{i,j,\mathrm{IM}}\cdot CF_{i,j,\mathrm{fuel}}\cdot CF_{i,j,\mathrm{Temp}}\cdot CF_{i,j,\mathrm{Humi}}\cdot CF_{i,j,\mathrm{Alt}}\cdot CF_{i,j,\mathrm{Load}}\cdot CF_{i,j,\mathrm{Weight}} \tag{4-3}$$

式中，$EF_{i,j}$ 为车型 i（车辆类型 m、燃料类型 l、排放标准 n）对污染物 j 的综合修正排放因子，g/km；V 为该时段下的平均速度，km/h；$CF_{i,j,k}$ 为车型 i、污染物 j 在 Bin$k$ 下的排放因子运行工况修正因子；$Fraction_k$ 为该时段内各 Bin 的时间分布比例；$CF_{i,j,\mathrm{IM}}$，$CF_{i,j,\mathrm{Temp}}$，$CF_{i,j,\mathrm{Humi}}$，$CF_{i,j,\mathrm{Alt}}$，$CF_{i,j,\mathrm{Load}}$，$CF_{i,j,\mathrm{Weight}}$ 分别为车型 i、污染物 j 的劣化修正因子、温度修正因子、湿度修正因子、海拔修正因子、负载修正因子和车重修正因子。

3. 车队平均排放因子计算方法

对所求得的综合修正排放因子和车队中各车型技术水平分布比例进行加权平均，计算公式如下：

$$EF_{fleet,j}=\frac{\sum(EF_{i,j}\cdot P_i)}{\sum P_i} \tag{4-4}$$

式中，$EF_{fleet,j}$ 为车队 $fleet$、污染物 j 的平均排放因子，g/km；P_i 为车型 i 的数量。

4.2 车辆运行工况与排放因子关系研究

车辆在使用过程中，动态运行特征变化（如速度、加速度等）会引起排放水平变化。由于动态运行特征呈现较为随机的特点，且有多种表征方式，对其准确表达是机动车动态排放研究中的难点与研究热点[3-5]。

4.2.1 车辆运行工况参数表征

与交通活动水平、排放因子模型相对应，车辆运行工况的表征参数包括：速度 v、加速度 a、机动车比功率 VSP、发动机负荷 ES 及其相互组合。

1. 平均速度 $\bar{V}$

以机动车的平均速度作为车辆动态运行表征参数，得到基于平均速度的排放因子（g/km），也是衡量机动车实际排放水平的基本参数。作为反映交通运行状况的宏观参数，平均速度主要应用在宏观模型中，如 MOBILE 模型、COPERT 模型。

2. 瞬时速度 v 和加速度 a

机动车的瞬时速度和加速度是传统的机动车排放表征参数，对机动车的排放有重要影响。车载排放测试可直接测量瞬时速度，加速度参数可通过式(4-5)求得：

$$a_i=\frac{v_{i+1}-v_i}{t_{i+1}-t_i}\cdot\frac{1\,000}{3\,600}=\frac{v_{i+1}-v_i}{3.6(t_{i+1}-t_i)} \tag{4-5}$$

式中，a_i 为车辆在第 i 秒的加速度，m/s^2；v_{k+1}，v_k 分别为第 $k+1$ 秒和第 k 秒的车速，km/h；t_{i+1}，t_i 为采样时刻，s。

基于对平均速度模型的改进，瞬时速度和加速度可用于计算排放的运行工况表征。以瞬时速度与加速度的组合二维定义车辆动态运行状态，可区分相同瞬时速度下由加速度的不同引起的运行与排放差异，例如 VEOM 模型。

3. 机动车比功率 VSP

机动车比功率即单位质量机动车的瞬时功率，是发动机克服车轮旋转阻力、空气动力学阻力做功，增加机动车的动能和势能、抵消因内摩擦阻力造成的传动系统机械损失功率的总功率。机动车比功率的数值与速度、加速度、坡度有关，其数学表达式如下：

$$p = v\{1.1a + 9.81[a\tan(\sin\varphi)] + 0.132\} + 0.000\ 302v^3 \tag{4-6}$$

式中，P 为机动车比功率，kW/t；v 为机动车瞬时速度，m/s；a 为机动车瞬时加速度，m/s^2；φ 为道路坡度。

机动车比功率 *VSP* 是目前机动车排放因子模型运行工况参数中最能反映实际情况的参数之一，且 *VSP* 计算公式中可以直接反映道路坡度。*VSP* 主要应用在 MOVES 模型和 IVE 模型中。

4. 机动车比功率-瞬时速度(*VSP*-v)

MOVES 模型[2]利用机动车比功率 *VSP* 与瞬时速度 v 两个变量，将 *VSP* 与 v 的组合命名为“运行模式(Bin 区间)”，共划分为 23 种运行模式，如表 4-1 所示。可将这 23 种运行模式分成五类：刹车模式(OpMode 0)，怠速模式(OpMode 1)，低速运行模式(OpMode 11～16)，中速运行模式(OpMode 21～30)，高速运行模式(OpMode 33～40)。

表 4-1 MOVES 模型机动车运行模式定义

VSP/(kW·t^{-1})	瞬时速度/(km·h^{-1})		
	$1.6 \leqslant v_t < 40$	$40 \leqslant v_t < 80$	$80 \leqslant v_t$
$P_t < 0$	11	21	
$0 \leqslant P_t < 3$	12	22	
$3 \leqslant P_t < 6$	13	23	
$P_t < 6$			33
$6 \leqslant P_t < 9$	14	24	
$6 \leqslant P_t < 12$			35
$9 \leqslant P_t < 12$	15	25	
$P_t \geqslant 12$	16		
$12 \leqslant P_t < 18$		27	37
$18 \leqslant P_t < 24$		28	38
$24 \leqslant P_t < 30$		29	39
$P_t \geqslant 30$		30	40
刹车 0：$(a_t \leqslant -3.2) \cup (a_t < -1.6 \cap a_{t-1} < -1.6 \cap a_{t-2} < -1.6)$			
怠速 1：$-1.6 \leqslant v_t < 1.6$			

注：a_t 为 t 时刻的加速度，m/s^2；v_t 为 t 时刻的瞬时速度，km/h；P_t 为 t 时刻的机动车比功率(*VSP*)，kW/t。

5. 机动车比功率-发动机负荷(VSP-ES)

IVE 模型[3]为反映车辆发动机的历史效应，引入了发动机负荷(Engine Stress，ES)这一量纲为 1 的代用参数作为补充。发动机负荷 ES 综合考虑了机动车瞬时速度与前 25 s 的比功率 VSP，可以反映机动车的历史行驶状况对当前排放的影响，计算公式如式(4-7)所示。

$$ES = 0.08\overline{VSP} + R \tag{4-7}$$

式中，$\overline{VSP}$ 为机动车前 25 s 到前 5 s 的 VSP 平均值，kW/t；R 为发动机转速指数，由机动车速度 v 和比功率 VSP 决定(表 4-2)。

表 4-2　发动机负荷 ES 中发动机转速指数 R 取值表

速度/($m \cdot s^{-1}$)	VSP<16 kW/t	VSP≥16 kW/t
$v < 5.4$	3	3
$5.4 \leq v < 8.5$	5	3
$8.5 \leq v < 12.5$	7	5
$v \geq 12.5$	13	5

IVE 模型对运行工况的描述采用了机动车比功率 VSP 和发动机负荷 ES 两个参数，模型中根据 VSP-ES 组合划分了 60 个 Bin 区间(表 4-3)，每一区间对应不同的工况修正系数。

表 4-3　IVE 模型各运行工况区间定义

VSP 区间	ES		
	[−1.6, 3.1)	[3.1, 7.8)	[7.8, 13.6)
[−80.0, −44.0)	0	20	40
[−44.0, −39.9)	1	21	41
[−39.9, −35.8)	2	22	42
[−35.8, −31.7)	3	23	43
[−31.7, −27.6)	4	24	44
[−27.6, −23.4)	5	25	45
[−23.4, −19.3)	6	26	46
[−19.3, −15.2)	7	27	47
[−15.2, −11.1)	8	28	48
[−11.1, −7.0)	9	29	49
[−7.0, −2.9)	10	30	50

（续表）

VSP 区间	ES		
	[−1.6, 3.1)	[3.1, 7.8)	[7.8, 13.6)
[−2.9, 1.2)	11	31	51
[1.2, 5.3)	12	32	52
[5.3, 9.4)	13	33	53
[9.4, 13.6)	14	34	54
[13.6, 17.7)	15	35	55
[17.7, 21.8)	16	36	56
[21.8, 25.9)	17	37	57
[25.9, 30.0)	18	38	58
[30.0, 100)	19	39	59

4.2.2 车辆运行工况对排放的影响

研究车辆运行工况对排放的影响，本质上是研究排放与运行工况表征参数的关系。本节主要阐述利用车载排放测试数据，分析运行状态、速度、加速度、机动车比功率以及坡度与车辆运行尾气排放的关系。由单一的参数（运行状态、平均速度、加速度）表示的动态运行表征参数，能反映不同运行工况下的排放变化特征，但难以构建准确的动态运行与排放的对应关系，可能存在偏差。Smit 等[4]通过引入路网上各道路类型路段的平均速度分布频率后发现，仅用平均速度作为单一的交通参数会对机动车排放计算造成低估。与利用直接测量的组合工况参数（如瞬时速度和瞬时加速度）相比，代用参数 *VSP* 与机动车瞬时排放速率的相关性更强，这也与刘欢[5]的研究结果一致。进一步利用山地城市的车载排放测试数据，探究坡度对重型柴油货车 NO_x 排放影响的基本规律，并从运行工况修正的角度定量分析了引入坡度所带来的排放因子计算偏差。

1. 运行状态对排放的影响

选用三辆国Ⅰ前和两辆国Ⅳ排放标准的轻型汽油车在实际道路上进行车载排放测试，五辆车的测试分两个时间段进行，分别在 2013 年 5 月、11 月的交通高峰期和平峰期进行测量，每辆车的测试时间在 1～2 h，共收集了 28 890 组逐秒数据。

单车综合排放速率可反映机动车在不同运行状态下的排放特征。表 4-4 反映了不同交通状态下轻型车各污染物的单车综合排放速率。对于 HC，NO_x 和 CO 三种污染物，单车综合排放速率及误差范围按畅通、拥堵、严重拥堵依次减小，该结果与 Huang 等[6]、刘娟娟等[7]在不同道路类型上进行的车载排放测试（PEMS）的污染物浓度变化趋势一致，但试验结果显示，畅通状态下的排放速率比拥堵状态下高 50%～200%，高于该研究相应的比例。在污染物排放速率的数值对比上，该研究中 HC，NO_x，$PM_{2.5}$ 的排放速率比车载排放测试结果要低，但二者数值较为接近，原因之一可能是国内机动车的排放劣化较为严重、保养水平较差。对于 $PM_{2.5}$，不同交通状态下的排放速率相差较小且主次干路的排放速率几乎相同，表明轻型车的 $PM_{2.5}$ 单车综合排放速率受交通状态的影响较小。通过对比发现，该研究的 $PM_{2.5}$ 单车综合排放速率大小与刘娟娟等[7]、Shen 等[8]的车载排放测试结果相近。

表 4-4　　轻型车辆在各状态下的单车综合排放速率　　单位：mg/s

交通状态	HC		NO_x		CO		$PM_{2.5}$	
	主干路	次干路	主干路	次干路	主干路	次干路	主干路	次干路
畅通	2±0.74	1.87±0.72	2.57±1.05	2.47±1.06	42.59±17.27	37.51±17.29	0.055±0.028	0.056±0.032
拥堵	1.72±0.78	1.58±0.67	2.02±1	1.95±0.89	32.62±15.35	26.99±13.63	0.051±0.025	0.051±0.023
严重拥堵	1.58±0.49	1.41±0.34	1.79±0.58	1.84±0.44	27.63±8.85	20.25±6.46	0.050±0.016	0.050±0.012

表 4-5　　不同研究中轻型车排放速率对比　　单位：mg/s

排放标准	道路类型	交通状态	速度区间 /(km·h⁻¹)	HC		NO_x		$PM_{2.5}$	
国Ⅳ				本研究	文献[6]	本研究	文献[6]	本研究	文献[6]
	主干路	畅通	$40 \leqslant v < 45$	0.081		0.370		0.013	
		拥堵	$20 \leqslant v < 25$	0.055	0.300	0.241	0.750	0.010	0.027
	次干路	畅通	$25 \leqslant v < 30$	0.073		0.326		0.012	
		拥堵	$20 \leqslant v < 25$	0.045	0.240	0.202	0.890	0.009	0.022
国Ⅱ				本研究	文献[7]	本研究	文献[7]	本研究	文献[8]
	主干路	畅通	$40 \leqslant v < 45$	1.362	8.350	3.865	10.770	0.034	0.040
		拥堵	$20 \leqslant v < 25$	1.179	3.100	2.987	4.113	0.027	
	次干路	畅通	$25 \leqslant v < 30$	1.288	5.220	3.699	3.670	0.032	
		拥堵	$20 \leqslant v < 25$	1.088		2.818		0.024	0.014

注：文献[6]中测试车辆为 Euro4 轻型车；文献[7]中测试车辆为 Euro2 轻型车；文献[8]中测试车辆为 Euro2 轻型车。

2. 速度-加速度（v-a）对排放的影响

v-a 对车辆污染物排放速率有重要影响，使用 v-a 共同表征排放速率(g/s)变化也是相关研究中常用的方法。为了研究 v-a 对机动车排放速率的影响规律，将速度 v 按照 (0, 5]，(5, 10]，(10, 15]，… 分组，将加速度 a 在 $-2 \sim 2\ m/s^2$ 范围内以 $0.2\ m/s^2$ 为间隔分组。将 v-a 组内的排放速率值求平均得到该组的代表值，并通过三维立体图展现各污染物排放速率随 v-a 的变化规律，如图 4-2 所示。

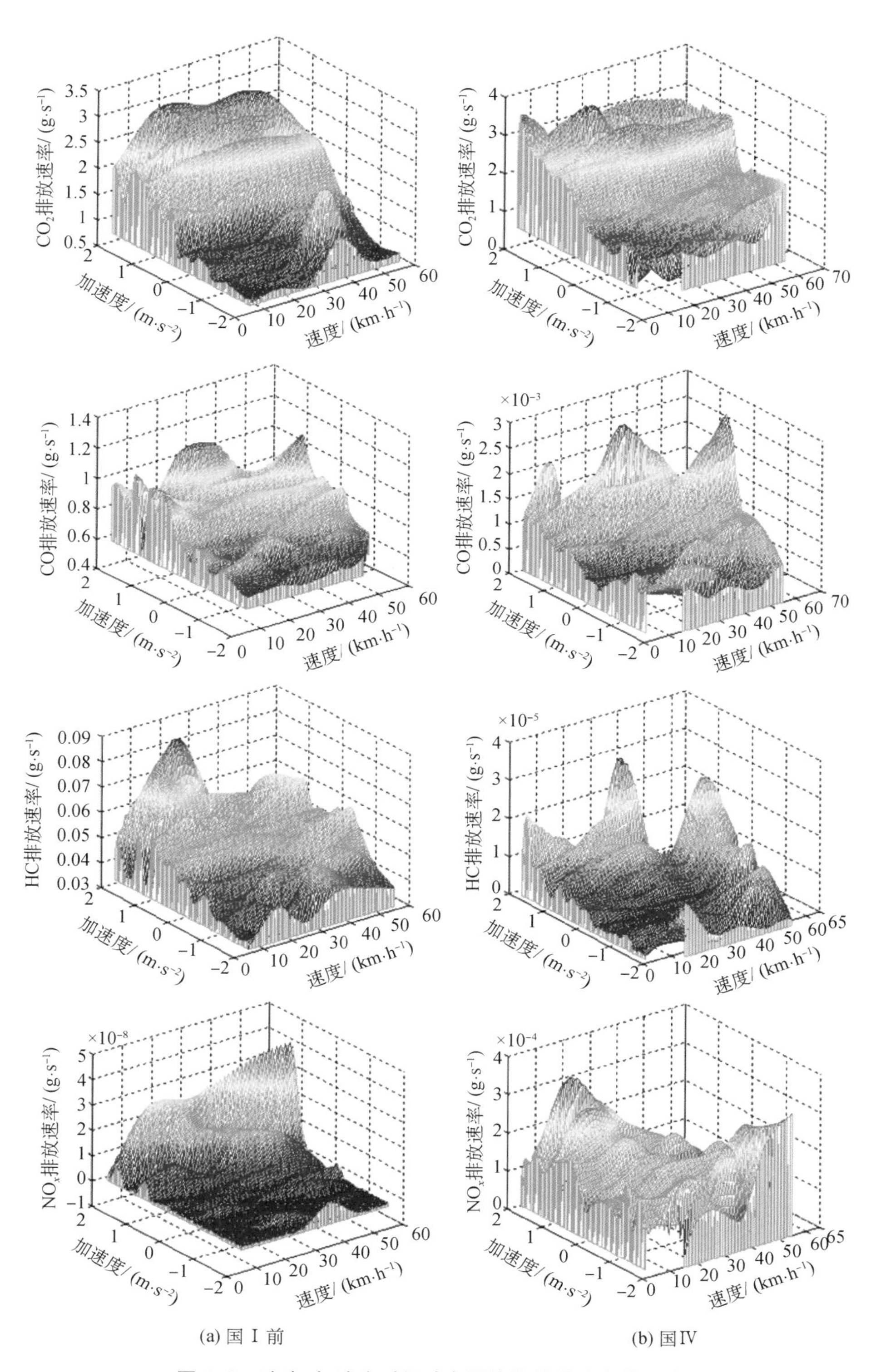

图 4-2　速度-加速度对机动车污染物排放速率的影响

不同车速下 CO,HC,NO_x 排放速率随加速度的变化规律,以及不同加速度下各污染物排放速率随瞬时速度的变化规律均有明显差异,将单一参数加速度 a 或瞬时速度 v 作为动态运行表征参数,均不能实现与排放速率的准确对应。如国Ⅰ前车辆 NO_x 排放速率随车速增大的变化趋势在 $a<1$ 时较为平稳,当 $a>1$ 时,NO_x 排放速率随车速的增大而明显增大。李孟良[9]基于对某轻型车测试所得到的 13 000 余组车载排放测试数据的分析结果指出,单一速度或加速度参数并不能体现车辆排放的影响特征。

综合考虑速度 v 和加速度 a,各污染物排放速率整体上在低 v-a 区间内较低,在高 v-a 区间内较高,但在低 v-a 向高 v-a 的转变过程中,除 CO_2 的排放速率变化趋势较为一致外,其他污染物都出现多个高值与低值交替出现的情况,而且不同污染物之间的变化情况均不相同,该结果与 Qu 等[10]及 Ahn 等[11]的车载排放测试结果相似,表明 v-a 也不能很好地表征污染物排放速率的变化,难以利用该参数组建立车辆运行参数与排放之间的关系。

3. 机动车比功率-速度(*VSP*-v)对排放的影响

为研究 *VSP*-v 对排放的影响,对数据做如下处理:① 根据 *VSP* 计算公式计算出被检车辆逐秒的 *VSP* 值;② 利用 *VSP* 值与 v 值将每条测试记录按照运行模式(OpMode)的定义进行分类;③对分类后的测试数据中 CO_2,CO,HC,NO_x 的排放数据求平均,作为该运行模式下不同污染物的平均排放速率,结果如图 4-3 和图 4-4 所示。

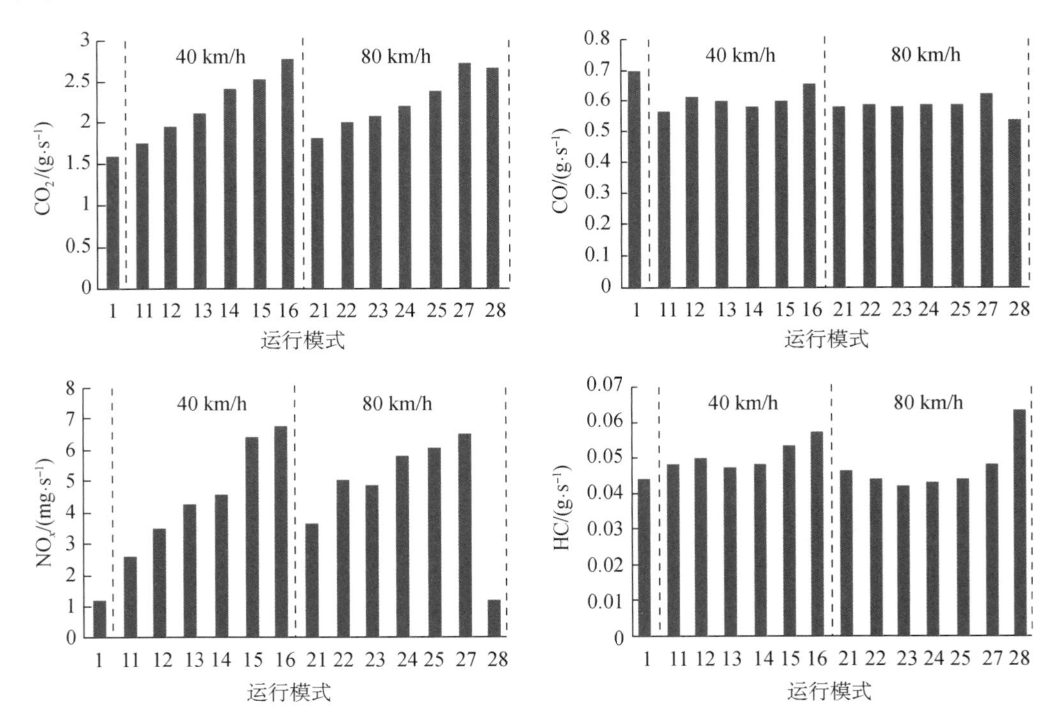

图 4-3　不同运行模式下国Ⅰ前车辆排放速率

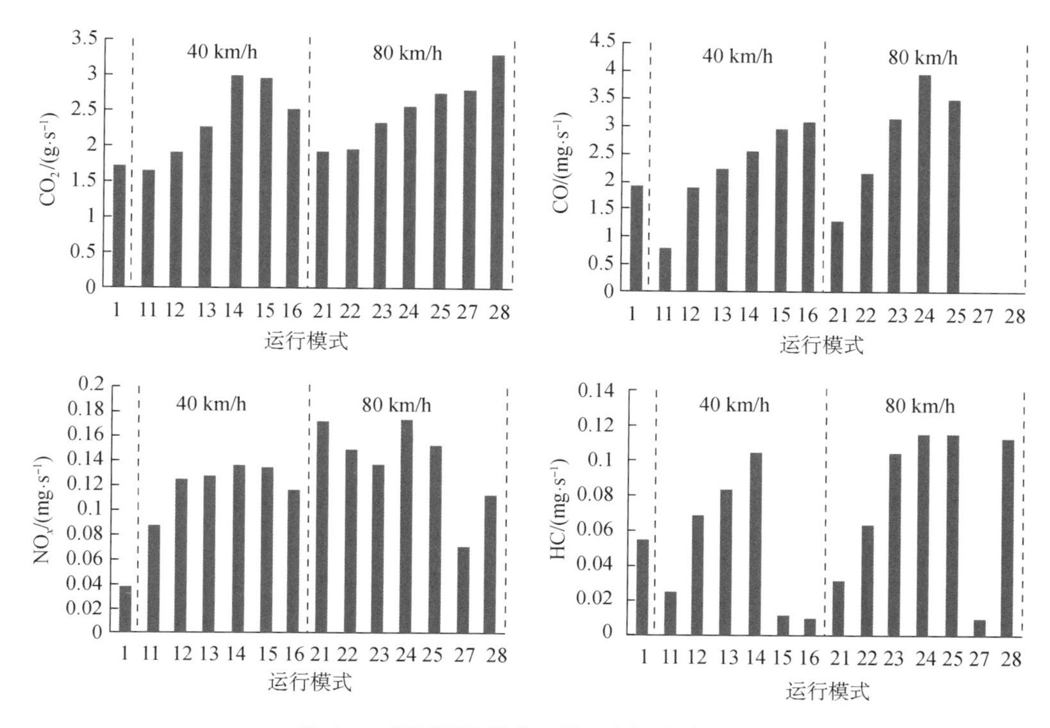

图 4-4 不同运行模式下国Ⅳ车辆排放速率

对于两种排放标准的车型，国Ⅰ前车辆污染物的排放速率均明显高于国Ⅳ车，国Ⅰ前车辆在不同运行模式下的CO和HC排放速率均处于较高水平，表明国Ⅰ前车辆由于缺乏有效的尾气处理装置，污染物排放情况较为恶劣，燃料利用率低，燃烧不充分。在同一速度区间内，两种排放标准车型各污染物排放速率整体上随 *VSP* 的增大而出现线性增长或指数型增长。当 *VSP* 与 v 趋于增大时，发动机消耗燃油量增加以输出较大动能，燃料处于富燃状态，导致污染物排放速率增加。从图中可知，对于两种排放标准的车型，在同一速度区间内，污染物排放速率整体上随 *VSP* 的增大而出现线性增长或指数型增长，该结果与 Eom[12]、姚志良等[13]的结果相近，只有国Ⅳ汽油车的 NO_x 在同一速度区间内存在较为明显的峰谷值交替出现的情况，表明以 *VSP*-v 对样本进行划分能够使污染物在一定范围内呈现一致的变化趋势。

在同一速度区间内，国Ⅰ前与国Ⅳ的轻型汽油车的 CO_2 排放随 *VSP* 的增大而呈现出明显的线性增长特征；在 *VSP* 相同的情况下，速度越大，其排放速率越高，燃油消耗率也越高，该现象符合机动车功率输出的规律。

4. 道路坡度对排放的影响

道路坡度是影响发动机负载和机动车排放的一个关键变量，当车辆上坡行驶时，重力负载会对车辆运动做负功，并增加发动机负载、燃油使用和尾气排放。相反，当车辆下坡行驶时，重力负载会对车辆运动做正功，从而减少对发动机的动力需求，降低发动机负载、燃油使用和尾气排放。然而,在过去综合考虑了坡度影响的运行工况表征参数机动车比功率 *VSP* 中,由于缺乏大范围道路坡度,忽略了道路坡度对车辆运行排放的影响,这也将带来后续区域排放量化估计的偏差。随着 GPS 设备的广泛普及、数字高程模型(Digital Elevation Mode,DEM)精度的不断提升,大规模道路坡度数据库的建立成为可能。将道路坡度这一参数引入实际机动车排放量化过程中,助力机动车排放清单的精细化和精准化。

利用 2019 年 3 月至 2020 年 12 月在重庆市完成的 26 辆重型柴油货车 PEMS 试验采集的逾 23 万条逐秒测试数据,选取非怠速工况研究坡度对排放的影响。通过观察 NO_x 排放速率随坡度的变化规律发现:不同排放标准间的规律具有一定的相似性,与正坡度区间相比,负坡度区间上的坡度对 NO_x 排放速率的影响不太显著(图 4-5)。从总体上看,坡度与排放速率之间的非线性关系更为显著。因此,以往研究[14,15]中采用线性关系来描述坡度与污染物排放速率之间的关系可能不是最优拟合关系,需要重新探究坡度对污染物排放影响的拟合关系[20]。

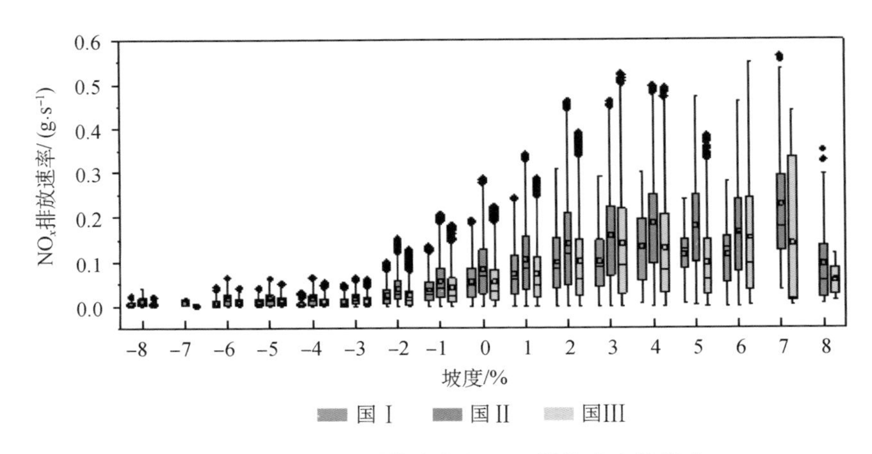

图 4-5 坡度对重型柴油货车 NO_x 排放速率的影响

已有研究[16,17]表明,不同速度区间下坡度对机动车排放影响程度是存在差异的,在探究坡度对机动车排放影响规律过程中,应针对速度这一变量进行变量控制。因此,有必要探究"速度-坡度-排放"之间的三维耦合关系。针对 NO_x 污染物,划分出了 7 个速度区间,通过线性拟合(即一次函数拟合)、二次函数拟合、指数函数拟合和 Sigmoid 函数拟合四种方式对不同速度区间下的坡度和排放进行建模。最终发现 Sigmoid 函数的拟合结果最优,且 Sigmoid 函数"中间梯度大,越趋近于两端梯度越小"的曲线变化趋势也较符合目前数据所呈现出来的规律。

从图 4-6 的建模结果中可知,在 5%坡度上,NO_x 相对排放速率是在 0%坡度上的 1.6~4.1 倍。通过对比其他文献中重型柴油货车及其他车型的研究结果发现:①不同车型间存在不同规律。对于柴油巴士而言,坡度与 NO_x 排放之间没有明显规律,而对于重型柴油货车而言，坡度与 NO_x 排放之间则存在关联规律。②本研究中，坡度从 0%增大至 5%时，NO_x 排放的增长幅度最大值（分别是 3.1 倍和 4.4 倍）均高于 Keramydas 等[18]的研究结果（分别是 2.57 倍和 3.35 倍），这是因为本研究的重型柴油货车样本中有接近一半数量的车辆总质量在 31 t 以上，而 Keramydas 等[18]的研究样本车辆的总质量在 16～30 t（仅有一个样本车辆的总质量为 30 t），因此推断，车辆总质量越大，其尾气排放速率受坡度的影响可能越明显。

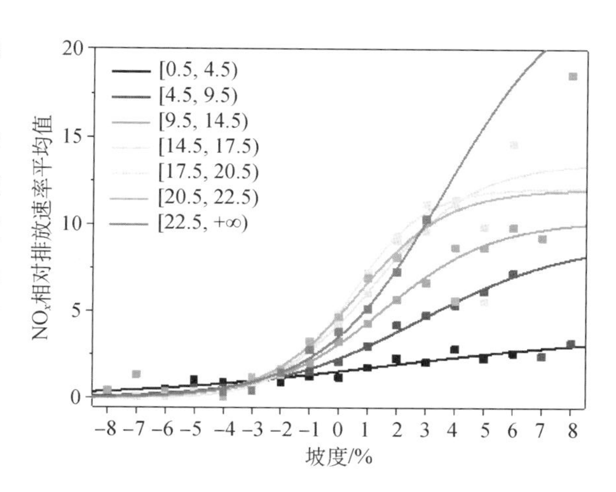

图 4-6 不同速度区间下坡度对重型货车 NO_x 相对排放速率的影响

进一步以基于里程排放因子（g/km）计算的运行工况修正因子为例，从运行工况修正的角度分析引入坡度因素对重型柴油货车排放因子的影响。

通过计算出不同速度区间下各坡度工况修正因子相对于 0%平坦坡度的相对偏差值（Relative Deviation, RD），可用于衡量坡度因素对排放因子计算所造成的计算偏离程度，其计算公式如下：

$$RD_{m,s,g}=\frac{DCF_{m,s,g}-DCF_{m,s,g=0}}{DCF_{m,s,g=0}} \tag{4-8}$$

式中，$RD_{m,s,g}$ 为污染物 m 在速度区间 s、坡度区间 g 下的相对偏差；$DCF_{m,s,g}$ 为污染物 m 在速度区间 s、坡度区间 g 下的工况修正因子；$DCF_{m,s,g=0}$ 为污染物 m 在速度区间 s、坡度为 0%下的工况修正因子。

引入坡度因素后，NO_x 排放因子的相对偏差结果如图 4-7 所示，不同坡度下 NO_x 排放因子的相对偏差规律相似。正坡度区间下的相对偏差整体上呈现先上升后下降的趋势，下降转折点出现在速度大于或等于 17.5 m/s 的速度区间下；负坡度区间下的相对偏差整体上呈现上升趋势。

以往关于引入坡度因素的计算偏差研究[16,19]认为，在坡度绝对值相等的正负坡度上，正坡度区间的排放增加量大于负坡度区间的排放减少量。通过本研究结果发现，以上文献所得到的结论需要区分速度区间，不同速度区间下，可能存在与该结论相反的规律。

当速度小于 4.5 m/s 时，在坡度绝对值相等的正负坡度上，相对偏差之和小于 0，即正坡度区间的相对偏差值小于负坡度区间的相对偏差值，这意味着在坡度绝对值相等的正负坡度上，上坡排放的增加量小于下坡排放的减少量。在下坡处车辆发动机无须

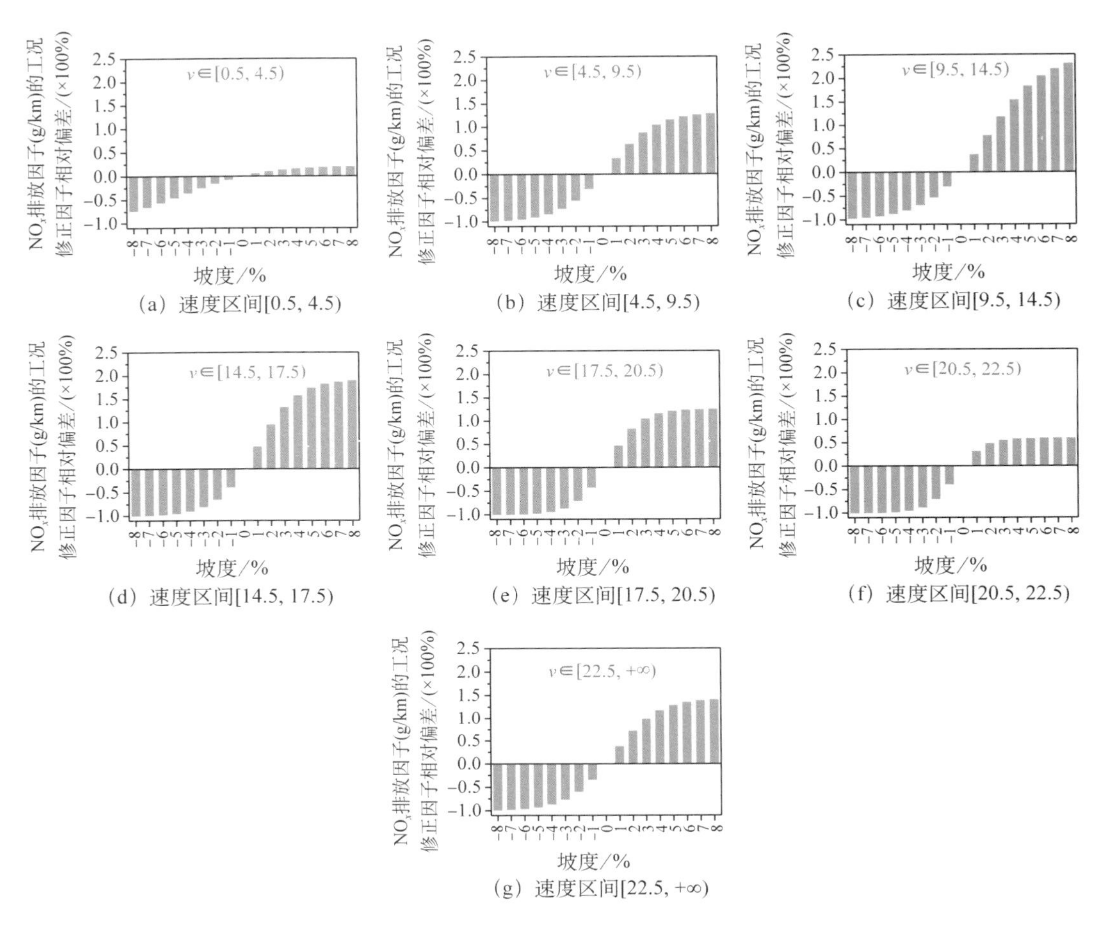

(a) 速度区间[0.5, 4.5)

(b) 速度区间[4.5, 9.5)

(c) 速度区间[9.5, 14.5)

(d) 速度区间[14.5, 17.5)

(e) 速度区间[17.5, 20.5)

(f) 速度区间[20.5, 22.5)

(g) 速度区间[22.5, +∞)

图 4-7　NO_x 排放因子(g/km)的工况修正因子相对偏差

额外做功,并且可借助重力做正功实现车辆的低速行驶,此时其排放水平降至最低(无须踩踏油门)。另外,从 Wu 等[20]的研究中可知,在极端拥堵的低速工况下,排放因子随着车速的降低而急剧增大,约是基准工况下的 2 倍,由此可以推断,此时下坡段低速工况下的排放因子约是平坦道路行驶时的 0.5 倍。而在上坡处,车辆发动机为了克服重力需要额外做功,但车辆处于低速工况,正坡度所带来的排放增加较小。无论是本研究中低速工况下"坡度-排放"拟合曲线,还是 Liu 等[21]的研究结果,均表明在拥堵的低速工况下坡度对排放的影响并不十分显著,因此根据本研究的拟合结果进行估计,车辆在上坡段低速工况下的排放因子约是平坦道路行驶时的 0.38 倍。综上,低速(速度小于 4.5 m/s)工况下,正坡度区间的相对偏差值小于负坡度区间的相对偏差值。

当速度处于 4.5～20.5 m/s 区间时,其规律符合 Wyatt 等[16]和 Dhital 等[19]的研究结果,即在坡度绝对值相等的正负坡度上,正坡度区间的排放增加量大于负坡度区间的排放减少量。

当速度大于 20.5 m/s 时，对于 NO_x 排放因子，在坡度绝对值相等的正负坡度上，正坡度区间的相对偏差值小于负坡度区间的相对偏差值。推测造成该现象的原因是重型柴油货车在高速工况、正坡度道路上，车辆的 SCR 后处理装置达到最佳工作状态，NO_x 污染物排放受到控制而降低。

另外发现，坡度绝对值越大，其正负坡度相对偏差之和就越大。该发现有助于解释 Wyatt 等[16]通过情景模拟得到的"随着闭环线路最大坡度值增大，测试路线上的总排放量会随之增加"的结论。

4.3 车辆劣化与排放因子关系研究

当机动车投入使用后，排放控制性能就会由于车身损耗、催化剂性能老化、气缸杂质聚积等因素出现下降，污染物排放浓度随之上升。现有研究[22-24]表明，机动车污染物的排放水平随累计行驶里程或车龄增加的劣化关系明显，但存在样本容量较少、车辆种类分类不够细致、基础数据的检测方法难以准确反映不同污染物的劣化特性等问题，并且不同地区的排放劣化程度及规律不尽相同。目前国内《指南》中对机动车劣化修正系数还比较粗糙，仅给出汽油车的劣化系数，并将机动车类型分为"微型、小型载客车""其他车辆""出租车"三类，这种分类方法在 2018 年就已不适用。因此，为准确获取本地机动车的劣化规律，需要基于本地大量的检测数据开展研究，为修正本地机动车排放水平提供基础。

研究机动车劣化对排放因子的影响，可以很好地分辨出高排放车辆，对高排放车辆制定更严格的 I/M 制度，并进行严格监管，进而为政府制定减少车辆大气污染物排放政策、提高城市大气环境质量提供理论和技术依据。

4.3.1 车辆使用程度与排放水平关系

收集轻型汽油车环保检测数据 1 459 715 条，共 735 568 辆被检车辆(其中，客车 706 206 辆，货车 29 362 辆)；柴油车环保检测数据共 660 289 条，共 228 478 辆被检车辆(其中，轻型车 90 423 辆，重型车 138 055 辆)，研究了累计行驶里程、车龄与排放之间的关联规律。

1. 轻型汽油车排放水平随累计行驶里程劣化规律分析

为研究轻型汽油车排放水平随使用水平的劣化情况，绘制轻型汽油客车和货车污染物 CO，HC，NO 的排放浓度随累计行驶里程的劣化关系图，如图 4-8 所示。为进一步量化排放水平的劣化趋势，计算各劣化曲线的拟合方程和拟合优度 R^2，各污染物的浓度单位均为体积分数(%或 10^{-6})。由劣化关系图和拟合曲线的截距可知，轻型汽油客货车的污染物排放初始水平均随排放标准的升高而降低。其中，排放标准每提高一个等级,其污染物的排放浓度降为原等级的 1/3～1/2,降幅与我国机动车排放标准中限值的降幅接近,表明稳态工况法能够有效检测轻型汽油车的污染物排放浓度。

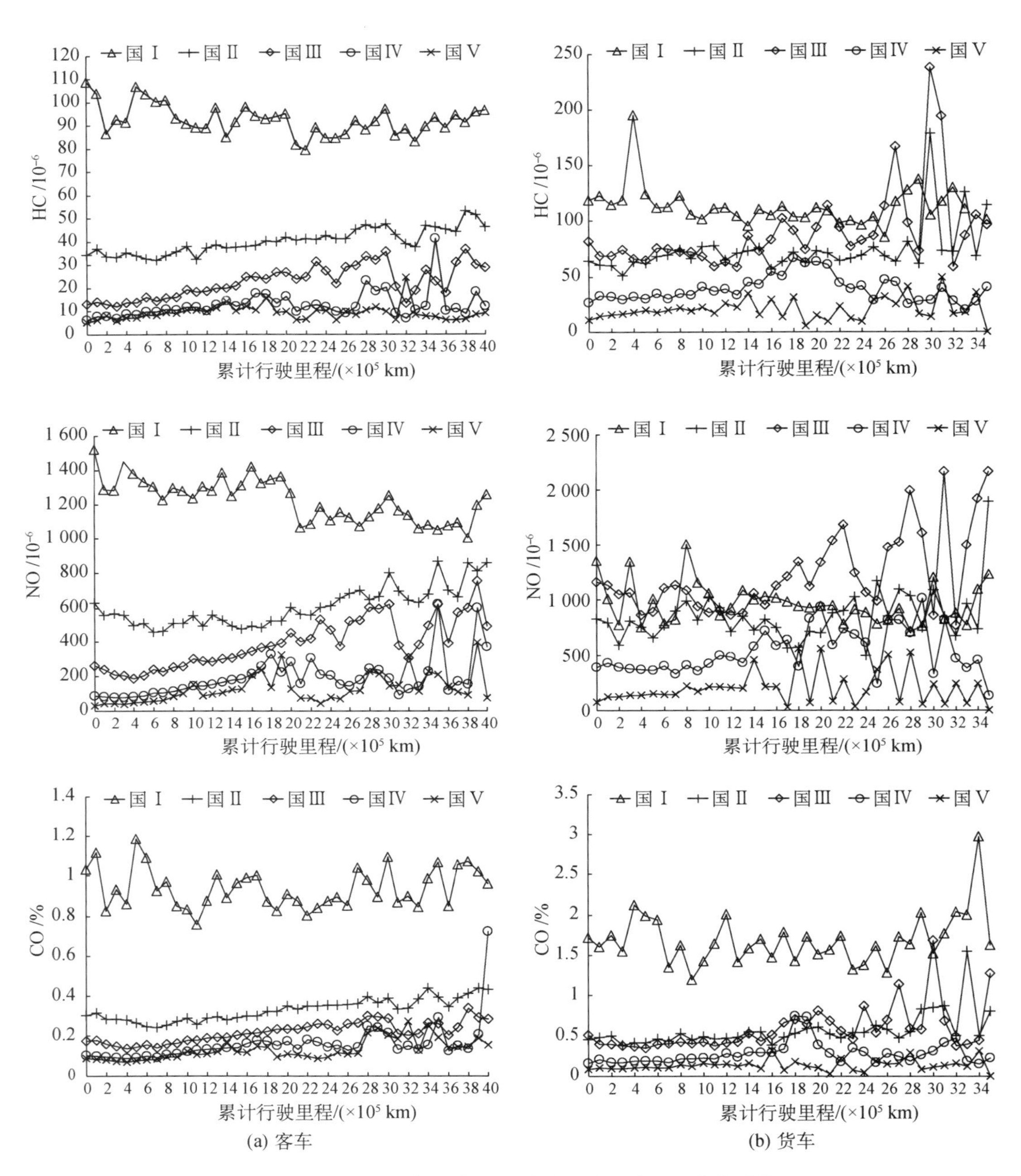

图 4-8　轻型汽油车污染物排放随累计行驶里程劣化趋势

在污染物的浓度劣化趋势方面，针对国Ⅰ～国Ⅳ的在用轻型车，污染物浓度总体上随累计行驶里程的增加而升高，在5万～6万km时，由于车辆的各零部件都处于最佳状态，排放控制性能较好，污染物排放浓度维持在较低水平，劣化速率缓慢；在6万～18万km时，污染物排放浓度劣化速率明显加快，线性增长特征明显，表明车辆排放在该区间内明显加剧。在该区间内出现3种污染物劣化速率明显加快的主要原因是在用车排放控制性能降低，即影响机动车排放的关键部件（三元催化器）在累计行驶里程达到8万km时催化效率明显下降[25]。因此，及早对三元催化器进行维护或更换，可降低污染物排放浓度。当车辆累计行驶里程大于18万km后，污染物平均排放浓度曲线呈现明显震荡变化，总体上呈现上升趋势，但劣化速率较为缓慢，这可能与车辆的用途和使用程度的关系较大[26]。

表4-6　轻型汽油车各污染物与累计行驶里程拟合曲线

污染物	排放标准	客车		货车	
		拟合曲线	R^2	拟合曲线	R^2
HC	国0	$y=-0.54x+114.07$	0.37	$y=-0.67x+123.60$	0.11
	国Ⅰ	$y=0.38x+46.17$	0.66	$y=0.24x+63.75$	0.09
	国Ⅱ	$y=0.83x+20.63$	0.90	$y=1.40x+60.96$	0.33
	国Ⅲ	$y=0.55x+12.04$	0.61	$y=0.37x+33.86$	0.08
	国Ⅳ	$y=0.13x+11.34$	0.16	$y=0.20x+16.50$	0.05
NO	国0	$y=-8.41x+1\,400$	0.46	$y=-7.45x+1\,087.30$	0.13
	国Ⅰ	$y=5.42x+476.74$	0.38	$y=5.26x+740.73$	0.08
	国Ⅱ	$y=13.27x+144.72$	0.88	$y=16.69x+897.42$	0.29
	国Ⅲ	$y=5.37x+82.23$	0.50	$y=13.31x+330.90$	0.36
	国Ⅳ	$y=3.78x+49.11$	0.25	$y=5.25x+129.26$	0.09
CO	国0	$y=-0.002\,0x+0.962\,2$	0.03	$y=-0.004\,9x+1.700\,2$	0.04
	国Ⅰ	$y=0.003\,9x+0.251\,1$	0.71	$y=0.007\,5x+0.402\,5$	0.44
	国Ⅱ	$y=0.005\,0x+0.128\,2$	0.89	$y=0.019\,6x+0.262\,2$	0.44
	国Ⅲ	$y=0.004\,0x+0.078\,1$	0.69	$y=0.004\,9x+0.196$	0.10
	国Ⅳ	$y=0.003\,0x+0.067\,1$	0.42	$y=0.001\,5x+0.105$	0.05

由于车辆用途和载荷不同，不同车型之间的污染物排放水平和变化趋势会存在一定差异。相同排放标准下，轻型货车的整体排放水平为轻型客车的1.5～3倍。主要原因是轻型货车正常工作时通常处于高载荷或超载荷状态，导致发动机温度过高，工作爆燃，润滑油的保护效果减弱，加速三元催化器的老化，提高了尾气排放浓度。此外，轻型货车常处于空载和高载的交变状态，易引起车身零件变形老化，同时轻型货车的维护通

常较轻型客车要差。

由于车辆保养水平和车型不同，随着累计行驶里程增加，污染物排放水平会出现比较明显的差异。总体而言，该区域机动车的排放在 18 万 km 后趋于稳定，但处于较高的排放水平。针对国 0 轻型车，其污染物排放浓度随累计行驶里程的劣化趋势并不明显，主要原因是国 0 轻型车本身缺乏有效的尾气控制技术，虽然其初始排放较高，但劣化现象不明显。尽管国 0 轻型车污染物排放较为稳定，但其浓度水平已接近检测限值，是其他排放标准车辆的 2～10 倍，因此应尽快将老旧国 0 轻型车淘汰置换，以降低在用机动车的整体排放水平。

2. 柴油车排放水平随车龄劣化规律分析

为研究柴油车排气的光吸收系数随使用水平的劣化情况，从而在一定程度上反映机动车污染物排放随车龄的劣化情况，分别作出轻型和重型柴油车排气的光吸收系数随车龄的劣化关系图，如图 4-9 所示。

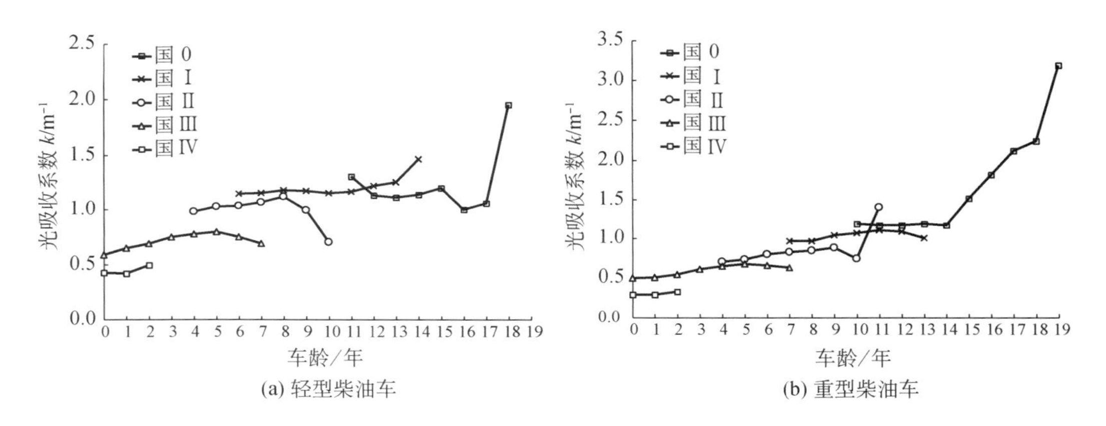

图 4-9　轻型和重型柴油车排气光吸收系数随车龄劣化趋势

轻型、重型柴油车的光吸收系数整体均随排放标准的升高而降低。由于影响柴油车光吸收系数的污染物主要为颗粒物，表明排放标准的提升能够有效降低排气中的污染物，特别是颗粒物的浓度。

轻型、重型柴油车的光吸收系数整体上随车龄的增加而增大，表明排气中的污染物浓度有一定程度的上升。国Ⅱ和国Ⅲ的轻型、重型柴油车的光吸收系数分别在车龄 9～10 年和 6～7 年时均出现减小现象，这也表明了相同排放标准车型的排气污染物浓度也存在一定差异，可能与车龄较高的被检车辆数量较少有关。

对比轻型、重型柴油车的排气光吸收系数可知，两种车型的排气光吸收系数接近，表明污染物浓度接近，但是国 0 重型柴油车在车龄较高时光吸收系数明显增大并且超标，应该适时进行淘汰。

4.3.2 车辆排放劣化修正系数计算与验证

基于上述分析，机动车污染物排放浓度随累计行驶里程或车龄增加而劣化明显。通过收集大量机动车环保检测数据，建立车辆排放劣化修正因子。目前国内机动车环保检测所采用的检测方法主要包括：加载减速法、不透光烟度法、双怠速法和稳态工况法四种，主要以加载减速法和稳态工况法为主[27,28]。在实际应用过程中，作为在用车使用程度表征参数，车龄相对于累计行驶里程更易获取。因此，本节主要利用简易加载稳态工况法(ASM)测试所得的汽油车排放检测数据和加载减速工况法(Lugdown)测试所得的柴油车光吸收系数，以车龄作为车辆使用程度的表征参数，分别开展机动车污染物排放水平或排气光吸收系数随机动车使用水平的劣化特征研究，构建车辆排放劣化曲线。

车龄的计算方法为

$$age = year_{\text{检测时间}} - year_{\text{登记时间}},\ age \in [0,20] \tag{4-9}$$

1. 车辆排放劣化修正系数计算方法

首先对每辆车的检测数据进行预处理。

(1) 剔除异常值及不完整数据。例如剔除排放检测浓度为 0 或为负的值，以及相关时间登记有误或缺失的数据。

(2) 为保证数据统计结果不受个别离群数据的影响，对每一种车型每种污染物的检测结果进行排序，去除 5%最高值与 5%最低值的数据。对于每一种车型每种污染物在各个车龄下的数据进行记录，去除样本量未达到 5%的车龄组。

(3) 为较准确反映在用车的排放情况，避免遗漏高排放车辆，所选车辆不区分首次上线检测是否合格，并只选择首次检测结果进行劣化统计。

经数据筛选及预处理后，统计各车型各污染物在 1～20 年车龄下的排放浓度平均值，并以车龄为自变量、以所对应浓度平均值为因变量进行对数函数关系拟合，利用拟合方程计算各车龄下的浓度值。采用对数函数作为拟合函数形式的主要原因如下：

(1) 对数函数特点。对数函数始终保持上升趋势，且斜率由大到小逐渐趋于缓和。

(2) 排放劣化特点。车辆排放劣化反映的是车辆使用程度对车辆排放的影响，即车辆排放受车辆使用性能影响较大，而车辆使用性能随着磨合程度从前期的剧烈磨损到后期的逐渐稳定、缓慢衰退，符合对数函数特征。

(3) 借鉴已有经验。国内已有劣化研究中多采用对数函数进行拟合，表明对数函数形式拟合劣化具有可信度[29]。

通过拟合方程得到每一种车型每种污染物在各个车龄下的排放浓度值后，根据式(4-10)计算各个车龄下的劣化率以及该车型该种污染物的劣化修正因子。

$$r_n = \frac{e_n}{e_{i,j,k}} \tag{4-10}$$

式中，r_n 是车龄为 n 年的机动车劣化修正因子；e_n 是车龄为 n 年的机动车排放浓度值；$e_{i,j,k}$ 是对应车型在平均车龄时的排放浓度，其中，i 表示不同车辆类型，j 表示不同燃料类型，k 表示不同排放标准。

加载减速法在 3 个工况点（最大功率对应转速的 100%转速点、90%转速点、80%转速点）测试排气光吸收系数 k，研究表明，光吸收系数 k 与污染物浓度（ρ_{CO}，ρ_{NO_x}，ρ_{HC}）之间存在相关关系[30]，因而可进一步转化为各污染物浓度。

$$100(1-e^{-kl})=-9\times10^{-9}{\rho_{CO}}^2+4\times10^{-5}\rho_{CO}-0.0036 \tag{4-11}$$

$$100(1-e^{-kl})=-2\times10^{-9}{\rho_{NO_x}}^2+2\times10^{-5}\rho_{NO_x}+0.0035 \tag{4-12}$$

$$100(1-e^{-kl})=4\times10^{-6}\rho_{HC}+0.0163 \tag{4-13}$$

式中，l 为通道有效长度，通常取 0.43 m[31]。

在劣化研究过程中，为防止分组过多导致数据样本不足而影响劣化研究准确度，基于各排放标准之间的技术共性，规定当个别车型中某一排放标准无法获得较好的拟合结果时，同一车型类别下国 0、国Ⅰ～国Ⅲ、国Ⅳ～国Ⅴ三个等级内部可以就近参考同一污染物的劣化修正系数。依据是国Ⅰ前车辆多采用化油器发动机且无尾气后处理装置，国Ⅰ后多数车辆安装了三元催化器以控制排放水平，国Ⅳ后为了适应更加严格的排放标准，许多车辆通过选择性催化还原技术（Selective Catalytic Reduction，SCR）降低 NO_x 排放。

2. 劣化修正因子计算与验证

利用收集获得的 2011—2018 年某市机动车环保检测数据，根据上述方法，建立车辆排放劣化修正因子，并将计算所得劣化修正系数与《指南》中的排放劣化系数进行对比验证。《指南》中仅给出汽油车的劣化系数，并将机动车类型分为“微型、小型载客车”“其他车辆”“出租车”三类，而出租车 2015—2018 年的劣化系数均维持不变，参考价值有限，因此选取小型汽油客车的劣化系数进行对比验证。《指南》中的劣化系数是相对于 2014 年的综合基准排放系数而言的，而综合基准排放系数又是基于全国 2014 年各类车辆的平均累计行驶里程，因此在验证时统计了各排放标准下的平均车龄，以其为“劣化基准年”进行劣化系数的验证。鉴于 2014 年国Ⅲ以下机动车的车龄分布与现状已经产生了一定偏差，参考价值较小，因此验证时选取了国Ⅲ～国Ⅴ的小型汽油客车。小型汽油客车劣化修正系数与《指南》中的排放劣化系数对比如图 4-10 所示。

对于国Ⅲ排放标准，拟合出的 NO_x 排放劣化趋势与《指南》中的较为一致，但《指南》认为 HC 和 CO 排放在第一年几乎不增加，之后快速增加，而拟合出的 HC 和 CO 排放劣化系数则缓慢增加，总体趋势与《指南》中的较为接近但更加缓和。

对于国Ⅳ、国Ⅴ排放标准，《指南》采用了同一套修正系数，而在拟合时分别计算了二者的劣化系数，可以发现，小型汽油客车在国Ⅳ、国Ⅴ排放标准下的劣化系数曲线确实较为相近，拟合出的 HC，CO，NO_x 排放劣化总体趋势相较于《指南》中的突变性增长

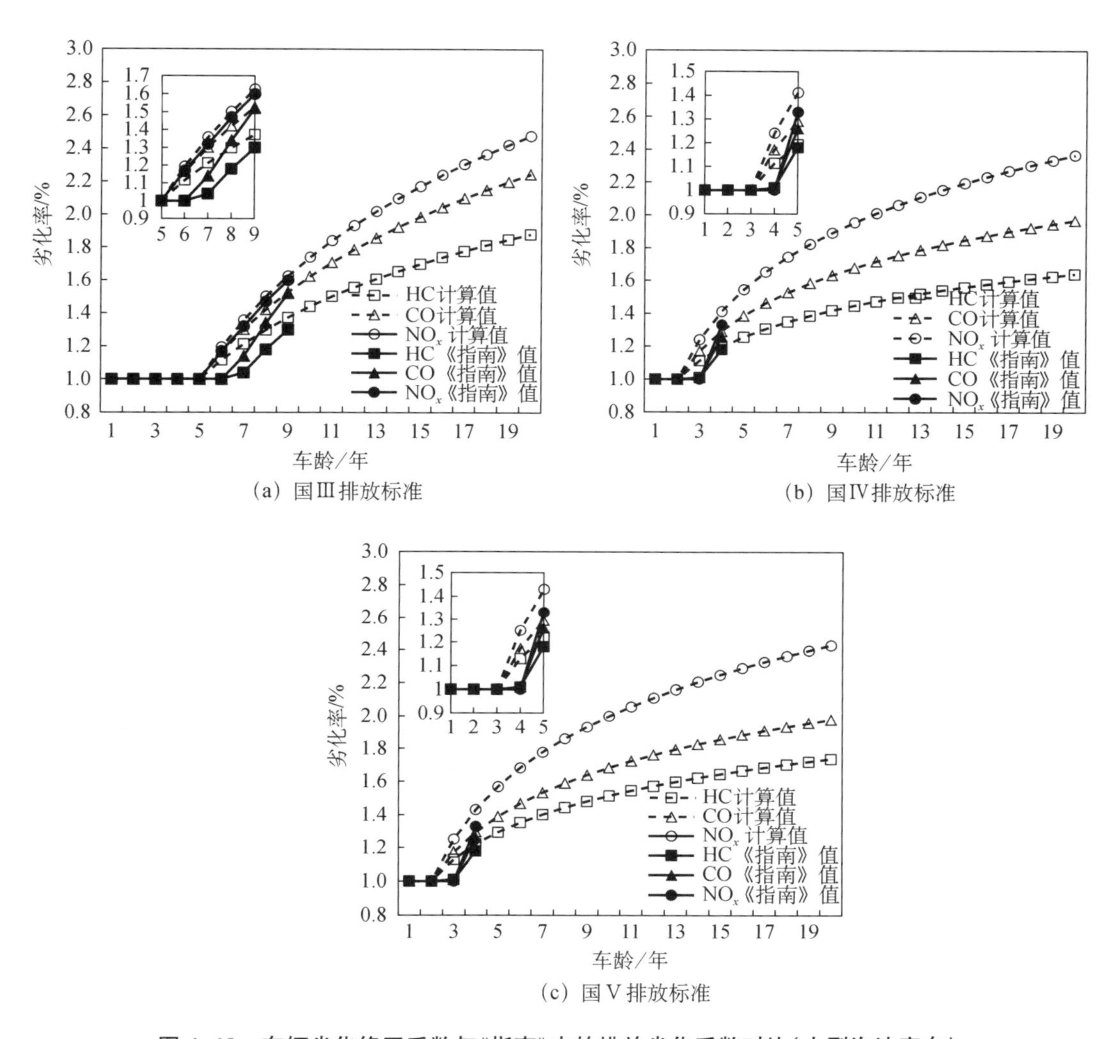

图 4-10 车辆劣化修正系数与《指南》中的排放劣化系数对比(小型汽油客车)

更加缓和;当车龄为 4 年时,HC 和 CO 排放的劣化系数与《指南》中的较为接近,而 NO_x 排放的劣化系数略高于《指南》中的值。

4.4 本地化排放因子库建立案例

本节采用《欧洲道路交通排放因子手册》(*Handbook of Emission Factors in Road Transport*,HBEFA)的基本方法,根据深圳市实际的车辆特性、运行工况、车队构成和排放因子等关键参数进行本地化,建立适用于深圳本地情况的交通排放因子。

1. 运行工况的本地化

通过开展实地调查试验获取深圳市的车辆行驶工况,并将其作为计算交通碳排放的关键输入参数。在连续 7 天内采集全天 24 小时逐秒连续的 GPS 数据，累计约 2 000 h。基于调查试验数据获取高快速路、主干路、次干路、支路等 4 种道路等级以及畅通、较畅通、缓行、较拥堵、拥堵等 5 个拥堵等级，共 60 种典型工况曲线。

2. 车队构成的本地化

不同车辆类型之间的排放特征具有显著差异，掌握不同时空范围内各类车辆的构成比例是交通排放核算的关键基础。在国家标准规范的基础上，根据排放核算的实际需要选取车辆种类、车辆大小、燃油类型、排放标准四项指标，利用交叉分类的方法细分车辆类型(图 4-11)，再利用车牌识别、车辆年检等数据获得不同时空范围内的车型分布比例。

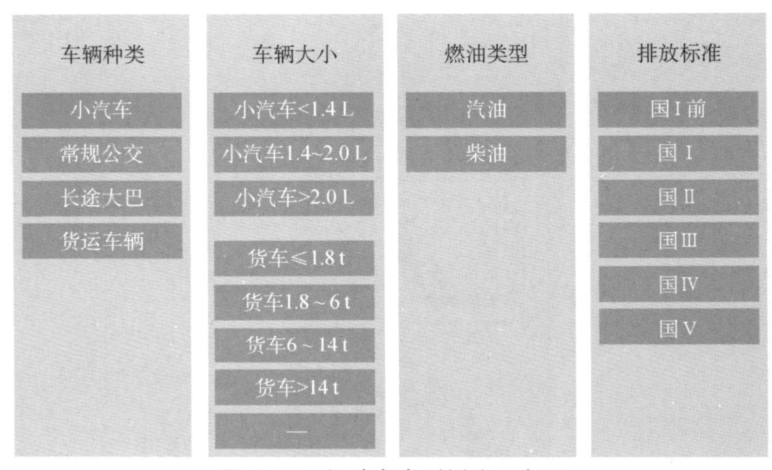

图 4-11　机动车类型划分示意图

3. 排放因子的本地化

考虑到《欧洲道路交通排放因子手册》是欧洲最权威的排放因子库之一，我国目前尚无公开、统一的机动车排放因子模型。通过实地调查试验获得 60 种典型工况曲线，再根据不同的车辆类型、燃油类型、排放标准等指标(表 4-7)，通过欧洲 HBEFA 模型进行模拟，共得到 4 500 个深圳本地化排放因子(图 4-12)。

表 4-7　小汽车排放因子类型划分

指标	内容
排量大小	<1.4 L,1.4~2.0 L,>2.0 L
排放标准	国Ⅰ前,国Ⅰ,国Ⅱ,国Ⅲ,国Ⅳ
道路等级	高快速路、主干道、次干道、支路
服务水平	畅通、基本畅通、缓行、轻度拥堵、拥堵
交通排放	CO_2,CO,HC,NO_x

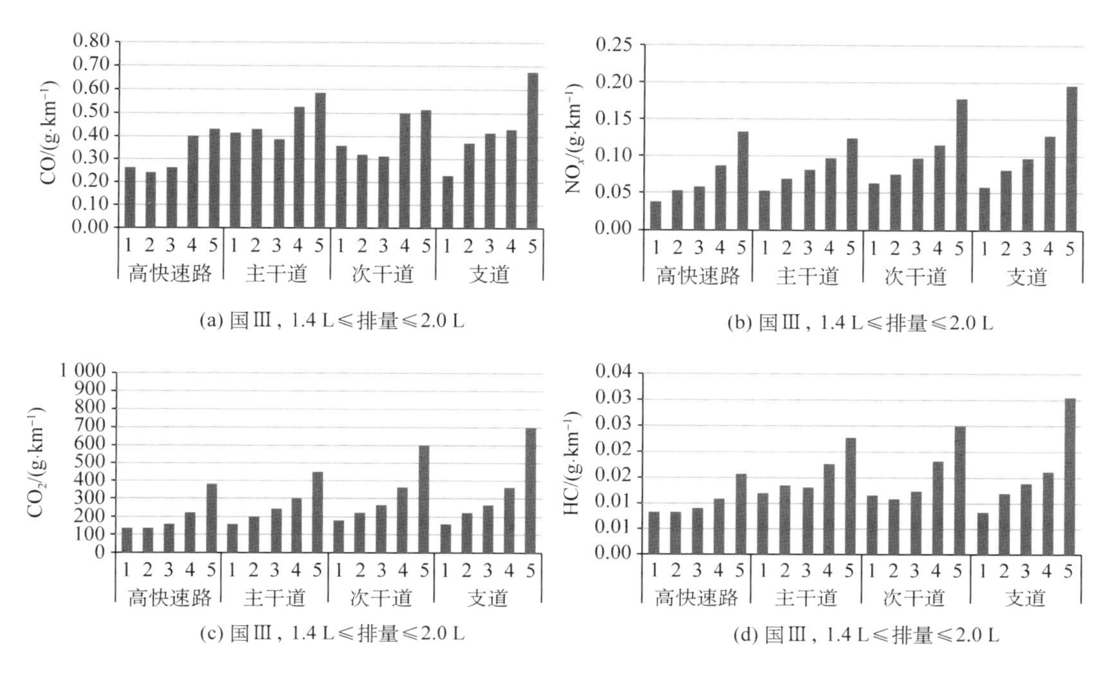

(a) 国Ⅲ，1.4 L≤排量≤2.0 L

(b) 国Ⅲ，1.4 L≤排量≤2.0 L

(c) 国Ⅲ，1.4 L≤排量≤2.0 L

(d) 国Ⅲ，1.4 L≤排量≤2.0 L

图 4-12　深圳市本地排放因子示意图

4.5 小结

本章介绍了大数据驱动的排放因子本地化研究思路，并进一步详细剖析了车辆运行工况、车辆劣化两大关键因素的参数表征及其对机动车排放因子的影响。对排放因子的认知与确定是实现机动车排放量化必不可少的内容。

参考文献

[1] Wang H, Wu Y, Zhang K M, et al. Evaluating mobile monitoring of on-road emission factors by comparing concurrent PEMS measurements[J]. Science of the Total Environment, 2020, 736: 139507.

[2] U. S. EPA (United States Environmental Protection Agency). MOVES3: Latest version of motor vehicle emission simulator[EB/OL]. https://www3.epa.gov/otaq/models/moves/index.htm, 2020.

[3] McCaffery C, Zhu H, Tang T, et al. Real-world NO_x emissions from heavy-duty diesel, natural gas, and diesel hybrid electric vehicles of different vocations on California roadways[J]. Science of the Total Environment, 2021, 784: 147224.

[4] Smit R, Bluett J. A new method to compare vehicle emissions measured by remote sensing and

laboratory testing: high-emitters and potential implications for emission inventories[J]. Science of the Total Environment, 2011, 409(13): 2626-2634

[5] 刘欢.城市交通信息与机动车排放二级映射耦合模型研究[D].北京:清华大学,2008.

[6] Huang C, Lou D M, Hu Z Y, et al. A PEMS study of the emissions of gaseous pollutants and ultrafine particles from gasoline-and diesel-fueled vehicles[J]. Atmospheric Environment, 2013, 77(3): 703-710.

[7] 刘娟娟.基于VSP分布的油耗和排放的速度修正模型研究[D].北京:北京交通大学,2010.

[8] Shen X B, Yao Z L, Huo H, et al. PM2.5 emissions from light-duty gasoline vehicles in Beijing, China[J]. Science of the Total Environment, 2014, 487: 521-527.

[9] 李孟良.车辆行驶工况与排放率关系数据库研究[D].长春:吉林大学,2008.

[10] Qu L, Li M L, Chen D, et al. Multivariate analysis between driving condition and vehicle emission for light duty gasoline vehicles during rush hours[J]. Atmospheric Environment, 2015, 110: 103-110.

[11] Ahn K, Rakha H, Trani A, et al. Estimating vehicle fuel consumption and emissions based on instantaneous speed and acceleration levels[J]. Journal of Transportation Engineering, 2014, 128(2): 182-190.

[12] Eom M, Park J, Baik D S. Study on real driving emission for light-duty vehicle[J]. Advanced Science & Technology Letters, 2015, 90: 10-13.

[13] 姚志良,申现宝,张英志,等.低速汽车实际道路气态污染物排放特征[J].科技导报,2011,29(25):65-70.

[14] Yazdani B B, Christopher H. Road grade quantification based on global positioning system data obtained from real-world vehicle fuel use and emissions measurements[J]. Atmospheric Environment, 2014, 85(3): 179-186.

[15] Costagliola M A, Costabile M, Prati M V. Impact of road grade on real driving emissions from two Euro 5 diesel vehicles[J]. Applied Energy, 2018, 231(2): 586-593.

[16] Wyatt D W, Li H, Tate J E. The impact of road grade on carbon dioxide (CO_2) emission of a passenger vehicle in real-world driving[J]. Transportation Research Part D: Transport & Environment, 2014, 32: 160-170.

[17] Sentoff K M, Aultman-Hall L, Holmén B A. Implications of driving style and road grade for accurate vehicle activity data and emissions estimates[J]. Transportation Research Part D: Transport & Environment, 2015, 35(3): 175-188.

[18] Keramydas C, Ntziachristos L, Tziourtzioumis C, et al. Characterization of real-world pollutant emissions and fuel consumption of heavy-duty diesel trucks with latest emissions control[J]. Atmosphere, 2019, 10(9): 535.

[19] Dhital N B, Wang S, Lee C, et al. Effects of driving behavior on real-world emissions of particulate matter, gaseous pollutants and particle-bound PAHs for diesel trucks[J]. Environmental Pollution, 2021, 286(10):117292.

[20] Wu X M, Zhang S J, Wu Y, et al. Real-world emissions and fuel consumption of diesel buses and

trucks in Macao: from on-road measurement to policy implications[J]. Atmospheric Environment, 2015, 120(11): 393-403.

[21] Liu H, Rodgers M O, Guensler, R. Impact of road grade on vehicle speed-acceleration distribution, emissions and dispersion modeling on freeways[J]. Transportation Research Part D: Transport & Environment, 2019, 69(4): 107-122.

[22] Bin O. A logit analysis of vehicle emissions using inspection and maintenance testing data[J]. Transportation Research Part D: Transport & Environment, 2003, 8(3): 215-227.

[23] 刘景红,吴朝政. 重庆市轻型车尾气排放的污染特征及防治对策[J]. 环境污染与防治,2009,31(10):105-107.

[24] 郭栋,高松,王晓原,等. 轻型电喷车排放随使用年限和行驶里程劣化规律分析[J]. 科学技术与工程,2013,13(15):4454-4458.

[25] 黄安华. 汽车废气催化转化器早期失效的原因及对策[J]. 汽车与安全,2002,3:50-51.

[26] 毛显强,马根慧,刘琴,等. 北京市实行机动车排放欧洲标准的环境效果分析[J]. 环境科学与技术,2011,34(5):193-198.

[27] 中华人民共和国生态环境部. 汽油车污染物排放限值及测量方法(双怠速法及简易工况法):GB 18285—2018[S]. 北京:中国环境科学出版社,2018.

[28] 中华人民共和国生态环境部. 柴油车污染物排放限值及测量方法(自由加速法及加载减速法):GB 3847—2018[S]. 北京:中国环境科学出版社,2018.

[29] 马杰,肖利寿,戴春蓓. 轻型汽车排气污染物劣化系数的研究[J]. 汽车工程,2007,29(9):780-783.

[30] 朱洪,刘娟,程杰,等. 上海市机动车交通排放模型构建[J]. 城市交通,2016,14(06):17-22.

[31] 丘福明. 基于 COPERT 模型的道路交通部门节能减排潜力及其路径研究[D]. 天津:天津大学,2017.

5 多尺度道路交通尾气排放计算

道路交通源清单编制是机动车尾气污染评价最重要的依据，而排放量化计算方法的选择对清单编制及机动车尾气污染分析起到重要作用。目前，机动车排放受车辆自身技术水平、油品质量、道路交通实况、车辆运行状态和道路条件等多因素的影响。排放计算方法主要有两类：一类是自上而下的计算方法；另一类是自下而上的计算方法。

本章分别探讨基于宏观车辆数据、基于路网动态交通流以及基于个体车辆出行数据三个维度下机动车尾气排放的计算方法。

在宏观车辆数据的维度上，采用自上而下的方法，这是一种先总再分的计算模式。自上而下的计算方法是指从整体层面（即全区域）进行排放总量的计算，再计算污染物时空分配系数。通常采用燃油统计法和年均行驶里程法来计算研究区域的排放总量。

在路网动态交通流的维度上，采用自下而上的方法，即先分再总的计算模式。自下而上的计算方法是指先得出各个路段的排放量，再求和以得出区域的排放总量，通常采用源强法。

在个体车辆出行数据的维度上实现精准排放量化是实现交通尾气排放精准防控的基础支撑，本章基于个体车辆出行数据进行了交通尾气排放量化的模型优化研究，将宏观区域、路网尺度上的排放计算细化至单车尺度，基于多源交通个体数据，建立了从单车到道路、再到区域全域全量个体量化的多尺度排放量化方法。

5.1 基于宏观数据的区域排放计算

5.1.1 基本原理

年均行驶里程法是自上而下计算机动车尾气排放的方法之一[1]，基于区域平均运行工况（通常以速度为指标）确定各类车型综合排放因子，再通过调研得到各类车型的保有量、车型分布和行驶里程等机动车活动水平，以实现区域机动车尾气排放总量计算。该方法的优点是：总量计算过程简便；在我国现有的宏观统计体系下，所需基础数据获取较容易。该方法的缺点是：仅考虑了研究区域内的登记注册车辆排放，忽略了道路上行驶的非注册地车辆排放；以区域所有道路所有车辆的平均速度为车辆运行特征参数，忽略了车辆随机多变的运行工况特征，导致排放清单结果动态性不足，与车辆实际运行和排放情况差异较大。年均行驶里程法适合在较为宏观的区域范围内计算机动车尾气排放量，常用于大中尺度的空气质量模拟和污染控制规划研究。

年均行驶里程法的计算公式如式(5-1)所示：

$$E_i = \sum P_i \cdot EF_i \cdot VKT_i \cdot 10^{-6} \tag{5-1}$$

式中，E_i 为机动车排放源 i 对应的 CO，HC，NO_x，$PM_{2.5}$ 和 PM_{10} 的年排放量，t；EF_i 为 i 类机动车行驶单位距离排放的污染物的量，g/km；P 为所在地区 i 类机动车保有量，辆；VKT_i 为 i 类机动车的年均行驶里程，km/辆。

5.1.2 关键参数的确定

1. 分车型保有量的确定

机动车保有量数据主要来源于车辆注册登记，一般由官方统计年鉴发布。由于国外机动车排放模型中车型车类与我国公安部门机动车车型划分不同，因此首先需对机动车车辆类型进行规定。

根据《道路机动车大气污染物排放清单编制技术指南》[2]，我国道路机动车排放源包括载客汽车、载货汽车和摩托车三大类。《道路交通管理机动车类型》(GA 802—2019)[3]关于这三类机动车规格的分类及说明如表 5-1 所示。

表 5-1 机动车规格分类说明

类别		说明(乘坐人数包括驾驶人)
载客汽车	大型	车长大于或等于 6 000 mm 或者乘坐人数大于或等于 20 人的载客汽车，不包括公交车
	中型	车长小于 6 000 mm 且乘坐人数为 10～19 人的载客汽车
	小型	车长小于 6 000 mm 且乘坐人数小于或等于 9 人的载客汽车(含轿车)，不包括微型客车和出租车
	微型	车长不大于 3 500 mm，发动机排气量不大于 1 L 的载客汽车，不包括出租车
载货汽车	重型	总质量大于或等于 12 000 kg 的载货汽车
	中型	车长大于或等于 6 000 mm，或者总质量大于或等于 4 500 kg 且小于 12 000 kg 的载货汽车
	轻型	车长小于 6 000 mm 且总质量小于 4 500 kg 的载货汽车，不包括微型货车和低速货车
	微型	车长不大于 3 500 mm，总质量小于或等于 1 800 kg 的载货汽车，但不包括低速货车
	低速	柴油机为动力，最高设计车速小于或等于 70 km/h，最大设计总质量小于或等于 4 500 kg 的低速货车和三轮汽车，但不含以农机牌照注册的低速汽车
摩托车	普通	最大设计车速大于 50 km/h 或者发动机气缸总排量大于 50 mL 的摩托车
	轻便	最大设计车速小于或等于 50 km/h；若使用发动机驱动，发动机气缸总排量小于或等于 50 mL 的摩托车

道路机动车排放源的第一级分类将载客和载货车辆根据载客量和载货量分为微型、小型(轻型)、中型、大型(重型)及低速载货汽车，公交车和出租车单列；第二级分类根据车辆使用的主要燃料类型分为汽油、柴油和其他燃料；在第二级分类的基础上，第三级分类根据车辆的污染物控制水平分为国Ⅰ前、国Ⅰ、国Ⅱ、国Ⅲ、国Ⅳ、国Ⅴ和国Ⅵ。

根据以上三级分类，道路机动车排放源分类见表 5-2。

表 5-2　　　　道路机动车三级分类

第一级分类	第二级分类	第三级分类
微型载客汽车	汽油	国Ⅰ前、国Ⅰ、国Ⅱ、国Ⅲ、国Ⅳ、国Ⅴ、国Ⅵ
小型载客汽车	汽油、柴油、其他	国Ⅰ前、国Ⅰ、国Ⅱ、国Ⅲ、国Ⅳ、国Ⅴ、国Ⅵ
出租车	汽油、其他	国Ⅰ前、国Ⅰ、国Ⅱ、国Ⅲ、国Ⅳ、国Ⅴ、国Ⅵ
中型载客汽车	汽油、柴油、其他	国Ⅰ前、国Ⅰ、国Ⅱ、国Ⅲ、国Ⅳ、国Ⅴ、国Ⅵ
大型载客汽车	汽油、柴油、其他	国Ⅰ前、国Ⅰ、国Ⅱ、国Ⅲ、国Ⅳ、国Ⅴ、国Ⅵ
公交车	汽油、柴油、其他	国Ⅰ前、国Ⅰ、国Ⅱ、国Ⅲ、国Ⅳ、国Ⅴ、国Ⅵ
微型载货汽车	汽油	国Ⅰ前、国Ⅰ、国Ⅱ、国Ⅲ、国Ⅳ、国Ⅴ、国Ⅵ
轻型载货汽车	汽油	国Ⅰ前、国Ⅰ、国Ⅱ、国Ⅲ、国Ⅳ、国Ⅴ、国Ⅵ
	柴油	国Ⅰ前、国Ⅰ、国Ⅱ、国Ⅲ、国Ⅳ、国Ⅴ、国Ⅵ
中型载货汽车	汽油、柴油	国Ⅰ前、国Ⅰ、国Ⅱ、国Ⅲ、国Ⅳ、国Ⅴ、国Ⅵ
重型载货汽车	汽油	国Ⅰ前、国Ⅰ、国Ⅱ、国Ⅲ、国Ⅳ、国Ⅴ、国Ⅵ
	柴油	
普通摩托车	汽油	国Ⅰ前、国Ⅱ、国Ⅱ、国Ⅲ
轻便摩托车	汽油	国Ⅰ前、国Ⅱ、国Ⅱ、国Ⅲ

注：其他燃料类型主要包括压缩天然气（CNG）、液化天然气（LNG）和液化石油气（LPG）等。

一般通过统计年鉴或其他公开发布数据，通常只能得到分车辆类型的保有量信息，缺乏燃料种类和排放标准的分布状况，无法满足上述三级分类要求。为了解决这一问题，研究团队通过对机动车注册登记数据进行清洗、分类、统计，获得了三级细分子类的保有量。

2. 分车型年均行驶里程的确定

年均行驶里程是基于宏观数据的区域排放计算的重要基础参数，代表车辆的活动水平和使用强度，直接影响排放估算的准确程度。在以往的研究中，获取此类数据的方法主要有三种：①直接采用《指南》中的推荐值。②问卷调查法。林秀丽等[4]通过企业调查和问卷调查的形式，对我国数百个地级及以上城市的轻型客车、出租车和摩托车行驶里程进行了研究，得到了 2007 年我国轻型客车的年均行驶里程。Huo 等[5]通过问卷调查法结合 FEEI 模型，分析了我国北京、上海、太原、武汉、乌鲁木齐、齐齐哈尔、唐山等城市 2004—2010 年轻型客车、重型货车、摩托车等多种车型年均行驶里程的变化趋势，并对各种车龄机动车未来的年均行驶里程进行了预测。③文献调研法，即根据已有的研究成果确定。翟一然等[6]运用文献调研法整理了一套机动车年均行驶里程数据，建立了长江三角洲移动源污染物的排放清单。李健[7]综合国内外的最新研究成果，整理了一套机动车年均行驶里程数据，建立了京津冀机动车污染物排放清单。然而，年均行驶里程受交通活动、经济水平和地理环境等多因素影响，采用间接的数据来源难以反映研究区域内的实际情况。

研究团队通过机动车环保检测数据，分析不同车辆类型在不同车龄下行驶里程的变化规律，从而获得年均行驶里程。环保检测数据中包含了车辆类型、燃料类型、环保标志、检测日期、初次登记日期、出厂日期、累计行驶里程等字段。通过对数据预处理，完成对问题数据的筛选和剔除，主要包括：①对同一车辆多条检测记录进行对比，剔除异常数据；②剔除缺失出厂日期、检测日期早于出厂日期等无效记录；③剔除缺失累计行驶里程、累计行驶里程为 0 的无效记录；④对于缺失排放标准的检测数据，结合车辆的出厂时间和我国不同阶段排放标准的执行时间，确定相应的排放标准。

根据机动车环保检测数据，分析获得不同车辆类型、燃料类型和排放标准的年均行驶里程，具体步骤如下：

（1）基于机动车的初次注册登记日期和检测日期，获得车龄：

$$n_i = \frac{T_{i,\mathrm{jc}} - T_{i,\mathrm{cc}}}{365} \tag{5-2}$$

（2）基于机动车每条检测记录中的累计行驶里程与车龄，获得年均行驶里程：

$$VKT_i = \frac{AVKT_i}{n_i} \tag{5-3}$$

（3）基于车辆类型、燃料类型、车龄，将数据细分为不同子类别，获得每个子类别的年均行驶里程：

$$VKT_{j,k,n} = \frac{\sum_i VKY_{i,j,k,n}}{Q_{j,k,n}} \tag{5-4}$$

（4）建立年均行驶里程与车龄的函数关系，获得年均行驶里程与车龄的关系曲线：

$$VKT_{j,k,n} = a_{j,k} \cdot \ln n + b_{j,k} \tag{5-5}$$

（5）根据机动车的初次登记日期和环保标志，结合研究区域不同阶段排放标准的执行时间，确定机动车排放标准，获得不同排放标准下的加权平均车龄：

$$wn_{j,k,h} = \frac{\sum_n Q_{j,k,h,n} \cdot n}{Q_{j,k,h}} \tag{5-6}$$

（6）将不同排放标准的加权平均车龄代入年均行驶里程与车龄的函数关系式，获得满足“车辆类型—燃料类型—排放标准”三级分类的精细化年均行驶里程。

式中，n 为机动车车龄；i 为记录号；j 为车辆类型；k 为燃料类型；h 为排放标准；$T_{i,\mathrm{jc}}$ 和

$T_{i,cc}$ 分别为车辆的检测日期和初次登记日期;VKT 为年均行驶里程,km;$AVKT$ 为累计行驶里程,km; Q 为样本数量;wn 为加权平均车龄。

5.1.3 区域排放的网格化

采用基于宏观数据的区域排放计算方法(自上而下法)计算得到机动车排放总量后,需要在时间和空间上进行合理分配。主要通过将区域路网划分为快速路、主干路、次干路和支路四种道路类型,基于路网信息与交通数据,借助 GIS 手段建立具有高时空分辨率的网格化排放清单,为城市空气质量预警预报提供数据基础。

1. 时间分配

时变系数用以对机动车排放进行时间分配。根据道路车流量和拥堵延时指数,按道路类型确定 24 小时时变系数。道路车流量来自交通调查数据,选取不同道路类型的代表性道路,开展交通调查,获取车流量。另外,时变系数还可以采用公共服务平台提供的拥堵延时指数来确定。时变系数的计算公式为

$$S_t = \frac{F_t}{\sum F_t} \tag{5-7}$$

式中, S_t 为时变系数,%; t 为时间,分辨率为小时,范围为 00:00~23:00; F 为车流量或拥堵延时指数。

2. 空间分配

以 ArcGIS 软件为构建平台,综合考虑路网长度、交通流量、排放强度和不同道路类型分布等因素,对机动车尾气排放量进行空间分配,使其分布特征更加符合实际情况,有效降低空间分配偏差。空间分配的结果是将以排放源为基础的排放总量转变为网格化的排放,即将清单数据变成网格化的矩阵。具体方法为:采用地理信息系统工具 ArcGIS,对研究区域按照网格划分,形成规则的单位网格。分道路类型提取单位网格中的路网信息,对道路长度、交通流量、机动车排放强度等信息进行处理,得到单位网格的排放量,进而可确定该网格的排放量在总排放量中所占的比例,该比例即为此网格的空间分配因子。

5.2 基于动态交通流的路网排放计算

5.2.1 基本原理

路网尺度机动车尾气排放量化是以路段为单元的排放量化,适用范围通常为城市或特定区域的路网空间,相比于宏观区域排放计算,其计算单元由区域细化至路段,时间分辨率可由年、月细化至小时、分钟等。其计算方法一般也需要利用宏观、中观排放因子模型(MOBILE 模型、COPERT 模型、IVE 模型)计算得到排放因子(g/km),并通

过调查或流量监测的手段获取特定时段内道路车流量(辆/h 或辆/min)及车队结构,最后结合道路长度计算得到特定时段特定道路的机动车排放量[8]。该方法同时考虑了车辆技术性能、交通流车队结构变化,以车辆实际运行数据为基础,相比于宏观区域计算方法,其计算结果更接近实际交通运行情况,能够更好地反映路网交通流对机动车排放的影响,因此,目前广泛应用于机动车尾气排放高时空分辨率分布特征研究上。但该方法对车辆活动水平数据的要求较高,而实际交通流数据获取难度大、工作量大,使得方法实现过程较为繁琐。该方法的计算精度与交通流数据采集的路段数目密切相关,因此,在实际应用中,必须尽可能扩大采集路段,才能较好地反映研究区域的实际状况。

以实际交通流量数据为基础,利用交通流数据采集与质量控制处理得到不同路段、不同时段、不同车型的流量数据,结合路段平均车速数据,以路段为计算单元,可构建动态路网排放计算模型。基本原理为:以任一路段排放量为排放水平衡量指标,以实际道路交通流数据为数据源,结合排放因子模型,考虑车辆技术水平、交通运行状况、环境等因素对排放因子进行修正[9],采用自下而上的集计方式计算各时段、各路段的排放量,由有限路段推算全路网,形成动态路网排放计算模型,并以不确定性分析对模型结果进行检验。模型的时间分辨率以小时、分钟为单位,空间分辨率以路段为单位,可包含交叉口和多种道路类型。其中,路段级排放量计算、全路网推算是模型的两大关键内容。

1. 各路段排放量计算

$$E_{p,t}=\overline{EF}_{p,t}\cdot L\cdot Q_t \tag{5-8}$$

$$\overline{EF}_{p,t}=\sum_{m}q_{m,t}\sum_{i}(EF_{i,p,m}\cdot D_{i,t,m})A_{m,p} \tag{5-9}$$

式中,$E_{p,t}$ 为该路段污染物 p 在时间段 t 上的机动车排放;$\overline{EF}_{p,t}$ 为该路段机动车污染物 p 在时间段 t 上的综合排放因子;L 为路段长度;Q_t 为该路段在时间段 t 上的车流量;$D_{i,t,m}$ 为道路机动车运行速度在车型 m、时间段 t 上的分布频率;$EF_{i,p,m}$ 为机动车排放污染物 p 在车型 m、运行模式 i 中的排放因子;$q_{m,t}$ 为车型 m 在交通流中的比例;$A_{m,p}$ 为时间段 t 上车型 m 排放污染物 p 的排放修正因子,主要包括速度修正因子、环境修正因子(温湿度)、燃油修正因子等;p 为机动车污染物,包括 CO,HC,NO_x,PM 等;m 为机动车类型,包括公交车、出租车、大型货车、中型货车、小型货车、大型客车、中型客车、小型客车等。

2. 全路网推算

目前城市交通监测点位并非全路网覆盖,例如交通治安卡口点位仅布设在部分道路上,因此可获取的交通流数据仅能覆盖部分路段,因此,为实现全路网排放量的计算,由有限路段向全路网推算是一个必要环节。

当交通流数据采集路段足够多时,可对获取的路段情况按照车道数以及道路等级进行分类,每一小类道路流量及运行情况可按照该类道路的平均情况进行赋值,以此估计全路网的车流和运行情况,从而实现全路网排放量的计算。

如果交通流采集路段相对较少,按照上述方法进行分类外推并不合适。这时可以根据已采集得到的路段,按照车道数和道路等级分类建立不同类型的道路交通流模型[10],即交通流三参数(速度、密度、流量)关系模型,根据较为容易获取的道路平均车速数据实现全路网的流量推算,从而构建全路网排放计算模型。交通流模型建立的详细方法可参考第3章3.3.3节的相关内容。

5.2.2 动态交通流量的获取

动态交通流量的获取是实现路网排放计算的必要基础,主要包括交通流量、车队结构、动态平均车速的获取等。其中,交通流量、车队结构可简化为分车型的动态流量。流量与平均车速需要相互匹配,即以小时尺度为例,获取小时流量时也需要获取小时平均车速。目前大多数研究中动态交通流量的数据源主要有交通系统出行监测数据、实地道路交通流调查试验数据,以及高德地图、百度地图等平台实时公开的数据。

1. 分车型动态流量的获取

交通流量是影响机动车尾气排放的一个重要因素,是道路上车辆行驶密集程度的具体体现,不同机动车流量导致不同的排放,而不同车辆类型对排放的影响情况也有所不同。交通流中车辆类型对排放有着重要影响,所以,精细至不同道路上不同方向、不同车型的动态流量数据获取对实现动态路网排放计算至关重要。

目前支撑分车型动态车流量获取的基础数据源主要有:实地道路交通流调查试验数据、城市交通系统出行监测数据(交通治安卡口过车记录数据、视频监测数据、RFID检测数据、营运车GPS数据)等。现场调查拍摄视频所得的结果准确度较高,但调查成本高,因此选择部分典型日期进行连续48小时的数据采集是较为可取的办法。交通系统出行监测数据能覆盖更长的时间范围,但由于外场实时数据传输不稳定,系统监测数据总会出现中断的情况,因此将上述两种数据源相结合,进行流量数据的相互校验补充,进而得到典型路段每小时或更小时间段的交通流量,是行之有效的方法。

个体车辆的交通出行监测数据是实现动态流量获取的基础数据源之一。基于基础数据源,采用道路分时段、分车辆类型的车流量合计,可获取分时段的分车型流量。以交通治安卡口过车记录数据为例,它是一种具有车牌登记信息的车辆在道路上的通过记录,利用过车记录数据与车辆技术信息数据的匹配,可实现任一过车车辆的车辆类型、燃油类型、排放标准等识别,集合后的数据可用于计算道路上按车辆类别(车辆类型、燃油类型、排放标准)划分的分时段交通流量。计算公式如下:

$$Q_{c,i,k,h}=Num(Veh_{c,i,k,h}) \tag{5-10}$$

式中,$Q_{c,i,k,h}$ 为城市 c 中道路 i 上车辆类别 k 在 h 时段的数目,辆/h。

2. 平均车速的获取

路段的平均车速是动态路网排放计算所需要的另一个重要参数。平均车速的获取要求与交通流量是一致的，需获取不同路段分时段（每小时或更小时间段）的平均车速，才能与流量数据有机结合，共同支撑动态路网排放计算。目前获取路段平均车速的基础数据源主要有：个体车辆出行监测数据，营运车辆 GPS 数据，高德、百度等开放平台实时发布的平均车速数据等。时间尺度可精细至日、小时、5 min 等。

5.3 基于个体车辆数据的单车排放计算

5.3.1 基本原理

基于个体车辆数据的交通尾气排放计算，旨在从个体车辆出发，实现单车出行过程的排放量化，进而实现区域路网范围内全域全量个体车辆排放量化。基于个体车辆出行监测数据（逐秒过车数据、车辆技术信息数据等），可将机动车尾气排放计算模型推进到个体车辆层面[11]。从车辆型号出发可以较为准确地描述个体车辆的技术特征和排放性能，据此建立适合个体车辆排放表征的精细化车辆分类方法。因此，本节将构建以个体车辆单次出行轨迹为计量单元、以车辆型号表征车辆对象的排放计算模型，实现从单车尺度到路段尺度、路网尺度的全域全量排放量化，计算流程如图 5-1 所示。

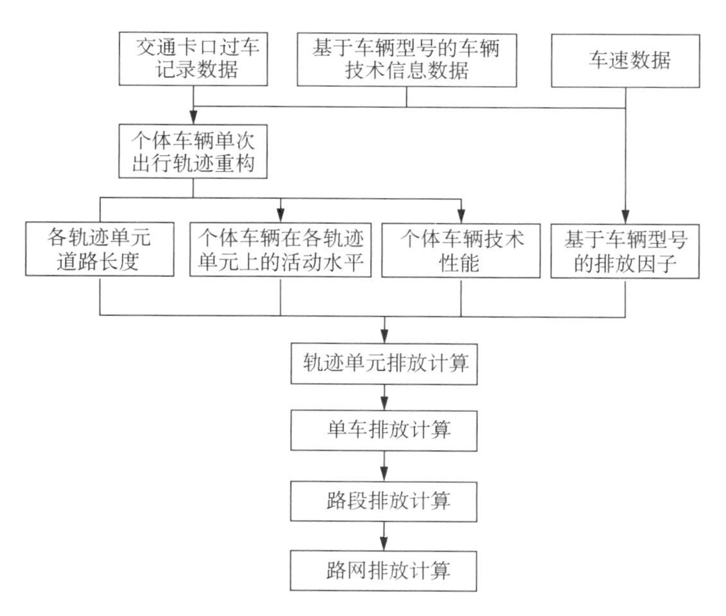

图 5-1 基于个体车辆数据的全域全量排放计算流程图

利用卡口过车记录数据重构个体车辆出行轨迹，将单辆车在任意路段上单次运行定义为一个轨迹单元，则单车出行排放、路段排放、路网排放计算公式如式（5-11）—式（5-14）所示。

$$Q_{\text{Link}}=EF\cdot L \tag{5-11}$$

$$Q_{\text{tra},j}=\sum_{t}\sum_{n}Q_{\text{Link}} \tag{5-12}$$

$$Q_{\text{grid},a}=\sum_{t}\sum_{e}\sum_{n}Q_{\text{Link}} \tag{5-13}$$

$$Q_{\text{grid}}=\sum_{t}\sum_{a}Q_{\text{grid},a} \tag{5-14}$$

式中，Q_{Link} 为轨迹单元排放量；EF 为排放因子；L 为轨迹单元长度；$Q_{\text{tra},j}$ 为单辆车在时间 t 内的轨迹排放量，该段轨迹由 n 个轨迹单元组成；$Q_{\text{grid},a}$ 为路网上路段 a 在时间 t 内的排放总量；Q_{grid} 为路网排放量；t 为不同时间范围；a 为不同路段(Link)；e 为不同个体车辆；n 为不同轨迹单元。

5.3.2 精细化车辆分类方法

《道路机动车大气污染物排放清单编制技术指南》[2]是我国为推进道路机动车大气污染防治而制定的符合我国实情的排放量化指导，更多的是以满足区域机动车排放清单编制为目的，其对车辆技术特征的表述也仅从车队角度考量，基于车队的车辆类型分布、燃料类型分布、排放标准分布、平均车速等，可实现车队级的排放计算，对于更加精细的车辆个体级技术差异而导致的排放差异则未能较好地体现。因此需要建立一套符合我国车型分类习惯且更为精细描述个体车辆技术性能的车辆分类体系。

1. 基于车辆型号的车辆分类探索

车辆型号是为识别车辆而对一类车辆指定的由拼音字母和阿拉伯数字组成的编号，可作为车辆对象的标识码。车辆型号编码包括品牌、年份、车身型式、发动机型式、生产企业名称代号、车辆类型代号、主要参数代号、产品序号等，能够体现出车辆的技术性能差异。建立基于车辆型号的分类体系，可提升对个体车辆技术性能的精细表达。

1）车辆同一型号判定技术条件

根据《汽车产品同一型号判定技术条件》(2015 年修订版)规定，对于 M 类载客汽车以及 N 类载货汽车，同一车辆型号汽车应在生产企业、产品商标和名称、车身型式(外形、结构、尺寸)、车身本体材料、车辆类别等方面无差别。此外，在发动机参数部分，同一车辆型号汽车需保证燃料类别及适用排放标准一致，特别地，对轿车还需保证汽车排量固定。具体的汽车产品同一型号判定技术条件如表 5-3 所示。

表 5-3　汽车产品同一型号判定技术条件

参数名称	M1 类	M2 和 M 类	N 类(N1，N2，N3)
生产企业	无差别	无差别	无差别
产品商标和名称	无差别	无差别	无差别

（续表）

参数名称	M1 类	M2 和 M 类	N 类(N1，N2，N3)
车辆类别/级别	\	无差别	无差别
车身/货厢型式	无差别	无差别	无差别
车身本体材料	无差别	无差别	无差别
整备质量差值	\	不超过 15%	不超过 10%
最大设计总质量差值	\	不超过 20%	无差别
工作原理(点燃/压燃)	无差别	无差别	无差别
气缸数和排列	无差别	\	\
排量	仅针对轿车无差别	\	\
功率差值	不超过 30%	不超过 50%	不超过 50%
燃料类别	无差别	无差别	无差别
排放和油耗标准	无差别	无差别	无差别
发动机位置	无差别	无差别	\
车轴数	无差别	无差别	无差别
驱动轴(数量、位置)	无差别	无差别	无差别
转向轴(数量、位置)	无差别	无差别	无差别

注：1. "\"表示《汽车产品同一型号判定技术条件》(2015 年修订版)中未提及。
2. M 类载客汽车和 N 类载货汽车的定义参照《机动车辆及挂车分类》(GB/T 15089—2001)。

2）同一车辆型号对应多款发动机时的技术特征

同一车辆型号对应一款或多款发动机时的车辆类型及燃油类型分布如图 5-2、图 5-3 所示。从车辆类型角度分析，车辆型号与发动机型号存在一对一关系的主要是小型客车和轻型货车，这也与《汽车产品同一型号判定技术条件》中规定的"同一车辆型号轿车的排量需一致"相吻合；车辆型号与发动机型号存在一对多关系的主要是重型货车、轻型货车、大型客车和中型货车。轻型货车在"一对一"与"一对多"中均占较高比重。从燃油类型角度分析，车辆型号与发动机型号存在一对一关系的主要是汽油发动机车辆，柴油发动机车辆也占有较高比例；而车辆型号与发动机型号存在一对多关系时，柴油发动机则占据了 90%以上比重。总的来看，重型柴油车更倾向于针对一个车辆型号采用多款可搭配的发动机型号，从而出现了大量的车辆型号与发动机型号存在一对多关系的情况。

2. 基于车辆型号的精细化车辆分类

根据车辆型号与技术性能映射的初步分析可知，从车辆型号出发能够较为精细地描述一辆车的技术性能。基于车辆型号的个体车辆技术性能描述体系如图 5-4 所示，车辆型号能够表征车辆技术特征参数和车辆运行特征参数的差异。在技术特征方面，

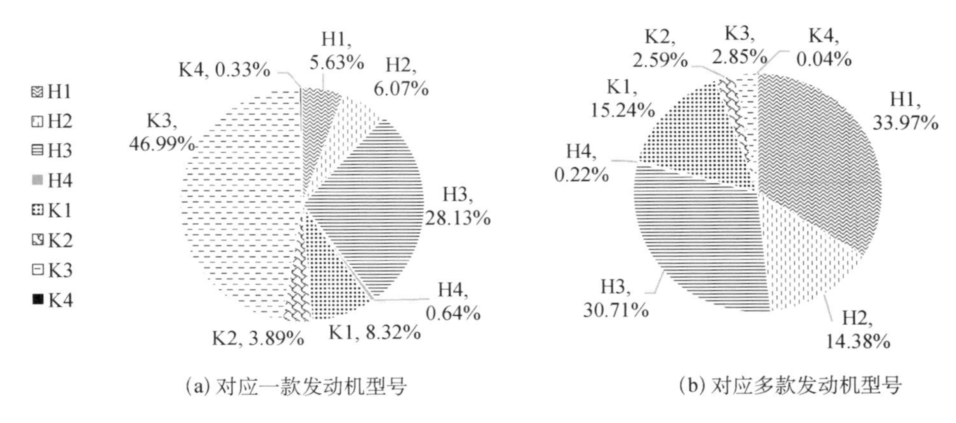

图 5-2　同一车辆型号对应一款或多款发动机时的车辆类型分布

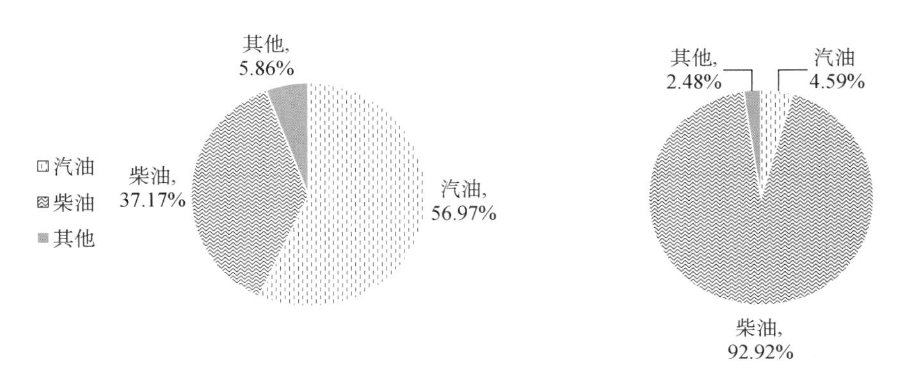

图 5-3　同一车辆型号对应一款或多款发动机时的燃油类型分布

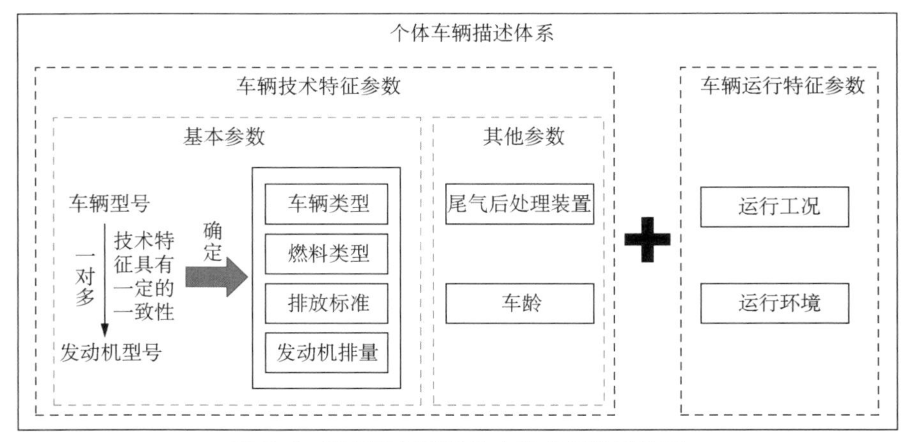

图 5-4　基于车辆型号的个体车辆描述体系

基本参数包括车辆类型、燃料类型、排放标准和发动机排量。任一车辆型号可以确定唯一的车辆类型、燃料类型和排放标准，但可能对应一种或多种发动机型号；而同一型号的发动机可以确定唯一的燃料类型和发动机排量，因此同一车辆型号可能对应多种发动机排量，且发动机排量的极差多控制在较小范围内。此外，机动车是否安装尾气后处理装置以及机动车车龄也是重要的修正参数。在运行特征方面，基本参数主要包括车辆运行工况和车辆运行环境。与现有排放模型相比，所建个体车辆描述体系从车辆型号出发描述单辆车的技术水平特征和活动水平特征，可有效反映个体车辆之间的差异。

结合已有研究，同时参考《指南》[2]中的车辆分类体系，建立新的六级车辆分类方法（表 5-4）。

表 5-4　六级车辆分类方法

第 1 级	第 2 级	第 3 级	第 4 级	第 5 级	第 6 级
车辆类型	燃料类型	排放标准	发动机排量	尾气后处理装置	车龄
重型货车	汽油	国 0	—	有	1
中型货车	柴油	国Ⅰ		无	2
轻型货车	天然气	国Ⅱ			3
微型货车	其他	国Ⅲ			4
大型客车		国Ⅳ			5
中型客车		国Ⅴ			6
小型客车		国Ⅵ			7
微型客车					…
出租车					19
公交车					20

第 1 级为车辆类型，根据公安部车型分类规则分为重型、中型、轻型、微型货车以及大型、中型、小型、微型客车，此外还根据使用性质分出了出租车和公交车，共 10 类车辆。第 2 级为燃料类型，考虑到各地方政府响应国家对使用清洁能源车辆倡议的力度日趋加大，此处将天然气单独列出，此外还包括汽油、柴油以及其他燃料类型。第 3 级为车辆排放标准，其中国Ⅵ排放标准已在我国多地区实行，但现有研究数据较少。第 4 级为发动机排量，通过对前三级分类体系下的各类车辆依据排量的数量分布进行排量区间划分，实现发动机排量分类。第 5 级为尾气后处理装置，分为有尾气后处理装置和无尾气后处理装置两种，考虑到在实际应用中尾气后处理装置数据并非完全可获取的参数，可将是否安装尾气后处理装置作为可选修正指标。第 6 级为车龄，反映车辆使用程度。通过对重庆市机动车年检数据的统计分析得到，99％以上的车辆使用年限在 20 年以内，排放因子模型中可考虑 1～20 年车龄的车辆，车龄对排放的影响可转化为对基础排放因子的劣化修正系数。前四级是以车辆类型、燃料类型、排放标准、发动机排量作为基础排放因子确定的车辆分类依据，而尾气后处理装置和车龄则分别以尾气后处理装置修正系数和劣化修正系数的形式出现在排放因子模型中。

发动机排量区间划分的具体方法为：根据车辆分类体系中前三级车辆类型、燃料类型、排放标准下各发动机排量所对应的机动车数量分布，将各车型下的发动机排量划分为 3～5 个区间，划分结果如表 5-5 所示。特别地，燃料为汽油的轻型客车及出租车的排量区间划分参考了中国轿车级别划分规则，即微型轿车排量小于或等于 1.0 L；普通级轿车的排量在 1.0～1.6 L 范围内；中级轿车的排量在 1.6～2.5 L 范围内；中高级与高级轿车的排量大于 2.5 L。徐俊芳等[12]的研究表明，排量小于 2.5 L 的第一类汽油车(设计载客不超过 6 人，且最大总质量≤2 500 kg 的载客车辆)占该类车总量的 95%以上，因此，本研究在对轻型汽油客车、汽油出租车进行排量区间划分时将排量在 2.5～4.0 L 的中高级轿车和排量大于 4.0 L 的高级轿车合并。

表 5-5　各车型排量区间划分　单位：L

车辆类型	燃料类型		
	汽油	柴油	天然气
重型货车	—	(0，4.2]	\
		(4.2，5.8]	
		(5.8，6.4]	
		(6.4，∞)	
中型货车	—	(0，3.7]	\
		(3.7，4.7]	
		(4.7，5.2]	
		(5.2，∞)	
轻型货车	(0，1]	(0，2.2]	\
	(1，1.3]	(2.2，2.7]	
	(1.3，2.2]	(2.7，3.2]	
	(2.2，∞)	(3.2，∞)	
微型货车	—	—	\
大型客车	(0，2.6]	(0，4]	(0，5.4]
	(2.6，3]	(4，5.2]	(5.4，5.7]
	(3，4]	(5.2，6.5]	(5.7，6.8]
	(4，∞)	(6.5，∞)	(6.8，∞)
中型客车	(0，2]	(0，2.5]	—
	(2，2.2]	(2.5，2.8]	
	(2.2，2.4]	(2.8，3.2]	
	(2.4，∞)	(3.2，∞)	

（续表）

车辆类型	燃料类型		
	汽油	柴油	天然气
小型客车	(0，1]	(0，2.3]	(0，1.5]
	(1，1.6]	(2.3，2.7]	(1.5，1.7]
	(1.6，2]	(2.7，3]	(1.7，∞)
	(2，2.5]	(3，∞)	
	(2.5，∞)		
微型客车	(0，1]	(0，1]	(0，1]
出租车	(0，1]	\	(0，1.5]
	(1，1.6]		(1.5，1.6]
	(1.6，2]		(1.6，∞)
	(2，2.5]		
	(2.5，∞)		
公交车	—	(0，3]	(0，5.3]
		(3，4.1]	(5.3，5.6]
		(4.1，4.8]	(5.6，6.5]
		(4.8，∞)	(6.5，∞)

注：1.“—”表示由于样本数据量过少而无法实现排放区间划分。
2.“\”表示参考《道路机动车大气污染物排放清单编制技术指南》中综合基础排放因子的车辆分类体系，不包含该类车。

5.3.3 个体车辆出行轨迹重构

含有时间记录、车辆身份的出行过车记录包括车辆牌号、车辆种类、车道名称与位置、行驶方向、地点描述等信息。首先，对过车数据进行整理与质量控制预处理；其次，通过单车出行记录数据挖掘，构建完整的单车出行信息，此时获得的单车出行信息可能是多次出行数据的总和；再次，通过设定行程时间阈值，实现单车单次出行识别；最后，识别出单车单次出行离散记录数据之后，采用交通最短路径模型[13]对单车出行最优轨迹进行重构计算。个体车辆出行轨迹重构方法如图 5-5 所示。

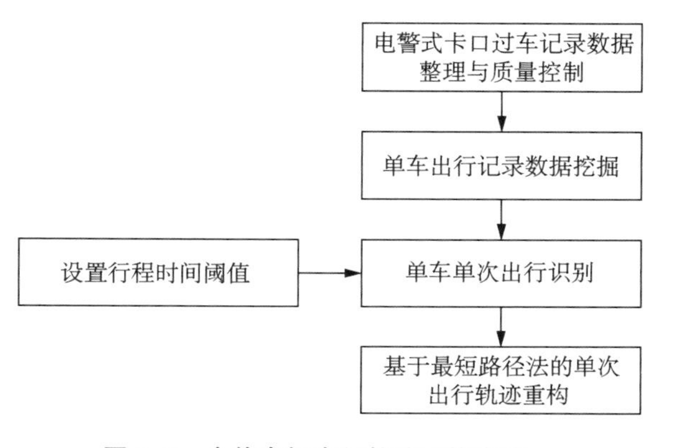

图 5-5 个体车辆出行轨迹重构方法

重构后的单车出行轨迹如图 5-6 所示。任意车辆在某一时间段内出行的轨迹单元可由其在路段 $Link_n$ 上的驶入时间 t_n、驶出时间 t_{n+1} 及平均行程速度 v_n 等参数表征，即单车任一出行的轨迹单元可表示为 $p_n = f(Link_n, t_n, t_{n+1}, v_n)$。

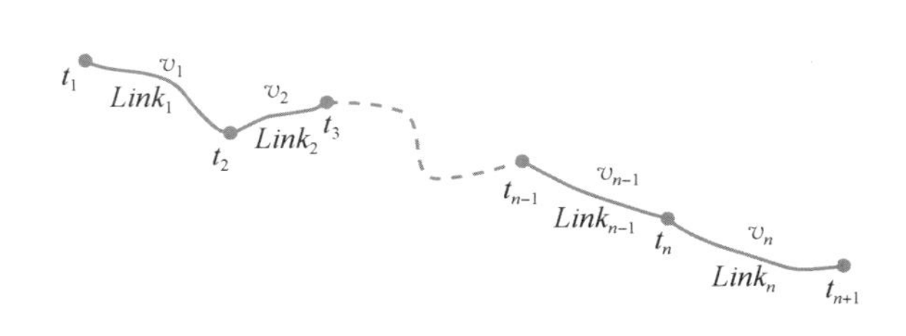

图 5-6　车辆出行轨迹示意图

5.3.4　从单车到路网尺度排放计算

实现单车任一出行轨迹上的排放计算之后，利用全域全量个体车辆出行轨迹结果，以路段为计量对象，实现路段、路网排放的集计。路段、路网排放计算方法如下。

1. 路段排放计算

在单车单次出行轨迹基础上，以时间段 t 设为 1 h 为例，通过将 1 h 内经过各路段的单车排放量汇总，可求出各路段逐小时的排放量，计算公式如下：

$$Q_{\mathrm{grid},a,t} = \sum_{e} \sum_{n} Q_{\mathrm{Link},e,n,a,t} \tag{5-15}$$

式中，$Q_{\mathrm{grid},a,t}$ 为路段 a 在 t 小时内的排放总量；e 为 t 小时内驶过路段 a 的所有车辆；n 为车辆 e 在路段 a 上行驶且时间落在 t 小时内的轨迹段。

2. 路网排放计算

与路段排放量计算同理，亦可将 1 h 内各路段上的排放量求和，得到路网逐小时排放总量，计算公式如下：

$$Q_{\mathrm{grid},t} = \sum_{a} Q_{\mathrm{grid},a,t} \tag{5-16}$$

式中，$Q_{\mathrm{grid},t}$ 为整个路网在 t 小时内的排放总量。

5.4　不确定性分析

5.4.1　不确定性概述

机动车尾气排放量化过程中，由于车辆活动水平信息以及排放因子信息基本通过抽样调查和排放因子模型获得，而在这些数据获取过程中，统计误差、试验系统误差以及模型误差等不可避免地存在，在计算过程中，则不可避免地将这些误差传递到排放量中，造成不确定性。

对于高分辨率的排放来说，不确定性若得不到正确计算和评估，就无法对交通排放的缺陷进行识别，这将削弱高分辨率特征，也将对交通排放趋势、排放贡献、重要不确定性源的识别产生错误认识，从而影响交通污染治理措施实施的可行性，甚至可能因此而制定出错误的排放控制策略[14]。通过不确定性量化分析，能有效识别不确定性贡献较大的污染源，有助于逐步提高污染源活动信息的准确性。因此，科学正确地评估不确定性，是交通排放量化过程中非常重要的部分[15, 16]。

5.4.2 不确定性计算方法简介

由确定性量化分析关注不确定性输入参数在计算过程中的传递，不同排放测算方法的不确定性来源不同。在一些利用有限样本的计算过程中，由于样本的局限性，未能较好地表现出整体的特性，因此需要一种将样本数据传递成为整体数据的方法，蒙特卡罗方法为其中一种，对于基础数据较少的试验而言，它是一种非常有效的方法，能够比较逼真地描述整体数据的特点，解决一些有限数值条件下难以解决的问题，具有很强的适用性。蒙特卡罗方法是一种以概率统计理论进行数值统计的计算手段，一般使用随机数或伪随机数来解决计算问题[17]。

在不确定性的量化方法上，由于蒙特卡罗方法以概率统计方法替代复杂数学模型的构建，在排放结果的不确定性研究中应用广泛[18,19]。运用蒙特卡罗方法进行不确定性量化的过程如下：①由排放计算方法，确定不确定性来源；②根据各不确定性来源的数据特征，确定其概率分布；③由所确定的概率分布进行足够多次数的随机抽样，根据抽样值模拟计算排放量；④以模拟结果的概率分布，选取 95%的置信区间，作为量化结果的不确定性范围。不确定性传递过程如图 5-7 所示。

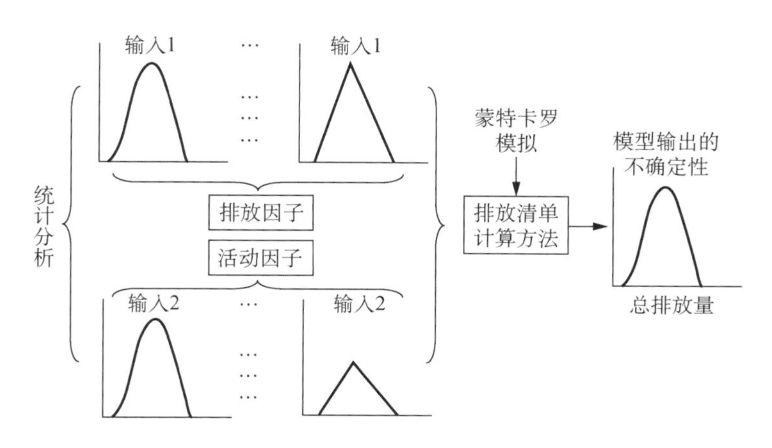

图 5-7　不确定性传递过程

路网尺度排放量化不确定分析，由式(5-17)计算排放量不确定性范围[20]：

$$[a, b]_{m,n} = \left[\frac{X_{m,n} - Z_{m,n}}{Z_{m,n}}, \frac{Y_{m,n} - Z_{m,n}}{Z_{m,n}}\right] \tag{5-17}$$

式中，a，b 为第 m 种道路类型、第 n 种路况下的不确定性范围上下限；$X_{m,n}$，$Y_{m,n}$，$Z_{m,n}$ 依次为第 m 种道路类型、第 n 种路况下的排放量概率分布在95%置信区间的下限、上限及期望。

5.5 小结

本章详细介绍了在区域、道路、个体车辆三种尺度上实现道路交通尾气排放量化的计算方法，包括基于宏观车辆数据的机动车排放计算方法、基于路网动态交通流的机动车排放计算方法、基于个体车辆数据的单车排放计算方法。基于宏观车辆数据的机动车排放计算方法属于自上而下的方法，在我国现有的统计体系下，数据要求不高，计算过程简便，常用于区域排放总量控制工作中，但直接忽略了交通的动态行驶特征，对道路交通排放的时空动态特征表征不足。相比于前者，后两种方法均是采用自下而上的计算思路，基于实际的道路交通运行数据，实现道路级、个体车辆级上更为精细的机动车尾气排放计算，逐步提升了排放量化的精准程度，这也是未来道路交通尾气排放量化方法发展的必然方向。

参考文献

[1] 孙世达，金嘉欣，吕建华，等. 基于精细化年均行驶里程建立机动车排放清单[J]. 中国环境科学，2020，40(5)：2018-2029.

[2] 清华大学，中国环境科学研究院. 道路机动车大气污染物排放清单编制技术指南[R/OL]. http://www.mep.gov.cn/gkml/hbb/bgg/201501/W020150107594587831090.pdf，2015.

[3] 中华人民共和国公安部. 道路交通管理机动车类型：GA 802—2019[S]. 北京：中国标准出版社，2019.

[4] 林秀丽，汤大钢，丁焰，等. 中国机动车行驶里程分布规律[J]. 环境科学研究，2009，22(3)：377-380.

[5] Huo H, Zhang Q, He K, et al. Vehicle-use intensity in China: Current status and future trend[J]. Energy Policy, 2012, 43: 6-16.

[6] 翟一然，王勤耕，宋媛媛. 长江三角洲地区能源消费大气污染物排放特征[J]. 中国环境科学，2012，32(9)：1574-1582.

[7] 李健，李莹莹，王秋圆. 区域机动车污染物总量排放特征与削减量分配[J]. 中国人口·资源与环境，2014，24(8)：141-148.

[8] Liu Y H, Ma J L, Li L, et al. A high temporal-spatial vehicle emission inventory based on detailed hourly traffic data in a medium-sized city of China[J]. Environmental Pollution, 2018, 236: 324-333.

[9] 贺克斌. 道路机动车排放模型技术方法与应用[M]. 北京：科学出版社，2014.

[10] 刘永红，姚达文，黄建彰. 珠三角地区机动车排放清单建立与来源分析[J]. 环境科学与技术，

2015(S1):458-463.

[11] 林颖,丁卉,刘永红,等. 基于车辆身份检测数据的单车排放轨迹研究[J]. 中国环境科学,2019,39(12):4929-4940.

[12] 徐俊芳,李孟良,聂彦鑫. 低排放车辆排放和油耗与其排量关系的研究[C]//2009 中国汽车工程学会年会论文集,2009:322-324.

[13] 郝光,张殿业,冯勋省. 多目标最短路径模型及算法[J]. 西南交通大学学报,2007,42(5):641-646.

[14] Frey H C, Bammi S. Quantification of variability and uncertainty in lawn and garden equipment NO_x and total hydrocarbon emission factors[J]. Journal of the Air & Waste Management Association, 2002, 52(4): 435-448.

[15] Beusen A H W, Bouwman A F, Heuberger P S C, et al. Bottom-up uncertainty estimates of global ammonia emissions from global agricultural production systems [J]. Atmospheric Environment, 2008, 42(24): 6067-6077.

[16] Lumbreras J, García-Martos C, Mira J, et al. Computation of uncertainty for atmospheric emission projections from key pollutant sources in Spain[J]. Atmospheric Environment, 2009, 43(8): 1557-1564.

[17] 徐钟济. 蒙特卡罗方法[M]. 上海:上海科技出版社,1985.

[18] Fu X, Wang S, Zhao B, et al. Emission inventory of primary pollutants and chemical speciation in 2010 for the Yangtze River Delta region, China[J]. Atmospheric Environment, 2013, 70: 39-50.

[19] 杨栋,申双和,张弥,等. 南京和长三角地区 CO_2 与 CH_4 人为排放清单估算的不确定性分析[J]. 气象科学,2014,34(3):325-334.

[20] 马品. 两种尺度下机动车排放清单及不确定性研究[D]. 吉林:东北电力大学,2015.

6 多尺度道路交通尾气排放清单应用

本章在多尺度机动车尾气排放计算方法研究基础上，通过宏观区域排放总量计算、动态路网排放计算、个体车辆出行轨迹排放计算三个应用案例，进一步介绍三种尺度计算方法在实现不同分辨率排放清单研究上的应用。基于宏观车辆保有量数据计算得到宏观区域排放清单，可揭示区域级不同类型车辆（区分车辆类型、燃油类型、排放标准等）的年度或月度排放总量特征。动态路网排放清单是基于实际道路的动态交通流数据开展计算，可揭示路段级不同类型车辆的小时排放变化以及整个路网上排放的时空变化。基于个体车辆出行的排放清单将排放计算细化至单车尺度，可揭示任一车辆在任一出行过程上的动态排放轨迹。

三个应用案例分别为：广东省机动车排放清单（基于宏观车辆数据）、佛山市机动车排放清单（基于路网动态交通流）、宣城市机动车排放清单（基于车辆个体数据）。通过三个案例直观地展现不同维度计算方法实现排放清单量化的精细程度，以及对不同时空分辨率排放特征的揭示程度，为不同区域城市在不同精准程度上的道路交通尾气排放污染防控决策提供基础支撑。

6.1 基于宏观数据的广东省机动车排放清单

目前，宏观省域尺度上的机动车排放清单研究已相对成熟[1]，该清单的建立对数据的需求较少，且数据容易获取，操作简便。广东省是中国经济总量最大和发展最快的省份，2020 年，广东省 GDP 突破 10 万亿元，超过世界上 90%以上的国家，连续 20 年来一直处于领先地位，汽车保有量体量大，增加迅速。根据广东省统计年鉴，1994—2014 年广东省民用汽车保有量从 98.2 万辆增长至 1 328.4 万辆，以年均 59.7%的速度增长，广东省内珠三角地区和非珠三角地区之间的经济发展差异明显，省域机动车排放清单的建立以及时空特征揭示对广东省大气污染防治工作来说至关重要。

6.1.1 广东省域排放清单的建立

首先，根据《道路机动车大气污染物排放清单编制技术指南》[2] 计算了 1994—2014 年广东省各个城市各车型不同排放标准的本地化排放因子；其次，以大量的机动车活动水平调研数据和广东省统计年鉴数据为依据，获取了 21 个地级市机动车保有量和年均行驶里程信息，利用第 5 章 5.1 节的年均行驶里程法，建立了广东省 1994—2014 年机动车 CO，VOCs，NO_x，$PM_{2.5}$ 和 PM_{10} 排放清单。

根据我国的车型分类标准《道路交通管理机动车类型》（GA 802—2019）及《道路机动车大气污染物排放清单编制技术指南》所定义的车辆种类[2,3]，车辆类型、排放标准分类信息如下：

（1）车辆类型：微轻型客车（LPC）、中型客车（MPC）、大型客车（HPC）、微轻型货车（LDT）、中型货车（MDT）、重型货车（HDT）和摩托车（MC）。

(2) 排放标准：汽车分为国0～国Ⅳ排放标准，摩托车分为国0～国Ⅲ排放标准。

各地级市机动车保有量和年均行驶里程信息获取步骤如下：

(1) 以广东省在用车车辆信息数据库为基础，根据2012年颁布的《机动车强制报废标准》[4]和车辆排放标准发布时间，根据不同车型的报废年限，统计广东省21个地级市1994—2014年每年各车型不同排放标准的淘汰量、新增量和2014年各市机动车保有量数据。根据各市每年新增量和淘汰量，推算出各个地级市国Ⅰ～国Ⅳ排放标准车辆的数量，将2014年各市各车型国0排放标准机动车数量与统计得出的国0排放标准车辆淘汰量、新增量进行结合，得出各市1994—2014年各车型国0排放标准车辆的数量。将上述两部分数据进行汇总，计算各市各车型不同排放标准的机动车占比，结合广东省统计年鉴中的机动车保有量数据，得出以广东省统计年鉴数据为基准的1994—2014年广东省机动车分车型及排放标准的保有量。

(2) 由于政府没有官方公布年均行驶里程（*VKT*）的统计数据，因此，采用弹性系数法，确定机动车的年均行驶里程。首先通过现场数据调查和文献调研相结合的方式，求得分车型的弹性系数(弹性系数等于不同车型*VKT*的变化率/GDP的变化率)，假定弹性系数保持不变，根据1994—2014年的GDP变化率求得机动车分车型的*VKT*变化率，最后根据2014年广东省调查的年均行驶里程数据推算出年均行驶里程的时间序列。

最终得到的1994—2014年广东省珠三角和非珠三角地区的机动车污染物排放总量如图6-1所示。1994—2014年广东省机动车排放量年度变化差异较大，整个广东省机动车CO，VOCs，NO_x，$PM_{2.5}$、PM_{10}年度排放总量分别在900～2 600 kt，150～380 kt，250～650 kt，22～43 kt，25～48 kt，珠三角地区排放总量明显高于非珠三角地区1倍以上。其中，CO和VOCs具有相似的变化趋势，而NO_x与$PM_{2.5}$和PM_{10}具有较为相似的变化趋势。在2003年中国摩托车国Ⅰ排放标准的实施之下(表6-1)[5]，CO和VOCs排放总量首次出现下降，2003—2008年间增长缓慢；随着2008年国Ⅲ排放标准的实施[6]，2009年国Ⅲ油品的升级[7]以及2013年国Ⅳ油品的升级[8]，2009年和2013年的CO和VOCs排放总量大幅下降。相比之下，珠三角地区的NO_x，$PM_{2.5}$，PM_{10}的排放总量下降情况相对滞后，尤其是NO_x，增长趋势从1994年持续至2021年，直至2013年，在国Ⅳ排放标准实施[9]和三元催化器安装的影响下，才开始出现大幅下降。出现这一结果可能的原因主要有两方面：一方面，继国Ⅰ排放标准实施后，国Ⅱ、国Ⅲ排放标准的实施对NO_x排放控制无显著效果；另一方面，机动车颗粒物排放水平在国Ⅰ排放标准到国Ⅱ排放标准实施下没有明显下降，国Ⅲ排放标准则采取了更为有效的技术手段来降低颗粒物排放。因此，机动车保有量的增加和劣化抵消了排放标准实施带来的削减效果。重型车和货车作为NO_x，$PM_{2.5}$，PM_{10}排放的主要车型，在2013年出台了中国重型车国Ⅳ排放标准和柴油国Ⅳ油品升级政策后，才出现了明显的排放下降。然而，非珠三角地区NO_x，$PM_{2.5}$，PM_{10}的排放与CO和VOCs的变化规律相似，这

可能归因于非珠三角地区摩托车保有量一直以来都较高。

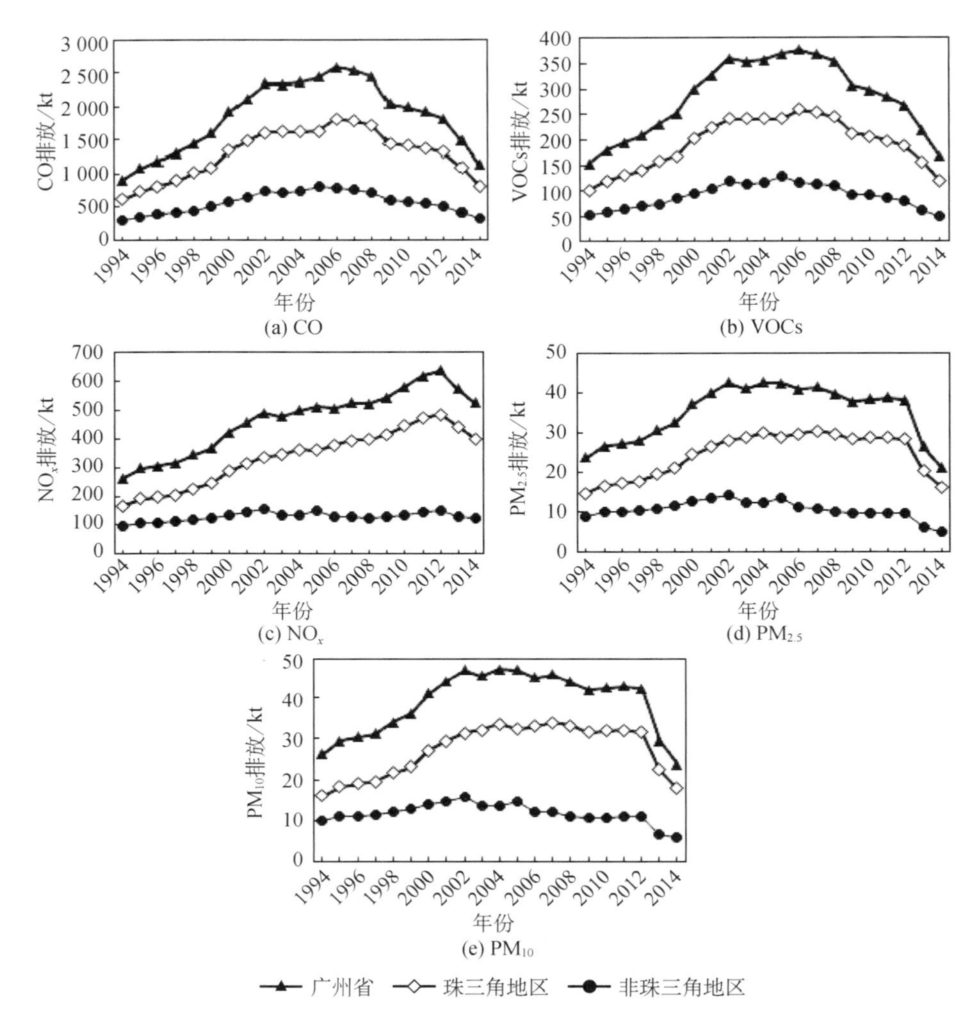

图 6-1　1994—2014 年广东省机动车排放总量年度变化

表 6-1　　1994—2014 年广东省机动车排放标准实施进程

<table>
<tr><th>车辆类型</th><th>排放标准</th><th>发布时间</th></tr>
<tr><td rowspan="5">微型客车
轻型客车
中型客车
微型货车
轻型货车</td><td>国 0</td><td>2001 年 10 月 1 日前</td></tr>
<tr><td>国Ⅰ</td><td>2001 年 10 月 1 日</td></tr>
<tr><td>国Ⅱ</td><td>2006 年 7 月 1 日</td></tr>
<tr><td>国Ⅲ</td><td>2008 年 7 月 1 日</td></tr>
<tr><td>国Ⅳ</td><td>2010 年 9 月 1 日</td></tr>
</table>

（续表）

<table>
<tr><th>车辆类型</th><th>排放标准</th><th>发布时间</th></tr>
<tr><td rowspan="5">大型客车
中型货车
重型货车</td><td>国 0</td><td>2001 年 9 月 1 日前</td></tr>
<tr><td>国Ⅰ</td><td>2001 年 9 月 1 日</td></tr>
<tr><td>国Ⅱ</td><td>2004 年 9 月 1 日</td></tr>
<tr><td>国Ⅲ</td><td>2008 年 1 月 1 日</td></tr>
<tr><td>国Ⅳ</td><td>2013 年 7 月 1 日</td></tr>
<tr><td rowspan="4">摩托车</td><td>国 0</td><td>2003 年 7 月 1 日前</td></tr>
<tr><td>国Ⅰ</td><td>2003 年 7 月 1 日</td></tr>
<tr><td>国Ⅱ</td><td>2005 年 7 月 1 日</td></tr>
<tr><td>国Ⅲ</td><td>2010 年 7 月 1 日</td></tr>
</table>

以上对广东省排放总量的研究结果，与其他研究总体上也较为一致。姚志良等[10]研究发现，1990—2009 年广州市机动车污染物 CO 和 VOCs 排放在 2003 年以后开始缓慢下降，2006 年下降明显，而 NO_x 和 PM 的排放量在 1990—2009 年一直处于增长阶段，这与以上珠三角地区机动车演变趋势较为相似。Lang 等[11]研究发现，中国 1999—2011 年机动车污染物 CO 和 NO_x 排放总体上保持增长的趋势，CO 排放与以上广东省变化趋势有些差异，可能是不同地区经济发展状况以及推行各种机动车控制政策的时间不同而导致的（表 6-2）。与北京、沈阳等城市排放清单研究相比较，排放总量年度变化总体趋势相同，而峰值拐点时间存在提前或延后的情况，这可能与各城市或地区排放标准的推进速度、符合新排放标准车辆的发展情况相关，排放标准实施越早、车队中新车比例越高，排放总量的控制效果就越明显，即拐点出现的时间越早。

表 6-2　1994—2014 年广东省燃油标准实施时间

<table>
<tr><th>燃油类型</th><th>2001
年前</th><th>2001
年</th><th>2002
年</th><th>2003
年</th><th>2004
年</th><th>2005
年</th><th>2006
年</th><th>2007
年</th><th>2008
年</th><th>2009
年</th><th>2010
年</th><th>2011
年</th><th>2012
年</th><th>2013
年</th><th>2014
年</th></tr>
<tr><td>汽油</td><td>国 0</td><td colspan="3">国Ⅰ</td><td colspan="3">国Ⅱ</td><td colspan="3">国Ⅲ</td><td colspan="5">国Ⅳ</td></tr>
<tr><td>柴油</td><td colspan="2">国 0</td><td colspan="4">国Ⅰ</td><td colspan="3">国Ⅱ</td><td colspan="5">国Ⅲ</td><td>国Ⅳ</td></tr>
</table>

6.1.2　不同车型排放贡献的变化特征

1994—2014 年广东省珠三角和非珠三角地区的机动车污染物排放清单中，不同车型的排放贡献如图 6-2 所示。珠三角和非珠三角地区由于各自排放情况的差异，其分车型贡献特征也有所差异。在珠三角地区，微轻型客车和摩托车是污染物 CO 和 VOCs 排放的主要贡献车型，1994—2014 年微轻型客车贡献率总体上保持上升的趋势，而摩托车总体呈下降趋势。微轻型客车对 CO 和 VOCs 的贡献率分别从 1994 年的 35.58%

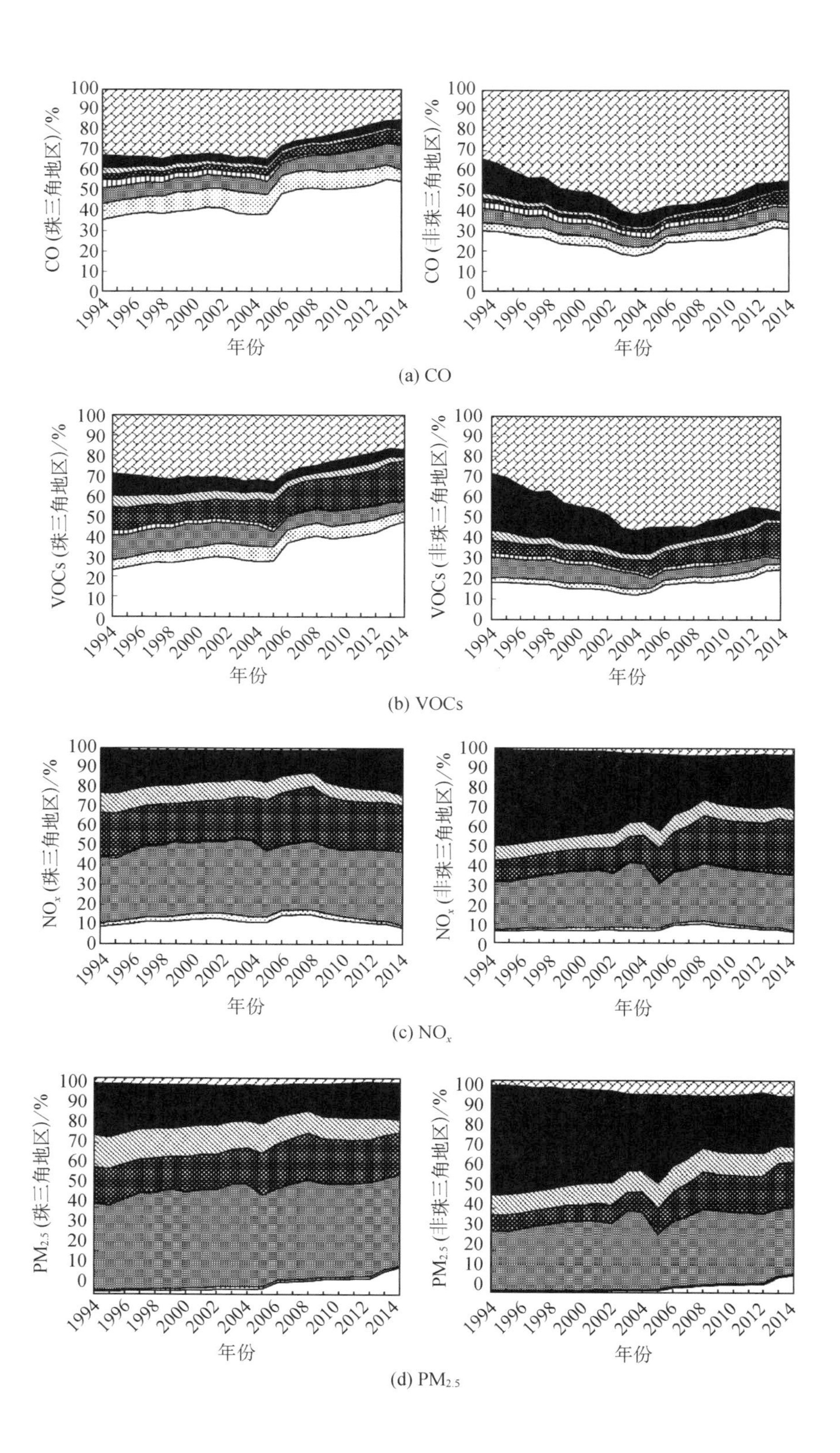

(a) CO

(b) VOCs

(c) NO_x

(d) $PM_{2.5}$

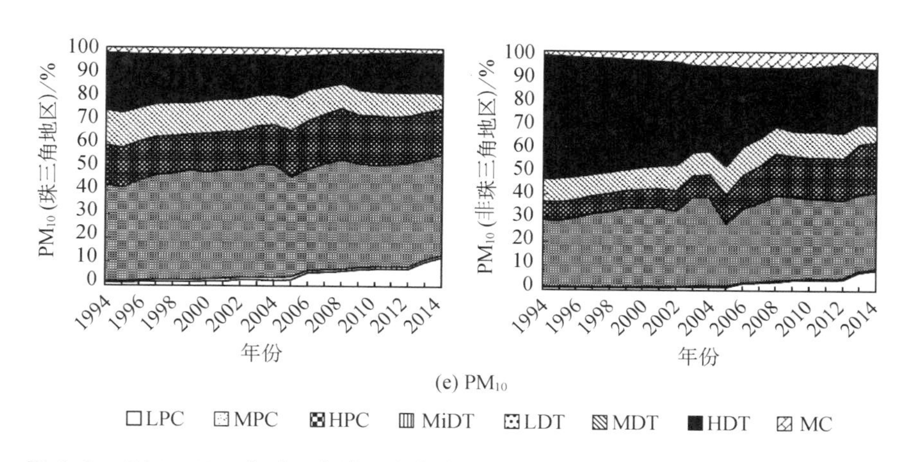

图 6-2 1994—2014 年珠三角地区和非珠三角地区机动车污染物分车型排放贡献率

和 23.27%上升到 2014 年的 54.63%和 47.24%，而摩托车对 CO 和 VOCs 的贡献率分别从 1994 年的 32.62%和 28.93%下降到 2014 年的 14.75%和 17.09%。2006 年随着摩托车国Ⅱ标准的推行，广州、深圳等珠三角地区全面进入禁摩阶段[12]，导致摩托车贡献率在 2006 年出现拐点，并逐年下降。在非珠三角地区，摩托车是 CO 和 VOCs 排放贡献率最大的车型，且其贡献率在 1994—2004 年处于增长状态，分别从 1994 年的 34.36%和 28.28%增长到 2004 年的 61.69%和 56.36%，2005—2014 年处于减少状态，2014 年分别减少至 45.06%和 47.25%。非珠三角地区微轻型客车对 CO 和 VOCs 的贡献率与摩托车正好呈相反的变化趋势，分别从 1994 年的 30.13%和 18.29%减少到 2004 年的 17.75%和 12.20%，后又增加到 2014 年的 31.04%和 24.78%。

6.1.3 不同排放标准车辆排放贡献的变化特征

1994—2014 年广东省珠三角和非珠三角地区的机动车污染物排放清单中，不同排放标准车辆的排放贡献如图 6-3 所示。由于新排放标准车辆的不断更新以及老旧车辆的淘汰，1994—2014 年珠三角和非珠三角地区国 0 车辆所占比例逐年降低，微轻型客车、摩托车、大型客车和重型货车结构水平明显优化，其中在珠三角地区，高排放车型(微轻型客车、摩托车、大型客车和重型货车)的结构要稍优于非珠三角地区。1994—2014 年珠三角地区微轻型客车、摩托车、大型客车和重型货车国 0 车辆的比例分别下降了 99.78%，87.92%，98.97%，而非珠三角地区 2014 年微轻型客车、摩托车、大型客车和重型货车国 0 车辆的比例分别只占到 0.24%，12.35%，1.02%。2002 年之后，排放标准的升级带来了珠三角和非珠三角地区机动车污染物排放的减缓。1994—2014 年珠三角和非珠三角地区机动车排放变化的时间节点与排放标准存在较好的对应关系，说明排放标准是控制机动车排放的重要因素。同时，摩托车的组成结构与 CO 和 VOCs 的排放具有更好的相关性，是影响污染物 CO 和 VOCs 排放的关键车型。而对于污染

物 NO_x，$PM_{2.5}$，PM_{10} 的排放，大型客车和重型货车在 2009 年实施的国Ⅲ标准和 2013 年实施的国Ⅳ标准是导致珠三角和非珠三角地区机动车排放变化的重要原因。

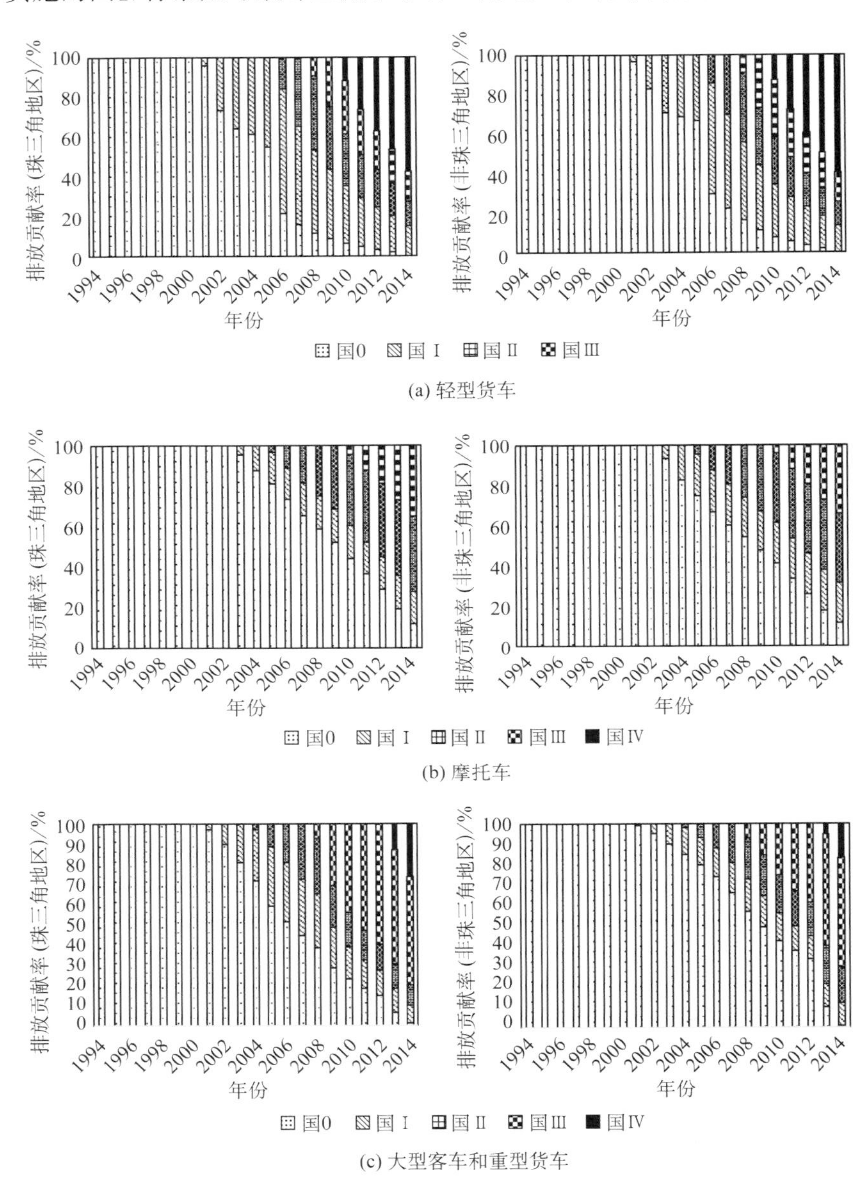

图 6-3　1994—2014 年珠三角和非珠三角地区不同排放标准车辆的排放贡献率

6.2　基于动态交通流的典型城市路网排放清单

目前，基于动态交通流的路网排放清单研究越来越受到中国各级政府的重视，相比于宏观区域排放清单，它能够更细致地反映实际道路交通运行的时空动态排放情况。宏观区域排放总量研究已不能满足机动车尾气排放控制日益细致的需求。想要更为精准地掌握道路中车辆排放情况，必须以车辆出行的实际状况作为依据和出发点，对交通流、车辆等相关信息进行详细调查和监测，实现基于实际路网交通流状况的车辆排放计算。因此，越来越多的研究开始采用动态交通流数据来提高机动车排放清单的时空分辨率[13,14]。

6.2.1 基于动态交通流的佛山市路网网格化排放特征

佛山市包括禅城、南海、顺德、高明和三水五个行政区，近年来经济高速发展，机动车保有量逐年增长，其机动车结构和污染排放与我国大多数城市相符。作为中国中型城市的典型代表，建立其机动车尾气排放清单，掌握其路网上尾气排放的动态时空分布特征，对珠三角地区的大气环境保护以及中国城市机动车尾气污染防治具有重大意义。基于此，利用第5章5.2节介绍的基于路网动态交通流的机动车排放计算方法，从佛山市各区道路的实际动态交通流监测数据入手，以ArcGIS为构建平台，自下而上建立佛山市网格化机动车尾气排放清单。

在佛山市全域路网范围内收集了2013年6月连续2天共96个道路监测点位的动态交通治安卡口过车记录数据(视频监测数据)，包括国道、省道、高速路、主干路、次干路和支路6种道路类型，监测点位密集程度与城区道路密集程度成正比，道路及监测点位分布如图6-4所示。基于卡口过车记录数据(视频监测数据)，进行分车型的小时交通流量统计，并与百度地图实时获取的道路平均车速数据相匹配，最终得到了全市

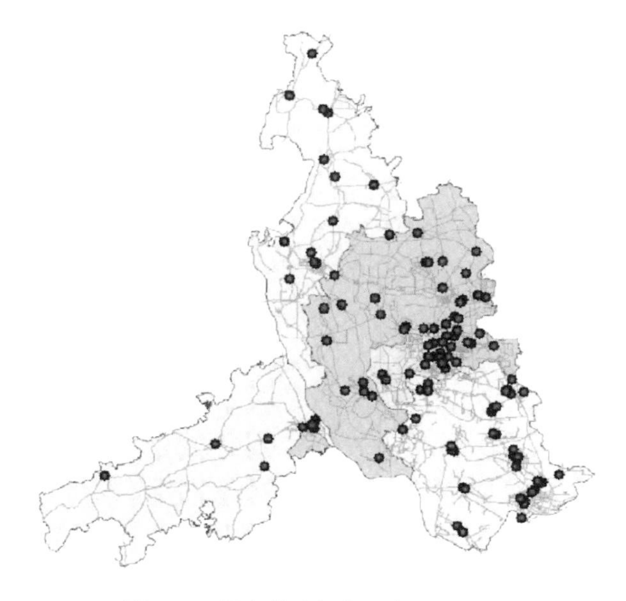

图6-4 调查道路与监测点位分布图

47 万条不同点位的连续 24 小时的小时信息数据，具体参数包括监测时段、道路类型、道路长度、分车型的车流量、平均车速等。采用 COPERTⅣ模型计算得到分速度、分车型、分排放标准的机动车在实际路况下的 CO，VOCs，NO_x，PM 排放因子。整合道路信息、交通流信息（具有时间分布特征的车流量、车型构成、车速）和车辆排放因子，通过核算与估计，推算得到全路网道路的 CO，VOCs，NO_x，PM 小时排放量、日排放量、年排放量。其中，车辆类型分为微型客车、轻型客车、中型客车、大型客车、微型货车、轻型货车、中型货车、大型货车、摩托车、出租车、公交车。

以 ArcGIS 软件为构建平台，采用路网信息与交通流量结合的方式确定了空间和时间分配因子，将以排放源为基础的清单排放转变为网格化排放，即将清单数据变成网格化的矩阵。具体方法见第 5 章 5.1 节。对研究区域监测道路每个时段的车流量和车型分布进行统计分析，得到不同类型道路的车流量时间变化规律，根据不同车型交通流量的变化，计算出不同车型的机动车污染物排放 24 小时变化系数，进而完成对机动车污染物日排放的时间分配。最终建立了佛山市 3 km×3 km 的 CO，VOCs，NO_x，PM 四种污染物的高时空分辨率网格化排放清单，并进行了动态路网排放特征分析，根据分析结果识别出高排放重点区域，获得了中心城区实际道路上污染物排放的时空差异，寻找出污染控制的重点车型和重点道路。

如图 6-5 所示，2013 年佛山市机动车 CO，VOCs，NO_x，PM 网格化排放清单清晰地揭示了佛山市机动车尾气排放的空间分布特征，4 种污染物高排放区域主要集中在城区中心以及城区中心向外辐射的路网上。具体特征为：CO 排放和 VOCs 排放的空间分布特征相似，高浓度排放区都呈片状分布，集中在城区中心交通网络密集区域，低浓度排放区都沿着道路均匀分布。NO_x 排放和 PM 排放的空间分布有着类似的规律，高浓度排放区都呈条状分布，均集中在车流量大、车速小的几条主干道以及城区之外的国道和高速路上。各种污染物的空间分布规律与道路功能相关，因为道路的功能不同，行驶的主要车辆就有所不同。由于 VOCs 和 CO 排放的主要贡献者为摩托车和轻型客车，而城区中心正是人口最密集也是这两种车型保有量最高的区域，因此，该区域的 VOCs 和 CO 的排放浓度最高且呈片状分布。NO_x 和 PM 排放的主要贡献者是轻型货车、大型货车和大型汽车，这些车辆均以从事货运为主，主要分布在各区域的国道及主要运输干道上。结合佛山市各道路车流量和车速分布来看，不管是 CO 和 VOCs，还是 NO_x 和 PM，空间排放特征都与道路空间功能特征吻合较好，契合机动车污染物的实际空间排放特征。

不同车型 CO，VOCs，NO_x，PM 排放的 24 小时变化特征与所监测车流量的 24 小时分布如图 6-6 所示。车流量具有明显的早高峰、晚高峰的变化规律，晚高峰车流量最高，早高峰次之，夜间最低。通过分析各污染物排放随时间的变化规律可以发现，4 种污染物的 24 小时排放量均呈“M”形分布，且 CO 和 VOCs 两种污染物的变化要比 NO_x 和 PM 的变化更为明显。00:00—04:00，各种车型污染物排放量均有小幅下降的趋势，

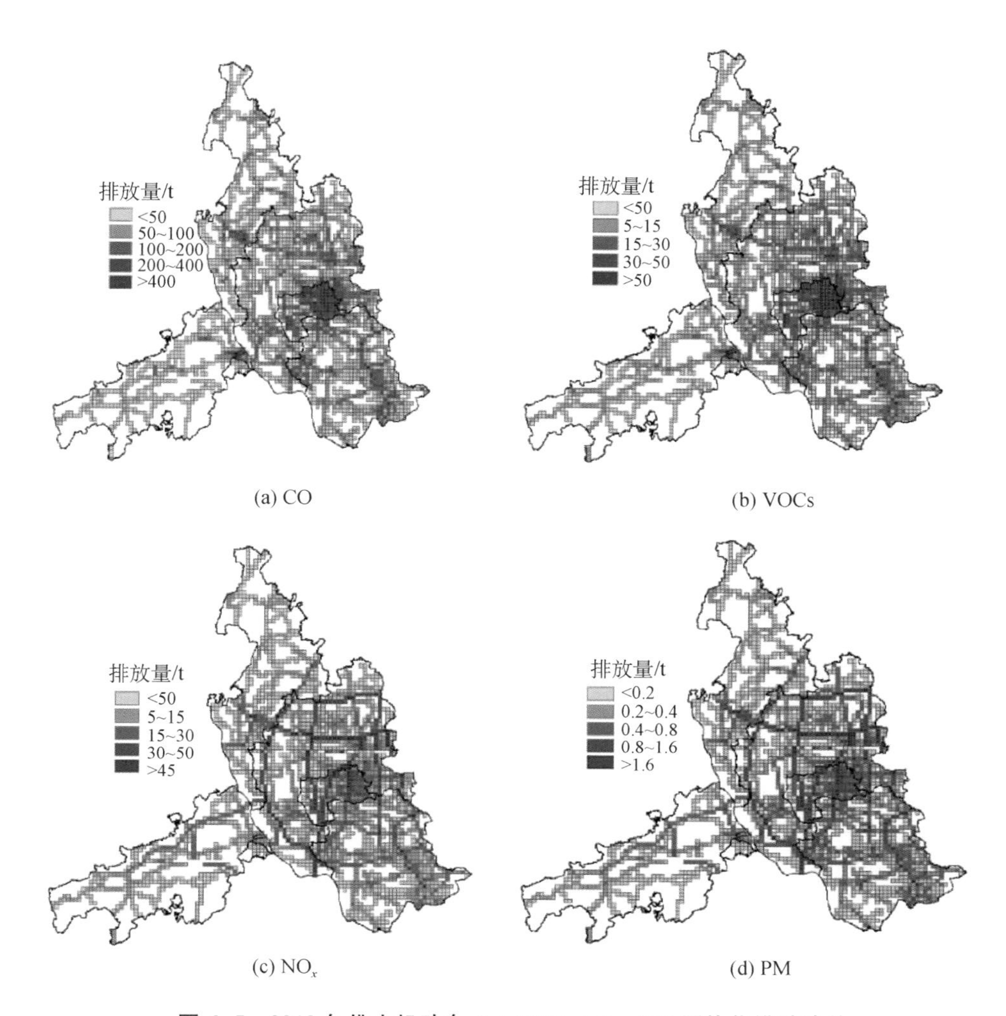

(a) CO (b) VOCs

(c) NO_x (d) PM

图 6-5 2013 年佛山机动车 CO,VOCs,NO_x,PM 网格化排放清单

且排放量很低。05:00—06:00,对于 CO 和 VOCs 来说,轻型客车和摩托车排放量大幅上升,其余车型有小幅增长;对于 NO_x 和 PM 来说,轻型货车、大型客车和公交车排放量大幅上升,其余车型有小幅增长。07:00—09:00,4 种污染物排放量达到一个峰值。10:00—17:00,4 种污染物排放量仍然较高,但变化幅度较小。18:00 左右,CO 和 VOCs 排放量达到一天中的最高值,NO_x 和 PM 排放量在 17:00 左右达到一天中的最高值。20:00—23:00,各种车型污染物排放量均逐渐下降。

在交通高峰期,车流量较大,由于受道路通行能力的限制,时常发生拥堵,所以该时间段内的平均车速也较慢。车流量大与车速较慢决定了交通高峰期也是机动车尾气排放的高峰期,交通高峰期污染物 CO,VOCs,NO_x,PM 排放分别占全天排放的 30.0%,29.4%,25.7%,25.3%。通过比较交通高峰期和非高峰期可以发现,CO 和 VOCs 排放的主要贡献者是轻型客车和摩托车,与车流量的变化最为吻合。这主要是因为轻型客

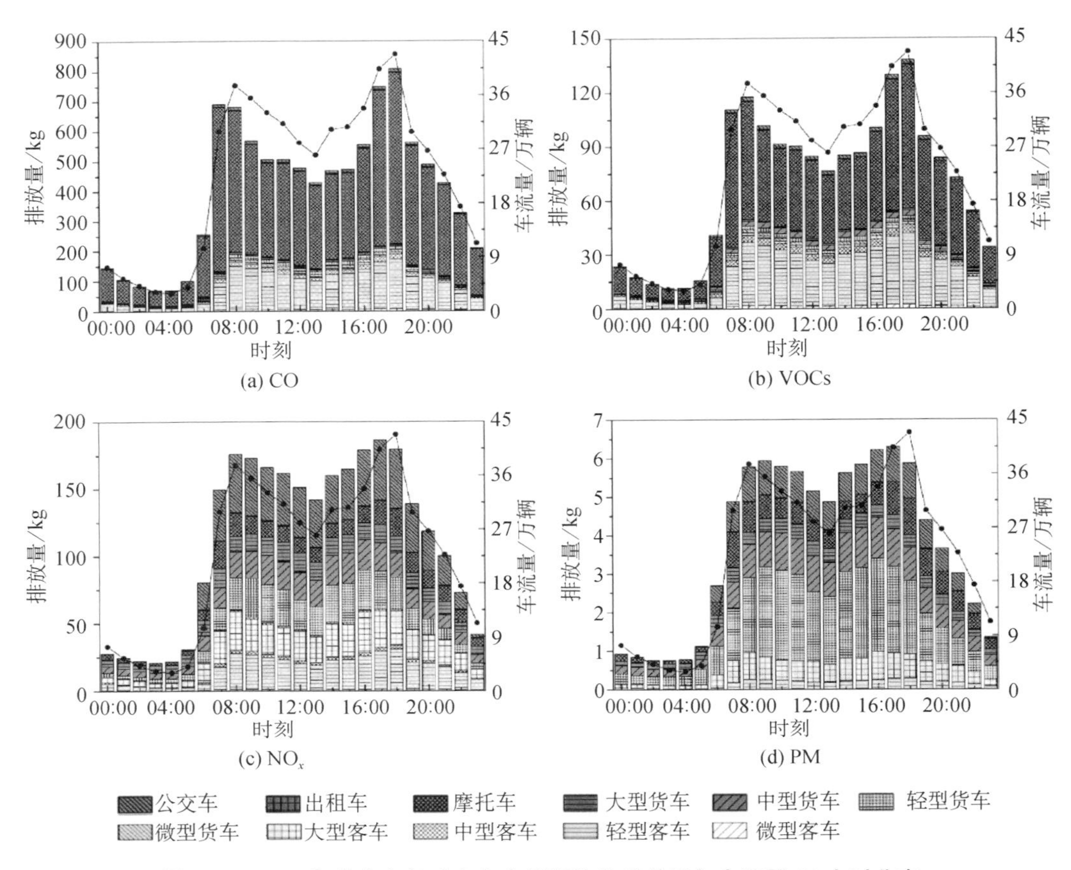

图 6-6 2013 年佛山市机动车各车型污染物排放量与车流量 24 小时分布

车和出租车是车流的构成主体，同时也是 CO 和 VOCs 的主要排放源；NO_x 和 PM 排放的主要贡献者是轻型货车、中型货车、大型客车和公交车。由于轻型客车在车流中占的比重较大，故轻型客车在交通高峰期对 NO_x 的排放具有较大的影响，而对于 PM 的排放，轻型货车在交通高峰期的贡献最为突出。

通过分析机动车排放时间分布特征，可以得出佛山市道路交通污染物具有明显的日排放特征，小时排放源强高峰期与车流量高峰期吻合较好，为每日的 07:00—09:00 和 17:00—19:00，且晚高峰排放高于早高峰排放。同时，该研究结果还能准确反映同一时段不同车型的排放量差异，从而得知排放量较高的重点排放车型和时段，为管理者提供重要的技术支撑和决策依据。

6.2.2 基于 RFID 数据的重庆市动态路网排放特征

重庆市是目前中国唯一在省级区域大规模实施交通电子车牌射频识别技术(RFID)的直辖市[15]，目前已建成了基于 RFID 技术的城市智能交通管理与服务系统，即"重庆电子车牌系统"，实时道路 RFID 监测数据包含实时车辆位置、车牌、道路等信息，较好地支撑了重庆市道路小时流量、平均车速等动态交通流信息的获取，为重庆市路网机动车排放清单提供了完备的数据支撑。

在重庆市范围内，选取主城区绕城区域，即绕城高速及其以内区域作为研究区域，开展了基于 RFID 数据的重庆市动态路网排放清单的研究。主城区包括渝中区、大渡口区、江北区、沙坪坝区、九龙坡区、南岸区、北碚区、渝北区、巴南区的全部行政区域，面积 5 473 km^2，其中绕城高速环内面积 2 253 km^2。重庆也被称为"山城"和"河城"，山地地形突出，桥梁和隧道等路段交通负荷较大，这导致了重庆市独特的交通分布和车辆排放特征。另外，由于有三条河流穿过重庆主城区，桥梁是重要的交通连接通道，形成了主城区绕城区域内独特的路网结构。

道路电子车牌识别卡口(即 RFID 数据监测点位)的分布情况如图 6-7 所示，820 个监测点位共计覆盖道路 454 条。初步交通流数据预分析显示，超过 95%的道路车辆在重庆本地注册，本地车辆比例较高，因此，仅考虑本地车辆的排放就足以反映重庆市的车辆排放特征。

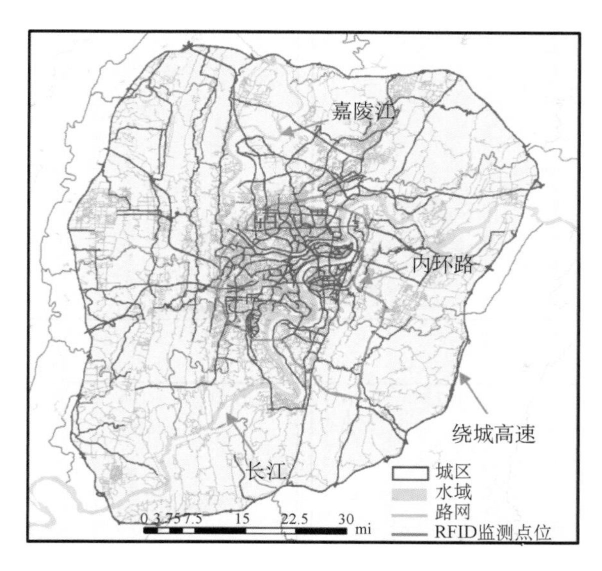

图 6-7 重庆市绕城高速以内区域路网与 RFID 监测点位分布

基于 2018 年 10—12 月 820 个 RFID 监测点位的实时监测数据，将每 10 min 发送入库的实时 RFID 数据处理为每小时的动态车流量与平均车速，通过与 GIS 路网地理信息、车辆技术信息等的匹配，经过核算与估计，推算得到了重庆市主城区绕城区域路网 CO，HC，NO_x，$PM_{2.5}$，PM_{10} 等 5 种污染物的小时排放清单，并据此细致地揭示了重庆市机动车排放的时空特征。

参考《中国道路机动车排放清单指编制南》和重庆市车辆的常用燃料类型，车辆类型分为：出租车（Taxi）、公共汽车（Bus）、微型客车（MiPC）、轻型客车（LPC）、中型客车（MPC）、重型客车（HPC）、微型货车（MiDT）、轻型货车（LDT）、中型货车（MDT）、重型货车（HDT）。燃料类型分为：汽油、柴油、天然气、电动、其他。排放标准分为：国0、国Ⅰ、国Ⅱ、国Ⅲ、国Ⅳ、国Ⅴ。道路类型分为：高速公路、快速路、主干道、次干路和支路。

图6-8所示为重庆市主城区绕城区域内路网上CO和NO_x在典型时刻上的小时排放强度空间分布，两个典型时刻分别是白天的交通早高峰时间（8:00—9:00）和夜间的交通高峰时间（22:00—23:00）。白天与夜间两个时刻的CO排放强度之比为2.2，NO_x为1.77。由图可知，内环线内外空间差异明显，内环线以内的路网分布较为密集，排放强度相对较大。在白天高峰时段，CO高排放的道路主要位于内环线内区域和机场高速公路，这一分布特征与轻型客车的出行空间特征较为一致，因此，CO高排放可能是由内环线内区域巨大通勤需求带来的。与CO不同，NO_x高排放的道路表现为发散带

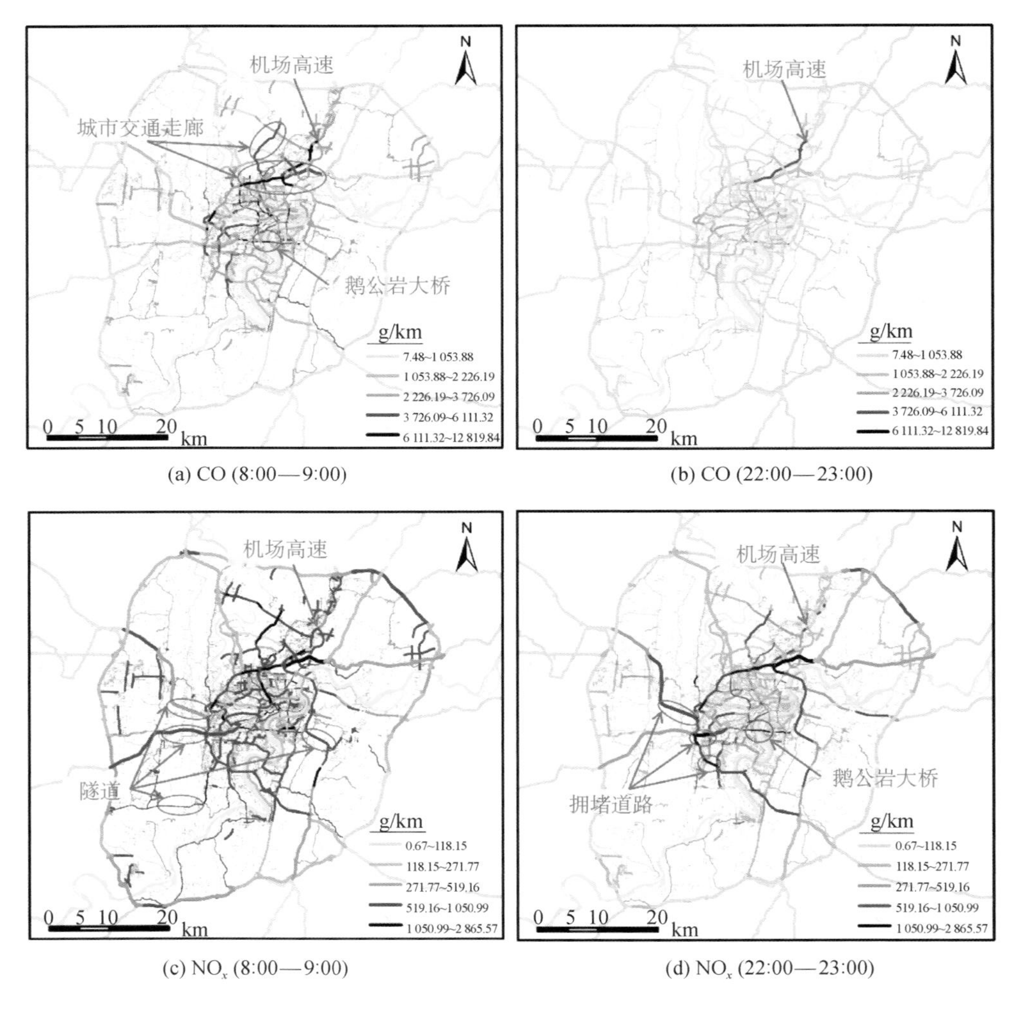

图6-8 重庆市主城区绕城区域内路网在两个典型时刻的CO和NO_x排放强度分布

状分布，多分布在内环线向外环辐射的连接通道上，这一分布特征与货车的出行空间特征较为一致，货物运输的性质决定了其行驶路线通常是固定的，主要在城市内外环线等的连接通道上，因此，货车是 NO_x 排放的主要贡献者，NO_x 高排放的空间分布与货车出行之间存在较强的关联关系。

图 6-9 所示为重庆市主城区绕城区域内 CO，HC，NO_x，$PM_{2.5}$，PM_{10} 等 5 种污染物排放的 24 小时变化及其与交通量小时变化之间的关联特征。5 种污染物的 24 小时排放均呈"M"形，即存在双高峰，其中 CO 和 HC 的双高峰趋势更为显著。CO 和 HC 的排放峰值出现在 8:00—9:00 和 17:00—18:00，此时 CO 和 HC 的小时排放量分别占日总排放量的 13.46%和 13.42%，占比较大。PM 和 NO_x 的排放峰值出现在 10:00—11:00 和 14:00—15:00，PM 和 NO_x 排放早高峰的出现很可能是高排放因子车辆(如中、重型货车)的交通量和排放强度增加导致的，而下午高峰出现的主要原因可能是午休后货车和公交车的交通量和排放强度略有增加。

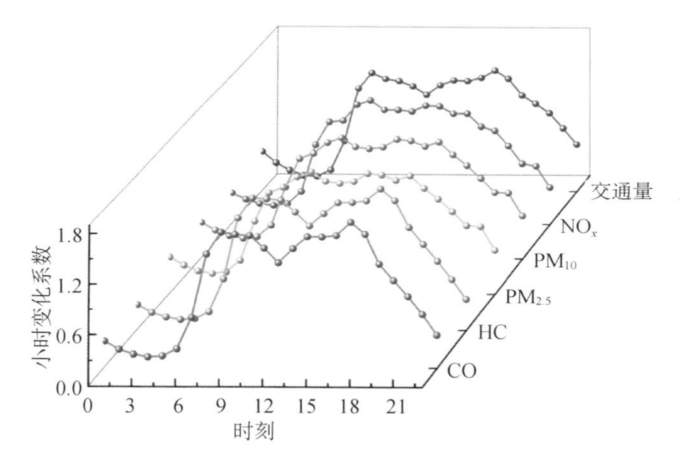

图 6-9 重庆市主城区绕城区域内 CO 和 NO_x 排放的小时变化系数

如图 6-10、图 6-11 所示，将重庆市主城区绕城区域分为内环线内区域和内环线外区域，分别进行了 CO，HC，NO_x，$PM_{2.5}$，PM_{10} 的 24 小时分车型排放变化特征分析。总体上，由于内环线内区域与外区域路网上交通量存在差异，内环线内区域道路排放强度高出内环线外区域 1～2 倍，其中，CO 和 NO_x 排放强度分别高出 1.75～2.51 倍、1.48～1.89 倍。

不同污染物的分车型排放贡献特征不同，并且不同车型的贡献均存在明显的 24 小时变化规律。轻型客车是 CO 和 HC 排放的主要贡献车型，无论是在内环线内区域还是外区域，轻型客车在白天对 CO 和 HC 排放贡献高达 75%，而在夜间下降至 40%～49%。对于 NO_x 排放，公共汽车和重型货车是 NO_x 排放的两个主要贡献车型。其中，受内环线内区域货车限行政策的影响，公交车是白天时段内 NO_x 排放的主要贡献者，

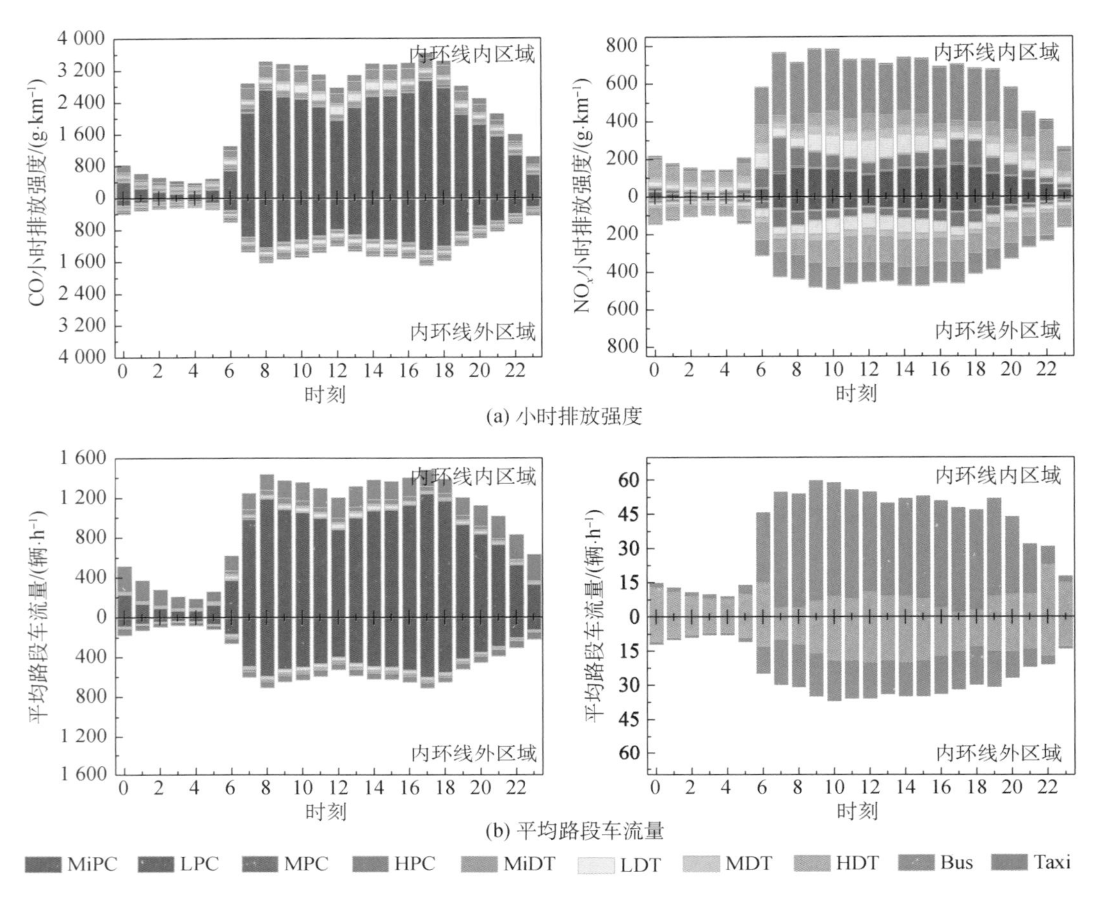

图 6-10　重庆市主城区绕城区域内 CO 和 NO_x 小时排放强度以及平均路段车流量的 24 小时变化

占比为 29.04%～45.20%，由此看来，在内环线内区域内，采取公交车电动化的排放控制措施至关重要。在夜间，随着货车限行时段的暂停，重型货车成为整个区域 NO_x 排放的主要贡献者，占比为 30.58～52.45%。这种具体到道路、污染物、车辆类型、时段的动态多变排放特征揭示，将直接为具体到对象的动态精准治理决策提供支撑。

在重庆，目前超过 98%的公交车使用的是天然气燃料。根据国Ⅲ～国Ⅴ排放标准，天然气公交车的 NO_x 排放系数为轻型客车的 93.2～219.3 倍，几乎相当于重型货车的排放量。因此，在未来几年，加快推进公交电动化将是改善重庆市机动车污染物排放的重要措施之一。可分阶段、分区域完成从天然气公交车到电动公交车的置换，重点推进新能源汽车(纯电动汽车、插电式混合动力汽车和燃料电池汽车)在公交、出租、公务、环卫、邮政、物流等公共服务领域的规模化、商业化应用，实现新能源汽车产业良性发展和转型升级。

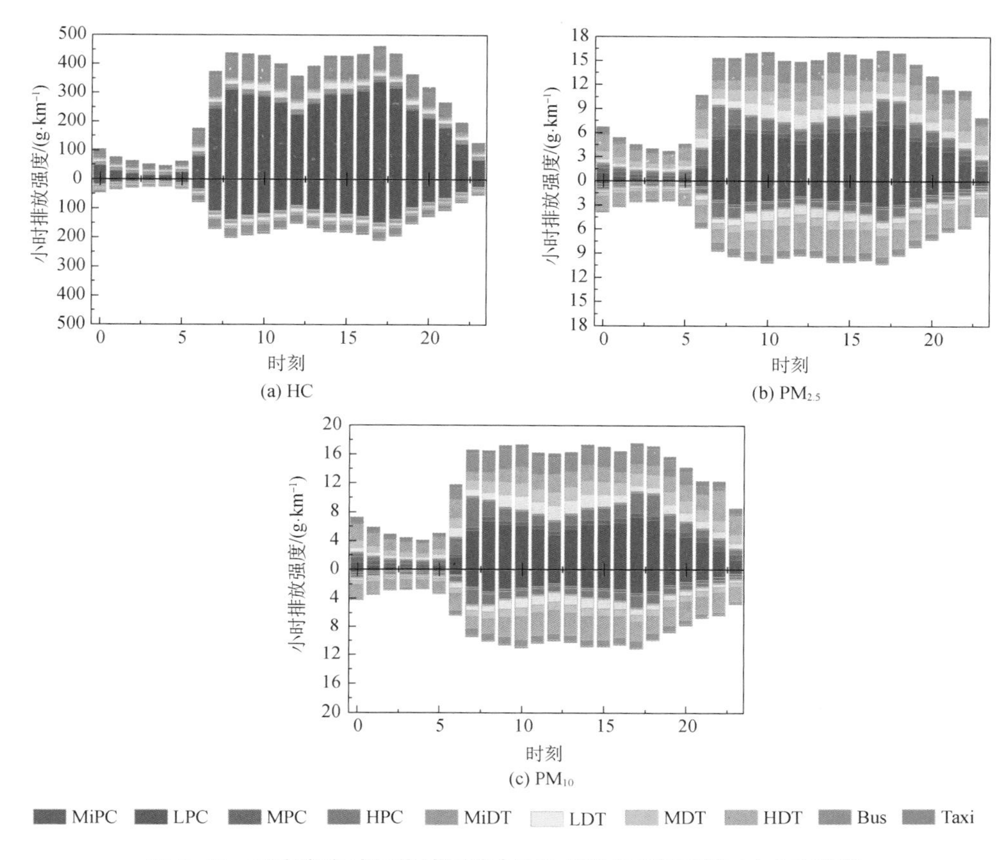

图 6-11 重庆市主城区绕城区域内平均路段排放强度的 24 小时变化

6.3 基于个体车辆数据的宣城市机动车排放清单

安徽省宣城市位于安徽省东南部，是苏浙沪三省交会区域，也是著名的历史文化名城，属于典型的中小型城市。作为新一代智能交通系统、交通大脑系统的示范城市[16]，宣城市交通监测网络可实现每天全域车辆出行的精准掌控，具有交通数据丰富、交通设施覆盖密集的显著优势，其电警式治安卡口覆盖率高达 76%，电警式卡口可以快速高效地检测出通过相应路段车辆的车牌号码、经过时间等信息。因此，宣城市是初步开展个体级车辆排放计算方法应用研究的最佳城市。基于宣城市中心城区电警式卡口过车数据采集，重构路网上车辆的行驶轨迹，实现了对单车动态排放轨迹的追踪，开展了单车排放特征、路网排放特征研究。

6.3.1 个体车辆出行排放轨迹特征

基于 2018 年 5—6 月的宣城市交通电警式治安卡口的过车记录数据，计算了

2018年5月10日至6月9日宣城市中心城区路网上每辆车每次出行轨迹的排放，实现了对宣城市41.5万辆车（其中，本地车13.3万辆，外地车28.2万辆）、4 806万条出行轨迹（其中，本地车4 224万条，外地车582万条）、2 986万km行驶里程（其中，本地车2 599万km，外地车387万km）的排放追踪，获得了高时空分辨率的排放结果以及个体车辆出行排放轨迹特征。

1. 单车排放档案构建

单车排放档案是指单车任一出行过程的排放轨迹库，单车排放档案的构建可实现对重点区域、时段的单车排放和相应贡献率的准确掌握。排放档案主体包括非营运车12.5万辆、出租车1 706辆、公交车74辆、公路客运车528辆、货运车3 818辆。档案信息包括车辆技术性能、单日和全月行驶里程数与排放贡献率、集中排放路段和时段。

以货运车辆皖PXXXX1为例，车款为华神DFD5161JSQ，是国Ⅲ排放标准的重型柴油车，排量为5.9 L，2018年5月16日单日行驶里程42.2 km，出行时间集中在凌晨1:00—6:00，出行轨迹多分布在中心区域的边界道路上（水阳江大道附近），单日NO_x排放贡献率达到0.22%，全月行驶里程695 km，全月NO_x排放贡献率为0.1%。

以公交车皖PXXXX2为例，车款为宇通ZK6108CHEVG2，是国Ⅳ排放标准的重型柴油车，排量为6.5 L，2018年5月16日单日行驶里程118 km，出行轨迹多分布在中心区域的交通热点附近路段，单日NO_x排放贡献率达到0.44%，全月行驶里程2 279 km，全月NO_x排放贡献率为0.21%。

2. 典型车辆单车排放轨迹特征

根据不同的车辆使用性质选取了4类典型车辆：出租车、公交车、货车和私家车，随机挑选5辆车辆，分析了其在典型工作日与非工作日的全天排放轨迹及其时空特征，被选为分析对象的各车详细参数如表6-3所示。

表6-3　研究车辆参数

车辆代码	使用性质	品牌型号	车辆类型	燃油类型	排放标准	排量
B	出租客运	大众SVW71612AH	小型客车	汽油	国Ⅴ	1.6 L
C	公交客运	宇通ZK6108CHEVG2	大型客车	柴油	国Ⅳ	6.5 L
D	货运	江铃全JX5033XXYTF-M5	轻型货车	柴油	国Ⅴ	2.0 L
E	货运	新飞XKC5313GFLB3	重型货车	柴油	国Ⅲ	9.7 L
F	私家车	名爵CSA7130MCS	小型客车	汽油	国Ⅳ	1.3 L

1）出租客运车辆

出租车B在典型工作日与非工作日的排放特征如图6-12所示。由图可知，空间上出租车运行范围较大，单日行驶路段可覆盖约51.9%的路网，典型工作日与非工作日的单日累计行驶里程分别为159.9 km和166.1 km；出租车的行驶路段多围绕医院、住宅小区等人员密集地区，交通热点附近路段平均车速较低导致其排放强度较高；该出租车通常固定时间运营且非工作日的营运时长较工作日略有减少，整体运营时间集中于06:00—24:00；由于该出租车在非工作日夜间运行次数较少，排放量的时间分布在非工作日呈现出明显的昼夜差异，CO的昼间排放量约为全天排放总量的86.7%。

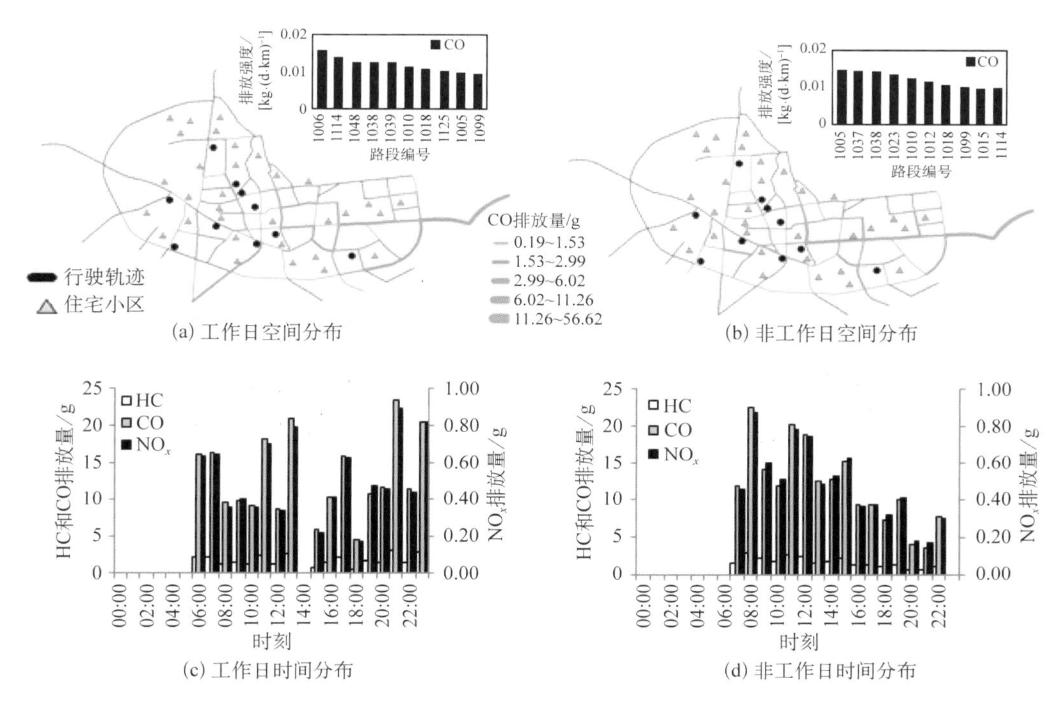

(a) 工作日空间分布 (b) 非工作日空间分布

(c) 工作日时间分布 (d) 非工作日时间分布

图6-12 出租车B全天排放的时空分布

公交车C在工作日与非工作日的排放特征如图6-13所示，二者无明显时空特征差异。与出租车的灵活性不同，公交车行驶路线基本固定。作为公共交通工具，需考虑其便民特性，因此路径规划时应尽可能涵盖住宅小区、医院、广场、学校等市民出行需求较大的场所，其中部分路段采取了往返路线不同的策略。该公交车的行驶路段可覆盖约26%的路网，约为出租车B的一半。由于该公交车非工作日较工作日提前1 h停止运营，工作日与非工作日的单日累计行驶里程分别为147 km和126 km，约为出租车的75.9%和91.9%。公交车C的工作日运营时间为5:00—20:00，非工作日为6:00—19:00，相比于出租车B减少了夜间工作时长。受路径固定的影响，各班次行驶路况条件极为相似，因此排放量的时间分布整体上也呈现出一定的周期性规律，以小时排放量为表征单位时循环周期约为5 h。将从始发站到终点站之间的一次完整行驶定义为单个班次，则单个班次运行排放的NO_x约占全天总排放量的8.9%。

2）轻型货运车辆

轻型货车D为蓝色牌照的不限行货车，可以在中心城区内行驶。轻型货车D的排放时空分布如图6-14所示，其停车点位附近多分布有大型超市、菜市场等，符合其短途

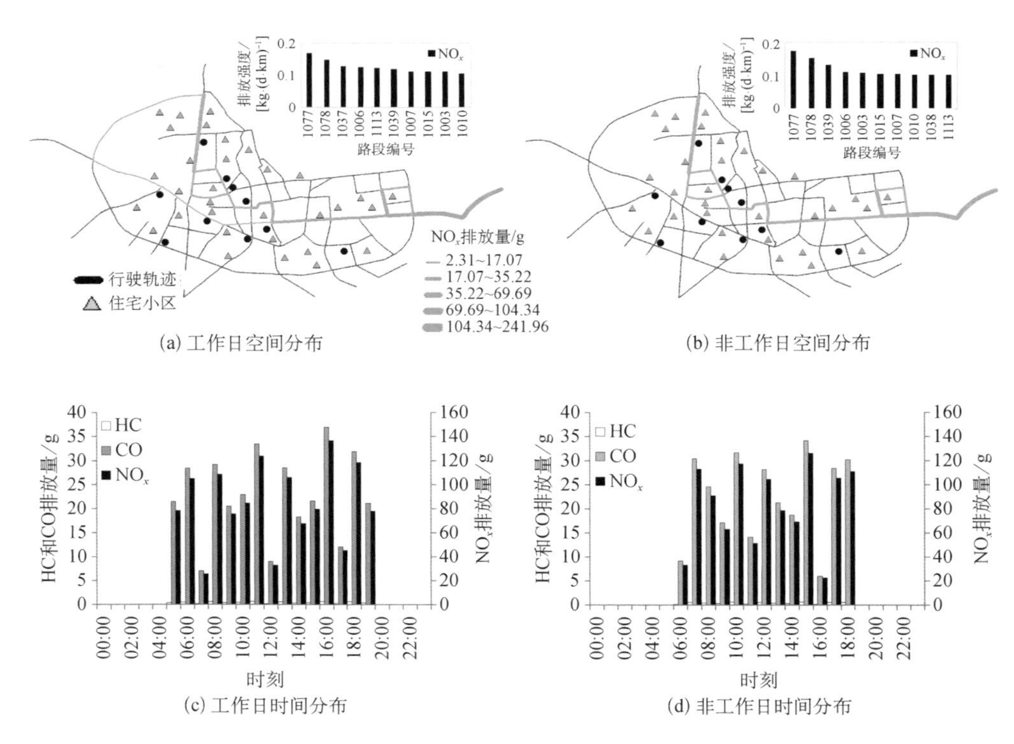

图 6-13　公交车 C 全天排放的时空分布

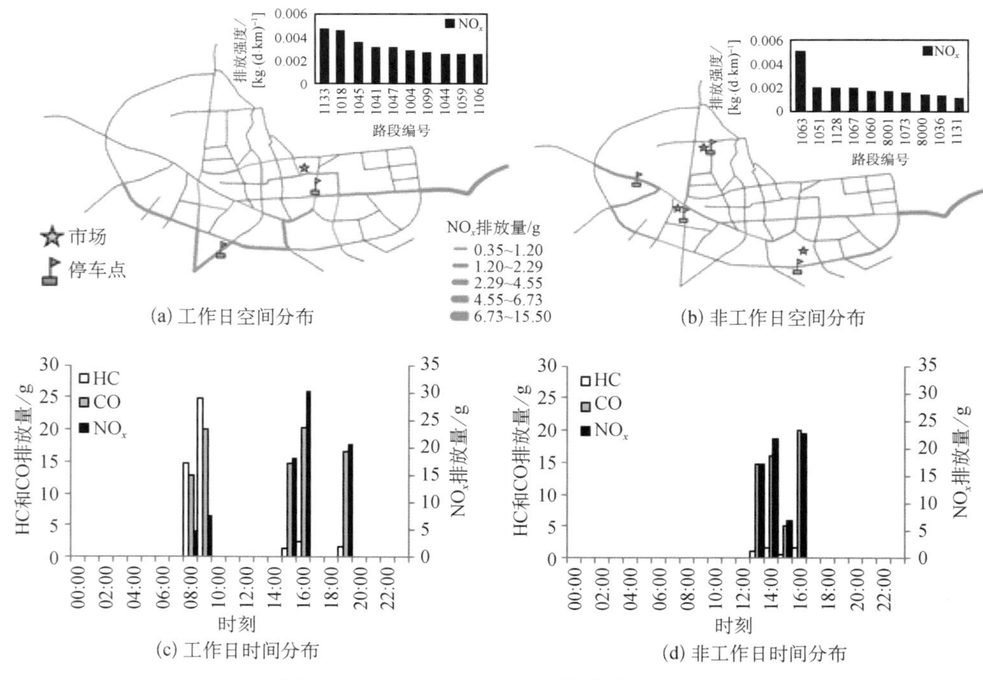

图 6-14　轻型货车 D 全天排放的时空分布

货物运输的特征，其出行轨迹根据货物运输需求的不同而变化。相较于工作日，非工作日轻型货车D的出行时长、出行次数和出行里程都有所下降，工作日与非工作日行驶路段的路网覆盖率分别为32.5%和25.2%，单日累计行驶里程分别为43.6 km和25.8 km，均明显低于出租车B和公交车C。该轻型货车的活动时间多为昼间，从全天来看，轻型货车的出行时间虽然也具有一定的随机性，但根据货物运输需求在一定时间范围内会集中出行，并且多选择错开早晚高峰出行，该轻型货车选择的出行时段有08:00—10:00,13:00—17:00以及19:00—20:00。

3）重型货运车辆

重型货车E的排放时空分布如图6-15所示。受限行政策影响，其活动范围多围绕中心城区外围的路网分布，由于多为过境车辆，工作日与非工作日在研究区域内的行驶路段仅占路网的14.8%和12.1%；其活动时间集中在01:00—07:00的凌晨时段，该重型货车在研究路网上于凌晨01:00—02:00行驶最为活跃，因此该时段NO_x排放量最高，分别占工作日与非工作日排放总量的59.2%和44.7%。受载重水平及排放标准等参数的影响，重型货车NO_x最高小时排放量约为轻型货车的2倍，与公交车相比，则仅占公交车NO_x最高小时排放量的45%，这是由于公交车反复启停导致路段平均车速偏低，且在1 h内几乎连续运行，而重型货车仅在1 h内的部分时段行驶。

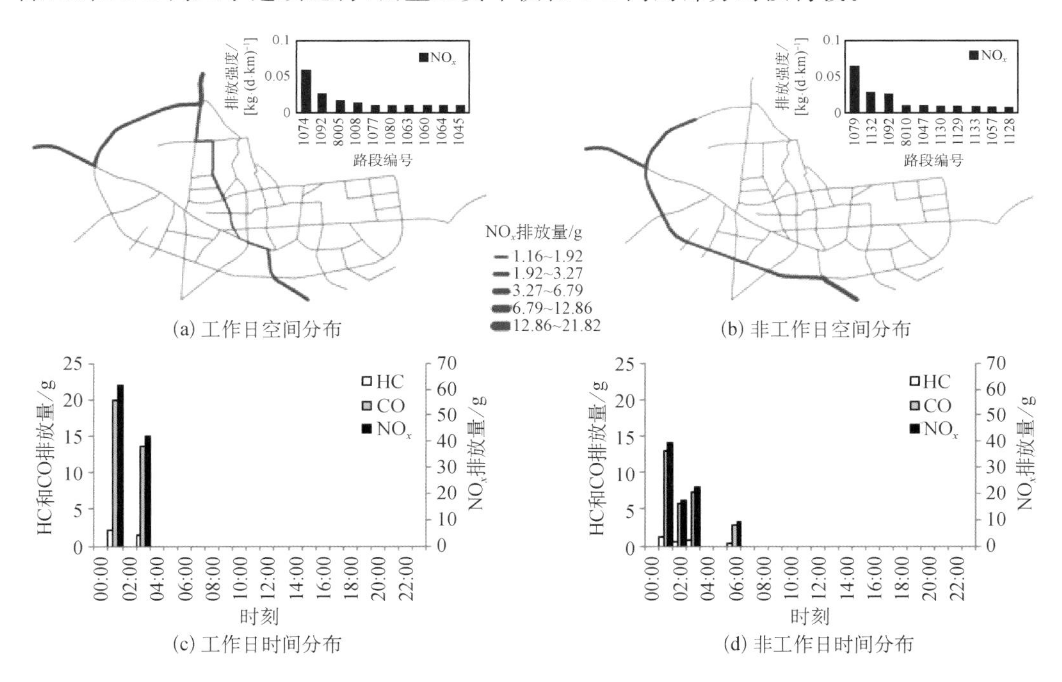

图6-15 重型货车E全天排放的时空分布

4）私家车

私家车F在典型非工作日2018年5月20日没有出行记录，其在典型工作日的排放轨迹呈现出明显的昼夜分界，因此分析时将该私家车在工作日昼间和夜间的排放轨迹分开进行讨论。由图 6-16 可以看出，该私家车行驶路线较为固定且昼间出发点与夜间返回点均为住宅小区所在区域，为典型的通勤车辆；运行路段覆盖约 9.0%的研究路网；工作日的单日累计行驶里程为 15.5 km；于 07:00—08:00 外出、17:00—18:00 返回住所完成整个通勤过程，且排放水平在两次行程中也较为稳定，往返过程中各占约 50%的工作日 CO 排放总量。

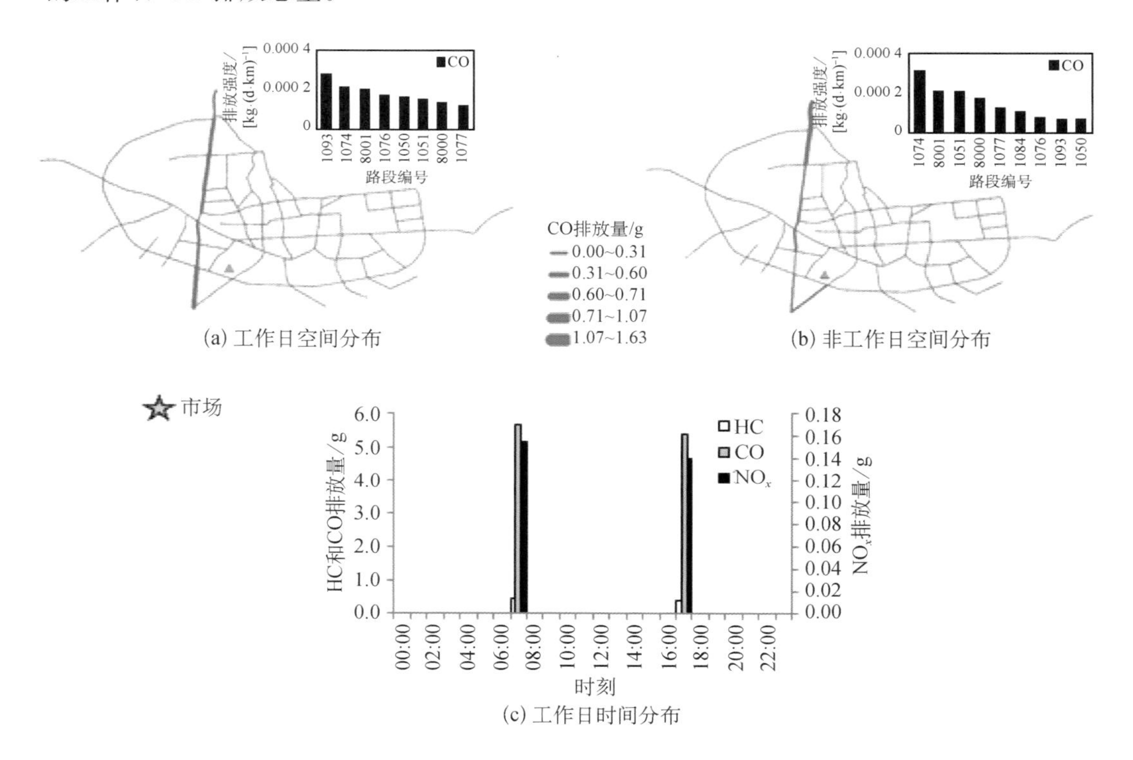

图 6-16　私家车 F 工作日昼夜排放的时空分布

总的来看，在出行特征方面，出租车、公交车及重型货车无明显工作日与非工作日差异，轻型货车工作日出行较为频繁，通勤类私家车非工作日无出行记录；货车和私家车单日累计行驶里程为出租车和公交车的 9.3%～27.3%。在空间分布上，出租车与公交车多围绕人群密集区域行驶，出租车轨迹随机，公交车路线固定；轻型货车根据货物运输需求围绕市场运行；重型货车受限行政策影响多分布于城区外围；私家车主要为通勤路线。在排放时间特征方面，出租车与公交车运营时段长且稳定，出租车排放的时间分布受不同路况等条件影响而呈现出随机特点，公交车排放随发车班次呈周期性分布；轻型货车排放多分布于昼间，而重型货车则倾向于凌晨出行；私家车在工作日呈现出昼出夜归的典型通勤特点。

6.3.2 路网排放量分析与验证

1. 路网排放与时空分布特征

基于以上个体车辆出行排放轨迹的计算结果，合计得到研究区域路网上 HC，CO，NO_x 三种污染物的日均排放总量分别为 94.2 kg，823.7 kg，372.9 kg；各污染物日均排放强度分别为 1.4 kg/(km·d)，11.9 kg/(km·d)，5.4 kg/(km·d)。本地车与外地车各污染物日均排放总量如表 6-4 所示，可见外地车的 HC 和 CO 排放占比分别为 10.2%和 12.2%，而 NO_x 排放占比高达 26.6%，这与经过宣城市中心城区的外地车主要为柴油货车有关。

表 6-4　各污染物日均排放量

污染物种类	HC	CO	NO_x
日均排放总量/kg	94.2	823.7	372.9
本地车日均排放量/kg	84.6	722.7	273.7
外地车日均排放量/kg	9.6	100.9	99.2
外地车日均排放量占比	10.2%	12.2%	26.6%

针对本地车与外地车不同的排放分布特征，分析其路网车辆数量分布、日均行驶里程分布和日均 NO_x 排放贡献率分布，如表 6-5—表 6-7 所示。由表可知，外地车与本地车中均是小型汽车的比重较大，并且小型汽车行驶里程占比超过了 96%，却仅贡献了约 18%的 NO_x 排放量；大型汽车贡献了超过 80%的 NO_x 排放，大型汽车是 NO_x 排放的主要来源。外地车的 NO_x 日均排放贡献率达到 25%，这是由于外地车中的大型汽车比重相较于本地车高出很多，而大型汽车的 NO_x 排放因子大。分析发现，宣城市中心城区的限行政策对大型货车的行驶进行了限制，而路网上出现的大型货车大多是从外围路网穿过的外地车辆。

表 6-5　全月全路网日均车辆数量分布

车辆类别	号牌种类	日均车辆数/辆	车辆数占比
本地车	01(大型汽车)	124	0.9%
	02(小型汽车)	4 165	31.1%
外地车	01(大型汽车)	1 695	12.7%
	02(小型汽车)	7 401	55.3%

表 6-6　全月全路网日均行驶里程分布

车辆类别	号牌种类	日均行驶里程/km	行驶里程占比
本地车	01(大型汽车)	640.2	2.0%
	02(小型汽车)	26 402.5	85.0%
外地车	01(大型汽车)	394.4	1.3%
	02(小型汽车)	3 633.7	11.7%

表 6-7　全月全路网日均 NO_x 排放贡献率分布

车辆类别	号牌种类	NO_x 日均排放量/kg	排放贡献率
本地车	01(大型汽车)	213.5	57.2%
	02(小型汽车)	60.2	16.1%
外地车	01(大型汽车)	93.2	25.0%
	02(小型汽车)	6.1	1.7%

选取典型工作日的最低及最高排放小时,利用地图可视化方法,得到排放强度路网空间分布特征(图 6-17、图 6-18)。

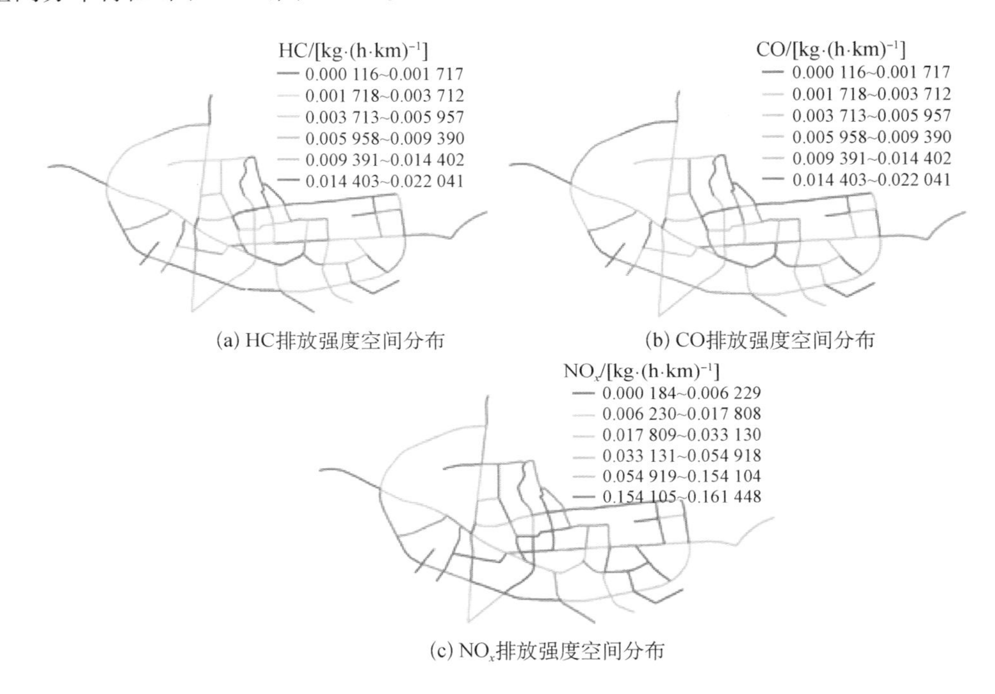

图 6-17　典型工作日最低排放小时(2018 年 5 月 16 日 02:00—03:00)机动车排放强度空间分布

计算周一至周日研究时间范围内的小时排放量平均值,其时变曲线如图 6-19 所示。由图可知,交通流量的逐小时变化趋势在工作日和非工作日有较大差异,以早晚时段中流量最大值所对应的小时表征早晚高峰,可以发现,工作日呈现出明显的早晚高峰现象,早高峰多出现在 07:00—08:00,而晚高峰多为 17:00—18:00;非工作日早晚高峰现象较工作日不明显,早高峰较工作日略有延迟,晚高峰基本一致;总体上工作日的早晚高峰日均流量分别比非工作日高出 21.3%与 9.9%,非工作日的日均平峰期流量略高于工作日,平均高出 3.7%。

2. 对比与验证

1) 路网排放总量对比与验证

为验证排放结果,对比了不同研究中主干道的日均排放强度,如表 6-8 所示。受城市发展水平影响，本研究（宣城）所得排放强度相较于其他两个城市（佛山、南京）整体较低，但总体上呈现出工作日排放强度略大于非工作日的现象，高出 3.0%～14.4%。其中，CO 和 HC 排放强度明显偏低，可能是由于本研究仅面向宣城市中心城区，且该区域对摩托车限行。而 Liu 等[13]的研究指出，摩托车是 CO 和 HC 排放的主要来源，这一因素可能是导致 CO 和 HC 排放强度较佛山市偏低的原因。宣城市中心城区各污染物排放强度整体偏低，为佛山、南京等经济较发达城市的 8.4%～28.3%。

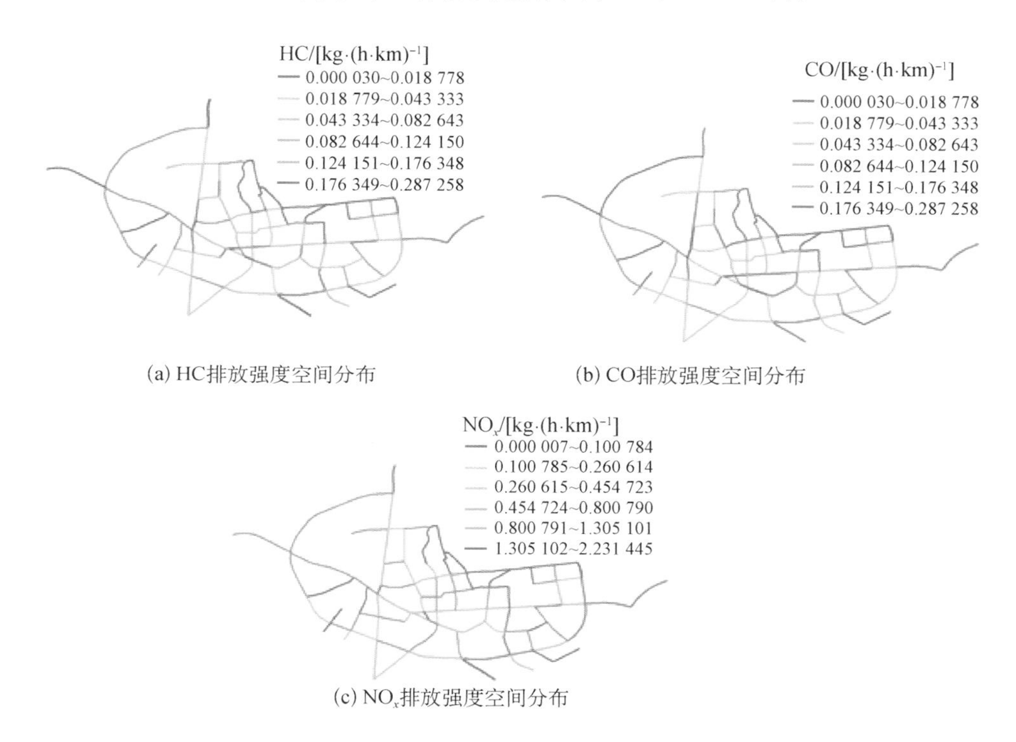

图 6-18 典型工作日最高排放小时(2018 年 5 月 16 日 08:00—09:00)机动车排放强度空间分布

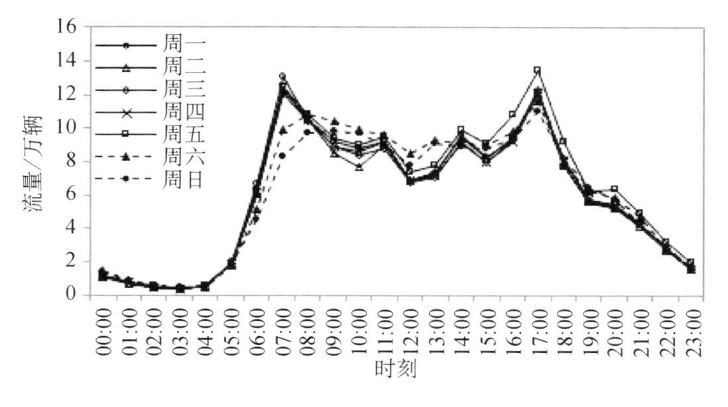

图 6-19 一周小时交通流量变化特征

表 6-8　主干道日均排放强度对比

来源	城市	日期	日均排放强度/[kg·(d·km)$^{-1}$]		
			HC	CO	NO_x
本研究	宣城	工作日	1.31	11.58	5.49
		非工作日	1.27	11.24	4.80
Liu 等[13]	佛山	工作日	15.6	90.7	19.4
		非工作日	14.6	85.0	17.8
Zhang 等[17]	南京	未区分	—	—	20.16

2）路网排放量时变特征对比与验证

由上文可知，工作日和非工作日的交通流量特征有较大差异。取流量逐小时变化趋势与月均曲线较吻合且在同一周内的 2018 年 5 月 16 日（周三）及 2018 年 5 月 20 日（周日）作为典型工作日及非工作日，分析两个特征日各污染物逐小时排放曲线，如图 6-20 所示。

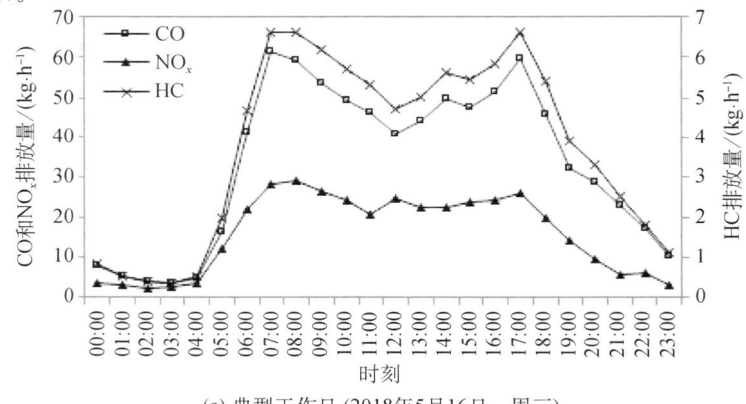

(a) 典型工作日 (2018年5月16日，周三)

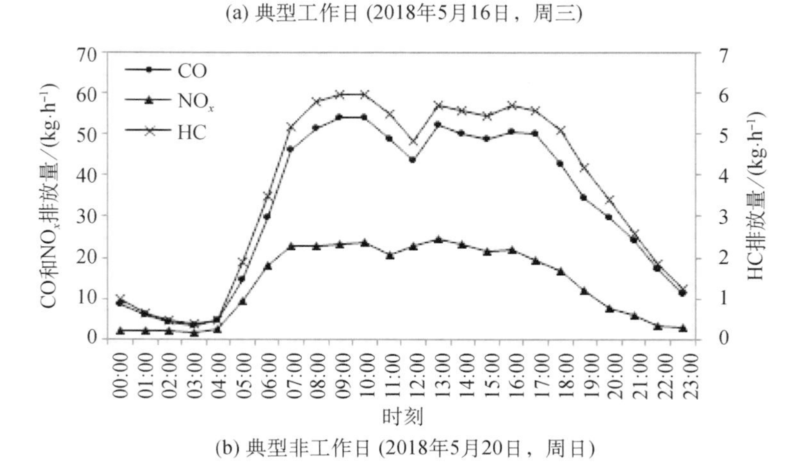

(b) 典型非工作日 (2018年5月20日，周日)

图 6-20　各污染物逐小时排放曲线

从图 6-20 中可以发现，工作日与非工作日各污染物的日间排放总量占全天总排放量的 79.4%～84.4%。此外受交通流量典型日变化、工作日与非工作日差异的影响，工作日与非工作日的排放特征也有明显差异，工作日早晚排放高峰现象明显，集中分布在 07:00—08:00 以及 17:00；非工作日各污染物早晚排放高峰差异化分布于 08:00—10:00 和 16:00—17:00，早晚高峰排放现象相较于工作日不明显。HC，CO，NO_x 在典型工作日的早晚高峰小时排放量比典型非工作日高出 10.7%～23.2%，因此将工作日与非工作日分开进行讨论。

3）路网排放强度时变特征对比与验证

从时间维度，对比典型工作日 02:00—03:00 及 08:00—09:00 的小时排放强度，HC，CO，NO_x 的最大路段排放强度在 02:00—03:00 分别为 0.02 kg/(h・km)，0.24 kg/(h・km)，0.34 kg/(h・km)；在 08:00—09:00 分别为 0.29 kg/(h・km)，3.19 kg/(h・km)，2.23 kg/(h・km)，分别为 02:00—03:00 的 14.5 倍、13.3 倍、6.6 倍，可见道路排放强度在一天中的小时变化显著。

从空间角度，无论是最低还是最高排放小时，各污染物的高排放强度区域都呈现出相似的分布特征，即除了因交通流量、路况条件导致排放水平一直较高的部分路段外，HC 和 CO 高排放强度区域集中在路网中心区域，而 NO_x 则更倾向于分布在外围路网。这可能是由于 HC 和 CO 排放的主要来源为出租车和轻型客车，其行驶轨迹多围绕交通热点密集的中心路网分布；而重型货车作为 NO_x 排放的主要来源，受限行政策影响，其多活动于外围路网。此外，对比 02:00—03:00 及 08:00—09:00 的 NO_x 排放强度分布可以发现，随着昼间公交车开始运行，公交车线路密集的路网中心区域 NO_x 排放强度有了明显的增强。

6.4 小结

本章通过三个案例，详细介绍了区域、道路（路网）、个体车辆三个尺度上的道路交通尾气排放清单研究。第一个案例，基于宏观车辆数据的广东省机动车排放清单，揭示了 1994—2014 年广东省（珠三角和非珠三角地区）机动车 CO，VOCs，NO_x，$PM_{2.5}$ 和 PM_{10} 排放的年度变化特征及分车型排放贡献率的规律。第二个案例，以佛山市、重庆市、深圳市为例，分别介绍了基于交通卡口视频监测数据、基于 RFID 电子车牌监测数据两种不同数据源的动态路网排放清单建立，揭示了更为精细的路网区域内动态车辆排放的空间分布特征及 24 小时变化特征。第三个案例，基于个体车辆数据的宣城市机动车排放清单，实现了路网全量个体车辆出行过程的排放轨迹计算，揭示了细至任一车辆任一出行过程的排放特征。

参考文献

[1] Cai H, Xie S. Estimation of vehicular emission inventories in China from 1980 to 2005[J]. Atmospheric Environment, 2007, 41(39): 8963-8979.

[2] 清华大学,中国环境科学研究院. 道路机动车大气污染物排放清单编制技术指南[R/OL]. http://www.mep.gov.cn/gkml/hbb/bgg/201501/W020150107594587831090.pdf,2015.

[3] 中华人民共和国公安部. 道路交通管理机动车类型:GA 802—2019[S]. 北京:中国标准出版社,2019.

[4] 中华人民共和国商务部,国家发展和改革委员会,中华人民共和国公安部,等. 机动车强制报废标准规定[S]. 北京,2012.

[5] 国家环境保护总局. 摩托车排气污染物排放限值及测量方法(工况法):GB 14622—2002[S]. 北京,2002.

[6] 国家环境保护总局. 轻型汽车污染物排放限值及测量方法(中国Ⅲ、Ⅳ阶段):GB 18352.3—2005[S]. 北京:中国标准出版社,2005.

[7] 国家标准化管理委员会. 车用柴油:GB 19147—2009[S]. 北京:中国标准出版社,2010.

[8] 中华人民共和国国家质量监督检验检疫总局,中国国家标准化管理委员会. 车用柴油(Ⅳ):GB 19147—2013f[S]. 北京:中国标准出版社,2013.

[9] 国家环境保护总局. 车用压燃式、气体燃料点燃式发动机与汽车排气污染物排放限值及测量方法(中国Ⅲ、Ⅳ、Ⅴ阶段):GB 17691—2005[S]. 北京:中国环境科学出版社,2005.

[10] 姚志良,张明辉,王新彤,等. 中国典型城市机动车排放演变趋势[J]. 中国环境科学,2012,32(9):1565-1573.

[11] Lang J, Cheng S, Zhou Y, et al. Air pollutant emissions from on road vehicles in China, 1999-2011[J]. Science of the Total Environment, 2014, 496: 1-10.

[12] 深圳市人民政府. 我市警方推出六项举措加大禁摩力度[N/OL]. http://www.sz.gov.cn/cn/xxgk/zwdt/200611/t20061122_108280.htm,2006.

[13] Liu Y H, Ma J L, Li L, et al. A high temporal-spatial vehicle emission inventory based on detailed hourly traffic data in a medium-sized city of China[J]. Environmental Pollution, 2018, 236: 324-333.

[14] Huy L N, Oanh N T K, Htut T T, et al. Emission inventory for on-road traffic fleets in Greater Yangon, Myanmar[J]. Atmospheric Pollution Research, 2020, 11(4): 702-713.

[15] Ding H, Cai M, Lin X, et al. RTVEMVS: Real-time modeling and visualization system for vehicle emissions on an urban road network [J]. Journal of Cleaner Production, 2021, 309: 127166.

[16] 林颖,丁卉,刘永红,等. 基于车辆身份检测数据的单车排放轨迹研究[J]. 中国环境科学,2019,39(12):4929-4940.

[17] Zhang S J, Niu T L, Wu Y, et al. Fine-grained vehicle emission management using intelligent transportation system data[J]. Environmental Pollution, 2018, 241:1027-1037.

7 道路交通排放实时监测系统平台研发

本章在大数据驱动道路交通尾气排放量化技术方法研究基础上，开展了实时监测与可视化系统平台技术的研发，以支撑交通尾气排放污染防控的快速精准响应。基于交通环境大数据的实时接入，结合排放污染模拟模型的实时建模，研发了动态排放污染地图可视化技术、高排放对象智能识别技术等，在大数据、云计算、物联网、3S等技术支撑下，建立了支撑交通排放污染精准防控的实时监测系统平台，使得道路交通尾气排放得以实时量化展示。

选取重庆市、佛山市为典型城市，利用实时监测系统平台技术，分别建立了重庆市交通排放实时监测与综合分析系统、佛山市路网机动车动态排放分析系统和佛山市南海区机动车尾气精细防控决策支撑平台，并将其应用于重庆市、佛山市、南海区机动车排放的实时监测与防控决策工作中。通过三个案例应用，展示了交通排放实时监测系统平台的实时性、可扩展性、普适性与可操作性，为城市交通尾气污染监管、治理与评估工作提供科学合理的数据和技术支撑。

7.1 道路交通排放实时监测系统平台开发背景与意义

7.1.1 开发背景

党中央、国务院高度重视生态文明建设。党的十九大将生态文明建设作为中华民族永续发展的千年大计，将其纳入中国特色社会主义事业“五位一体”总体布局，作出“持续实施大气污染防治行动，打赢蓝天保卫战”的重大决策部署。在后疫情时代，全国生态环境保护大会提出“更加突出精准治污、科学治污、依法治污”“深入打好污染防治攻坚战”及“推进生态环境治理体系和治理能力现代化”的要求。

因快速工业化和城市化，我国目前的大气污染排放源体系技术构成最复杂、时空变化最迅速，对排放计算技术在准确定量、及时更新和高分辨率方面提出了全面、巨大的挑战。开发道路交通排放实时监测系统平台是国家空气污染精细化治理的需要，只有更好地掌握城市路段空气污染的实时状况，才能更有针对性地提出治理方案[1]。此外，得益于智能交通系统和大数据技术的发展，交通信息采集技术体系日臻成熟完善，产生以GB级别增长的海量、实时、异构交通大数据，用于对道路交通状态进行多角度感知和调控。多源交通数据为获取实时交通动态信息提供了便利条件，使得实时监测系统平台的建立成为可能[2]。

7.1.2 开发意义

随着大数据技术的发展，数据的获取难度大大降低，数据量剧增，为机动车污染防治提供了全新的途径。开发城市道路交通排放实时监测系统平台具有重大现实意义。

(1) 加强机动车排气污染的环境监管。交通排放实时监测系统平台能够实时获得不同区域不同路段的车流量、车速、车队构成、排放量等信息，可快速了解周边污染源状况、定量掌握交通排放特征、实时监测分析排放量、评估交通环境影响效益。同时可对数据进行二次利用,进行治理政策的分析和评估,为交通和环境政策的制定与实施提供支持,加强机动车排气污染的环境监管。

(2) 促进环保行业的生态环境大数据建设。符合并践行"综合交通、智慧交通、绿色交通、平安交通"的发展理念,立足于交通运输发展的阶段性特征,更好地实现交通运输科学发展,有助于促进新一代智能交通系统的建设。交通排放实时监测系统平台从区域尺度上实现了对各城市机动车排放量的准确量化,从时间尺度上实现了对过去和现在的污染状况的分析和评估,实现了多尺度、高时空分辨率的交通源评估和决策。

(3) 提高公众对城市交通环境管理参与度。通过对交通环境监测数据进行采集、组织、整理、分析与发布,建立交通排放实时监测发布平台,满足公众对所处环境质量的知情权,使公众对环境质量与污染治理从浅层了解走向深度参与,提高社会全体的环境保护意识。

7.2 道路交通排放实时监测系统平台开发

交通排放实时监测系统平台开发主要包括:交通环境大数据的采集、存储,建立自动调用规则;建立多变量、多维度的交通排放信息动态计算集成与可视化方法;完成路网交通排放分析平台功能设计、开发及测试。

7.2.1 技术路线

技术路线的选择以成熟可靠为首要考虑条件,务求保证软件系统长时间无故障稳定运行。交通排放实时监测系统平台是基于 B/S(Browser/Server,浏览器/服务器模式)和 C/S(Client/Server,客户/服务器模式)相结合的 Web 应用程序研发的,主要包括实时数据对接、实时计算、功能集成三大模块。使用专业的商业数据库软件对数据进行存储,方便系统用户对数据进行查询、搜索、同步、分析等操作,提供功能完整、便利可信的高效率智能数据平台,满足各类数据需求。

1. B/S 多结构设计思路

B/S 结构是 Web 兴起后的一种网络结构模式,Web 浏览器是客户端最主要的应用软件。这种模式统一了客户端,将系统功能实现的核心部分集中到服务器上,简化了系统的开发、维护和使用[3]。

客户机上只要安装一个浏览器(Browser),如 Internet Explorer,在服务器上安装 SQL Server,Oracle,Sybase 或 Informix 等数据库。浏览器通过 Web Server 与数据库进行数据交互。这样就大大降低了客户端电脑载荷,减轻了系统维护与升级的成本和工作量,降低了用户的总体成本。

考虑到目前无论是交通部门和环保部门的信息化办公还是社会公众对计算机的使

用都是以 Microsoft Windows 平台为主，而本项目设计的系统一方面面向环境监测人员的管理使用，另一方面面向公众的有关环境数据的发布服务。B/S 架构本身亦极大地方便用户通过客户端对系统进行访问和使用，使得整个系统与 Windows 操作系统兼容性较好，最大限度保障了系统的实用性和易用性。

2. Microsoft . Net Framework

平台采用 Microsoft . Net Framework 作为主要的技术框架，. Net Framework 具有如下优点：

(1) 框架成熟稳定。自 2002 年发布 1.0 版本以来，. Net Framework 经历了多次里程碑式的版本更新，目前最新版的. Net Framework 4.5 发布于 2010 年 4 月。经过近 10 年的发展，. Net Framework 已经非常成熟可靠，逐渐成为 Microsoft Windows 操作系统环境下各类信息系统开发项目的首选技术。

(2) 开发周期短。. Net Framework 开发采用完全面向对象的标准，并在框架层面提供了海量的基础类的库供开发者调用，大大缩短了开发周期，可实现更有效的开发成本控制。另外，MSMQ，. Net Remoting，XML Service 技术在. Net 框架中的完美支持，为开发更复杂、更高效的分布式海量数据处理系统提供了良好的技术基础。

3. Microsoft SQL Server

Microsoft SQL Server 系列产品在 Microsoft 的数据平台上发布，帮助用户随时随地管理任何数据[4]，可以将结构化、半结构化和非结构化文档的数据（例如图像和音乐）直接存储到数据库中[5]。SQL Server 提供了一系列丰富的集成服务，可以对数据进行查询、搜索、同步、报告和分析等操作。数据可以存储在各种设备上，从数据中心最大的服务器一直到桌面计算机和移动设备。

SQL Server 允许用户在使用 Microsoft . NET 和 Visual Studio 开发的自定义应用程序中使用数据，在面向服务的架构（Service-Oriented Architecture，SOA）和通过 Microsoft BizTalk Server 进行的业务流程中使用数据。由于与 Microsoft 其他产品紧密集成，信息工作人员可以通过日常使用的工具直接访问数据。SQL Server 提供了一个可信的高效率智能数据平台，可以满足各类数据需求。

在考虑数据存储要求的前提下，与 Oracle 等其他大中型关系数据库系统软件相比，SQL Server 在部署总成本（硬件性能要求和软件授权费）、软硬件平台性能利用率以及维护工作的方便性等方面存在较大的优势；与 MySQL 等开源关系数据库相比，在功能完整性、备份、同步、各类管理的便利性以及技术支持方面，SQL Server 全面占优。

综上，基于平台数据存储和访问需求、建设成本、管理维护成本等多方面的综合考虑，选用 Microsoft SQL Server 作为平台主要的关系数据库是最优选择。

7.2.2 系统平台架构

交通排放实时监测系统平台架构如图 7-1 所示。

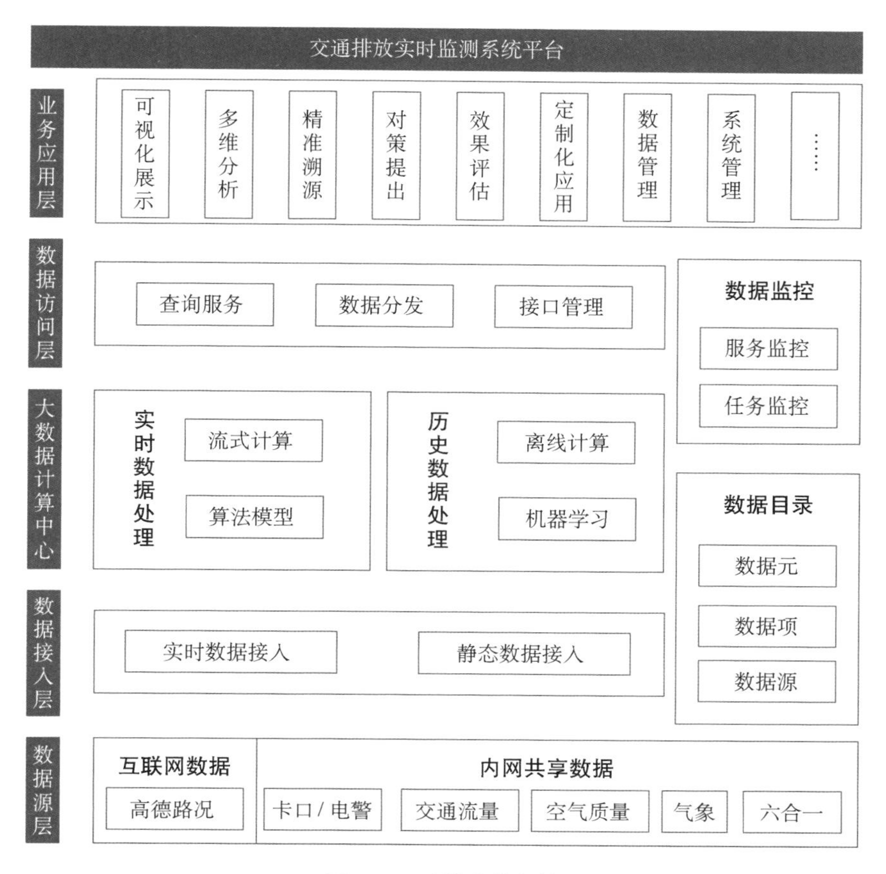

图 7-1　系统总体架构

主要组件简述如下：

(1) 数据源层：数据主要来源于互联网和合作单位内网共享数据。合作单位内网共享数据主要包括道路监控视频、卡口记录、交通流量等交通流数据，空气质量、气象等环境数据，六合一等车辆信息数据。互联网数据主要为高德开放平台的路况数据。

(2) 数据接入层：统一数据进口，将数据传输规范化、标准化、统一化，将各子系统/模块之间的数据孤岛联通。通过数据接入引擎将实时数据与静态数据接入 SQL 数据库内，与子系统/模块互联互通，达到数据传输同步、规范与一致。

(3) 大数据计算中心：主要由数据存储和数据处理两部分组成。数据存储采用的是主流的关系数据库 SQL Server 2012，该数据库引擎可提供安全可靠的存储、快速备份与恢复以及大数据的管理，保障平台数据交互的扩散能力。数据处理由实时数据处理与历史数据处理两种处理方法组成。实时数据处理包括流式计算与算法模型两种计算方法，其中，算法模型可根据不同的需求进行选择，包括但不限于本地化排放因子修正模型[6]、动态路网排放计算模型[7]、CALINE4 扩散模型[8]、路网流量推算模型、

AERMOD污染扩散溯源模型[9]以及一系列统计学模型。历史数据处理包括离线计算与机器学习两种计算方法，其中，机器学习主要分为概念学习、规则学习、函数学习、类别学习、贝叶斯网络学习等五类学习方法[10]。

(4) 数据访问层：统一数据出口，实现多元化数据的互融互通，与用户使用平台无缝衔接。数据访问服务主要面向平台应用，如具有统计、分析等功能的应用，提供轻便的数据调用接口。

(5) 数据管理：主要由数据监控和数据目录两部分组成。数据监控由数据接入任务监控、数据调用情况监控、服务器使用情况监控等部分组成。数据目录由数据元管理、数据项管理、数据源管理等部分组成。

(6) 业务应用层：主要分为基础应用、定制化应用以及系统应用三部分。基础应用主要包括可视化展示、多维分析、精准溯源、对策提出、效果评估。定制化应用可根据平台用户需求进行个性化的添加。系统应用主要包括数据管理与系统管理。

7.2.3 系统平台特点

系统平台主要有以下技术特点：

(1) 实时性：数据实时接入，同时进行实时计算，实时可视化展示，平台快速分析响应。

地图可视化是有效传输与表达地理信息，挖掘空间数据之间的内在联系，揭示地理现象内在规律的重要手段。地图作为一种信息载体，是地理信息的一种图形表达方式，以符号、文字、图形等形式表示空间数据的位置、形态、分布和动态变化的信息，表达其在空间、几何和时间上的关系。

平台基于GIS地图渲染，从动态排放、交通状况、空气质量、气象等多维度实时展示路网机动车的排放、流量情况。平台大数据计算中心在实时运行环境下得到排放及污染浓度结果，利用动态地图展示技术，在Web界面上实时展示路网交通出行或排放状况、范围内及周边空气质量国控监测站点的分布情况以及实时空气质量状况，在地图两侧以图表的形式直观展示常用的统计分析结果。由于交通等随时间变化的特征明显，故时间粒度通常以小时或其他更小时间尺度来衡量。

(2) 精准化：数据分析精细化，精准识别高污染的道路、车型。

精准溯源应用可以实现排放污染影响的关键道路筛查，筛查结果可为交通排放的精准防控提供直接依据。平台可以将区域中某一空间关注点周边每一条道路的排放结果和污染结果进行对比，筛选最高排放道路以及最高污染道路，实时展示排名前十的道路，并对路网中高排放、高污染影响道路进行实时动态跟踪。根据模型的实时计算结果，对不同道路排放的污染影响结果进行比较，确定污染影响最大的道路，标记为高污染影响路段，平台自动将贡献排名前五的道路设置为关键道路，同时识别这些关键道路上不同车型的车辆排放贡献率。

(3) 智能化:智能提取数据特征,进行污染的精准溯源,并提出相应对策以及实施效果评估。

对国内典型城市(北京、广州、上海等)与国外典型国家和地区(美国、欧盟、日本等)机动车污染防治经验进行分析,总结归纳国内外机动车污染管控措施和排放控制技术,并针对当地机动车排放情况,建立适合当地的对策措施库。当大数据计算中心完成实时数据计算时,对关键道路的排放和路况进行分析,模拟不同措施下机动车车队构成的变化并对削减效果进行评估,最终选取最优的控制措施进行输出。同时为了评估措施效果,还会通过统计图形实时、准确、动态地展示各类管控措施实施前后的对比情况。

(4) 稳定性:平台用户与数据管理集中,维护简单便捷,系统运行稳定。

对于实时数据接入,可做到对缺失数据的识别,每隔半小时自动进行数据识别与回补,平台将记录数据的接入情况及回补情况,实时展示各项数据源的最新接入情况及其在线状态,并且提供导出供能,方便进一步进行人工分析。平台提供对用户归属组织单位的管理功能,可以对每个角色、用户组的权限、职责进行设置。平台在硬件满足最低条件的基础上进行测试,在百级并发用户的情况下,业务操作响应时间小于 3 s,实时查询时间小于 5 s。系统在 7×24 h 连续运行条件下,其可靠性达到 99%。

(5) 普适性:平台普遍地适用于不同的应用场景,可以满足不同地区用户的各种需求。

根据用户需求,平台还可接入其他数据源,针对不同来源或格式的数据,平台具有统一规范的数据接入及转换模块,可自动对接入数据按照平台要求进行整理,形成统一的数据格式;可根据用户要求,添加定制化应用,如高排放车辆分析、本地化排放因子对比、重点区域尾气排放动态监测等应用。

7.3 道路交通排放监测系统平台应用案例

7.3.1 重庆市交通排放实时监测与智能分析系统

该系统平台由重庆市机动车排气污染管理中心委托开发,是国内首个大区域道路交通排放实时监测与智能分析平台,现已业务化运行。系统覆盖了重庆市中心城区,计算路段 1 602 个(图 7-2)。平台实时接入了 6 类数据,包括近 1 000 个卡口的电警式卡口数据、109 个路段的速度数据、362 G 交通流量数据、重庆市 17 个国控点空气质量数据、39 MB 气象数据,并集成了路网排放模型和线源扩散模型,使得系统具备逐路段污染物排放量计算、全区域和测点周边 1～3 km 范围内污染溯源的功能,可以快速响应用户的各项需求,实时数据可视化展示。系统平台部署在重庆市生态环境信息中心的大屏上,自 2019 年 4 月起投入业务应用,稳定运行至今,有力提升了重庆市机动车尾气污染精准监管和防治决策研判能力。随着系统业务化运行成效凸显,系统平台逐步增加了非道路移动机械和船舶移动源排放计算与溯源分析功能,形成了重庆市移动源智能计算与分析平台。限于篇幅关系，本节仅阐述道路交通移动源排放计算与分析功能。

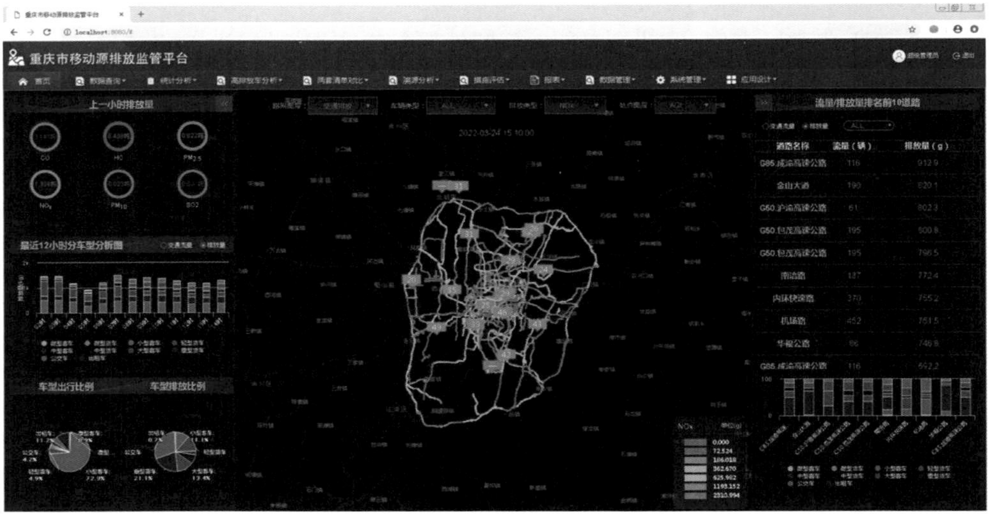

图 7-2　重庆市移动源排放监管平台首页

平台主要功能包括高排放车辆分析、道路与移动源整体溯源分析、城市与站点污染物溯源分析、城市与站点污染防控措施评估、污染源轨迹分析以及各项数据的统计分析。平台自投入使用以来，准确筛查了 128 个路段和桥隧在白天和夜间的排放黑点，成功捕捉了 30 辆高排放柴油车辆的重点出行路段。平台长期用于日常空气质量会商，成功捕捉和研判了 10 余次高 NO_2 空气污染事件，为推动"一点一策"、市-区-镇-街多级联动防治模式提供了重要科技支撑。平台为重庆市"纯电动公交车出租车推广应用""主城区高排放车辆限行""中心城区高峰时段桥隧错峰通行"政策制定和顺利实施提供了关键数据与技术支撑，在重庆市打赢蓝天保卫战中取得了重要成果。

1. 平台首页：交通-排放-浓度数据实时展示

重庆市移动源排放监管平台首页分为六大模块，如图 7-2 所示。首页中间的路网为最主要的展示部分，通过中间路网可观察当前时刻重庆市中心城区路网排放/流量情况与 17 个国控点情况，通过路网上方的下拉框可以选择展示任意时刻的数据，还可切换展示路网排放/流量数据、路网车辆类型数据、路网污染种类数据，以及切换国控点展示空气质量指数（Air Quality Index，AQI）或各种污染物的数据；首页左侧的表格由三部分数据组成，从上往下依次为上一小时的排放情况、最近 12 小时的车型流量/排放情况、当前时刻的车型流量/排放比例；首页右侧为当前时刻的重点道路情况，主要展示流量/排放排名前十的道路排放/流量信息，通过表格上方的下拉框可对车辆类型进行选择，展示指定车型流量/排放排名前十的道路排放/流量信息，表格下方为流量/排放排名前十的道路的车型比例图；最后一个部分是首页顶部的导航栏，通过导航栏可进入系统的各个子模块，根据用户的不同需求可选择不同的模块进行数据的统计、计算以及分析。

2. 高排放、高影响道路与车辆的实时诊断

该功能主要是在不同气象条件下，逐时、逐区域识别诊断排放影响较大的道路和车辆，为在线研制精细化的交通管理措施提供决策支持。以 2020 年 8 月 17 日为例，平台上监测的典型时刻（早高峰时刻 8:00、晚高峰时刻 17:00、夜间时刻 0:00 和午间时刻 12:00）重庆市路网 NO_x 排放情况如图 7-3 所示，图中展示了车辆小时排放量的空间分布特征。红色表示较高的排放路段，红色颜色越深表示排放越高。绿色表示较低的排放路段，绿色颜色越深表示排放越低。据此诊断发现，交通高峰期的 NO_x 排放高于夜间，连接环城高速公路和内部道路的道路 NO_x 排放量高于其他道路。平台截图地图右侧显示了相应时间内排名前十的高排放道路信息。这些道路大多是连接环城高速公路和内部道路的干线道路。另外，由于交通的时变性，每小时的道路排名结果略有不同。

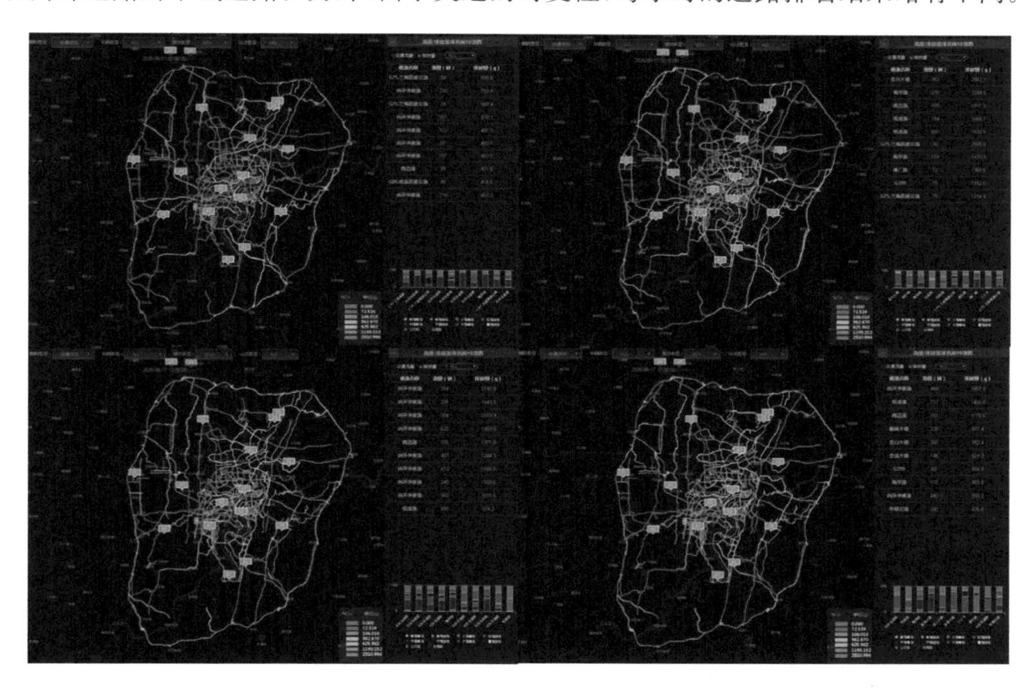

图 7-3 2020 年 8 月 17 日典型时刻(0:00,8:00,12:00,17:00)重庆绕城高速公路路网 NO_x 排放的空间分布

图 7-4 展示了 2020 年 8 月 17 日 0:00—23:00 所有道路 NO_x 平均排放的 24 小时结果（按车辆类型细分）。总体而言，高 NO_x 排放主要发生在交通高峰时间（7:00—10:00 和 17:00—19:00）。NO_x 排放在下午（14:00—15:00）不算很低，在夜间（0:00—5:00）排放最低。在白天时段，公交车和重型货车是 NO_x 排放的主要贡献者，其次是大型客车。在夜间时段，由于出行量的减少，公交车和重型客车的排放贡献率较低，而重型货车成为主要贡献者。

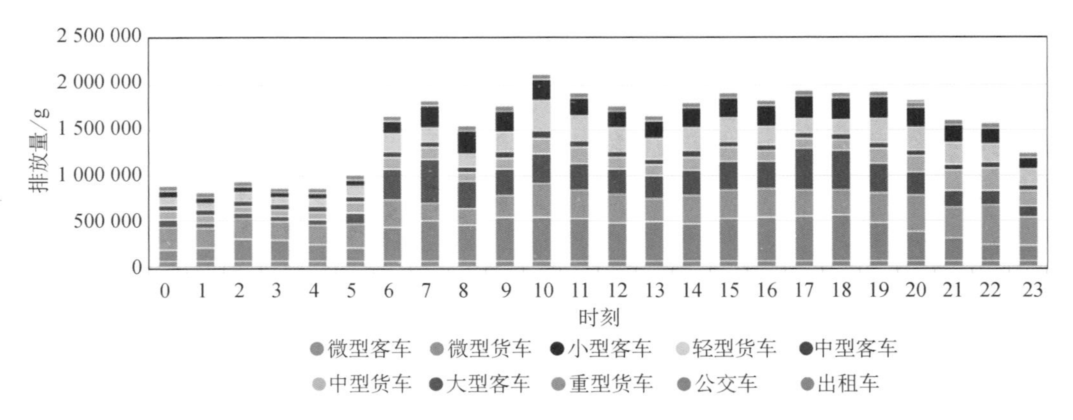

图 7-4　2020 年 8 月 17 日所有道路分车型的 24 小时 NO_x 平均排放分布

3. 关注站点污染物贡献的精准溯源

平台还可实现每小时的排放影响评估，即评估任一关注空气质量站点影响最大的关键路段和车辆。由于时变气象和交通排放的双重影响，排放影响同样随着时间的推移表现出明显的 24 小时变化，每一小时的诊断结果仅代表该时间点的情况。因此，实时诊断可以更好地辅助车辆排放的快速防控。如图 7-5、图 7-6 所示，可以看到关注点（蔡家和鱼新街大气环境监测点）交通高峰时间 NO_x 排放的实时诊断。交通高峰时间的排放影响诊断受到了更多的关注，这主要是因为在这些时间段内出现了最高的车辆排放。此外，影响关注点（空港和蔡家大气环境监测点）的关键路段可以在地图上可视化，同时系统还可给出每一个时刻上影响前五的道路与相对位置信息，以及高排放车辆的诊断结果。从结果可知，交通早高峰时刻（8:00）和晚高峰时刻（17:00）的情况存在差异，原因主要是这两个时间点的天气条件和排放量不同。交通早高峰时刻（8:00），东南风，高影响路段主要位于空港关注点的东南偏南方向，排名第一、第二的高排放路段主要源于大型客车和小型客车的高排放，排名第三的高排放路段则以重型货车为主。交

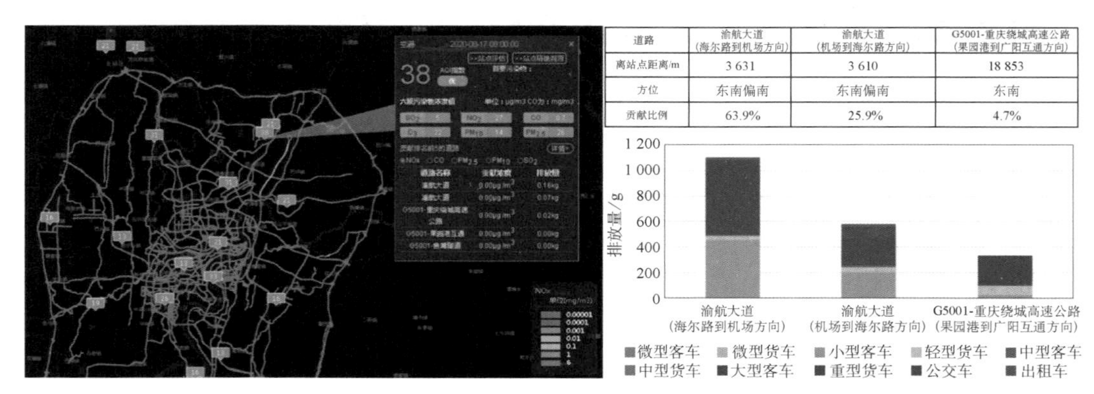

道路	渝航大道（海尔路到机场方向）	渝航大道（机场到海尔路方向）	G5001-重庆绕城高速公路（果园港到广阳互通方向）
离站点距离/m	3 631	3 610	18 853
方位	东南偏南	东南偏南	东南
贡献比例	63.9%	25.9%	4.7%

图 7-5　2020 年 8 月 17 日 8:00 高排放污染的关键道路与车辆评估

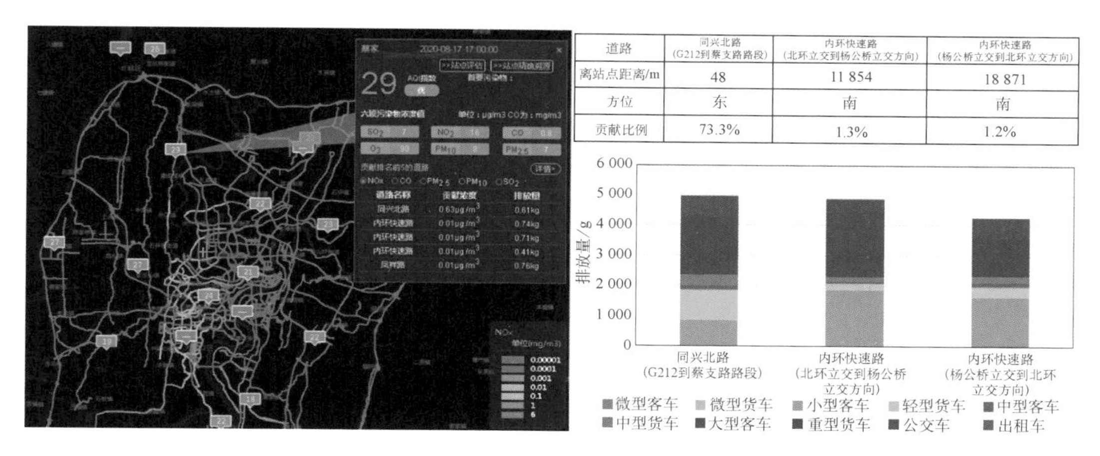

道路	同兴北路(G212到蔡支路路段)	内环快速路(北环立交到杨公桥立交方向)	内环快速路(杨公桥立交到北环立交方向)
离站点距离/m	48	11 854	18 871
方位	东	南	南
贡献比例	73.3%	1.3%	1.2%

图 7-6 2020 年 8 月 17 日 17:00 高排放污染的关键道路与车辆评估

通晚高峰时刻(17:00),南风,高影响路段位于蔡家点以东,不同路段的关键车辆也不同。排名第一的关键道路的高排放车辆是重型货车和轻型货车,排名第二、第三的高排放路段则以大型客车和小型客车为主。

7.3.2 佛山市路网机动车动态排放分析与决策应用系统

佛山市路网机动车动态排放分析与决策应用系统平台(图 7-7)由佛山市生态环境局委托开发,于 2019 年 2 月投入业务应用并稳定运行至今,有力提高了佛山市机动车尾气污染精准监管和防治决策研判能力。

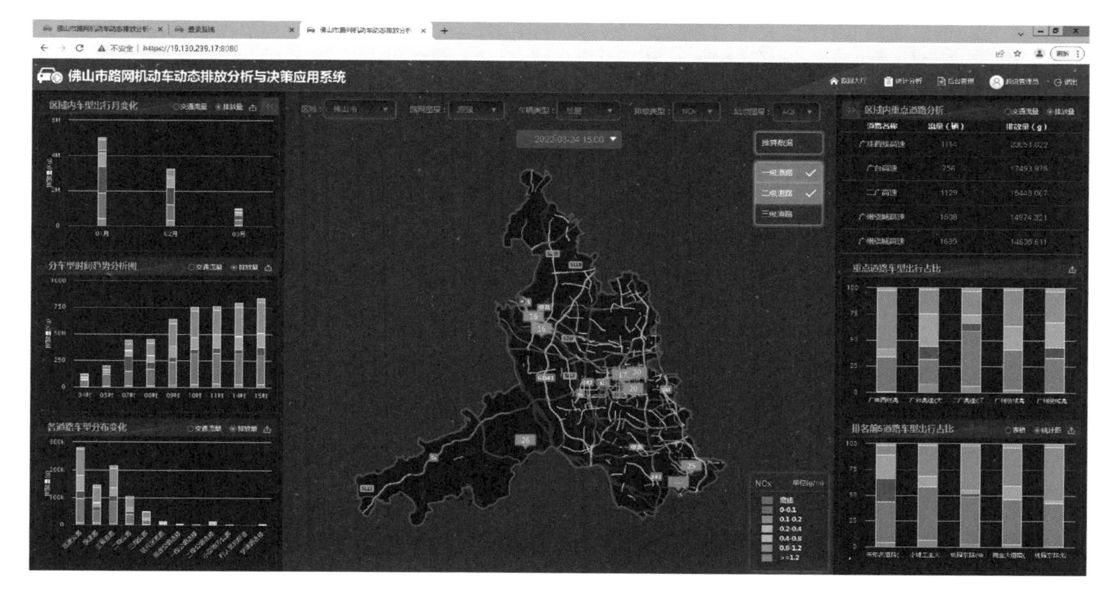

图 7-7 佛山市路网机动车动态排放分析与决策应用系统首页

该平台是广东省首个实时路网车辆排放计算与决策应用的业务化平台，覆盖了佛山市全市范围内 5 294 条道路及 Link 单元，实时接入了全市 2 249 个公安视频卡口的小时流量数据、逐秒过车轨迹数据、佛山市 8 个国控点空气质量数据和气象数据，并集成了路网排放模型和线源扩散模型，使得系统具备逐路段污染物排放量计算、全区域和测点周边 1～3 km 范围内污染溯源的功能，可以快速响应用户的各项需求，实时可视化展示数据。系统平台极大地提升了佛山市路网排放清单的更新速度，改善了机动车排放清单技术和数据产品远滞后于实际防治业务需求的状态。同时，定期定制网格化排放清单产品和数据接口，每周为佛山市空气质量预报预警平台更新清单，保障预报预警业务常态化运行。

平台主要功能包括高排放车辆分析、城市与站点污染物溯源分析、城市与站点污染防控措施评估、污染源轨迹分析以及各项数据的统计分析。平台自投入使用以来，每日实时追踪 3.7 万辆车辆的出行轨迹和排放状态，累计识别高排放车辆 1.2 万辆，超标次数 54 万次，提升了佛山市高排放车辆精准识别和监管能力；累计识别了 2 463 个疑似黑加油站点位和 23 775 次疑似黑加油事件，为精准打击车辆非法加油行为提供了重要线索；还准确筛查了 52 个路段分时段尾气排放黑点，成功捕捉了 20 余次高 NO_2 空气污染事件，及时提出了交通管控措施，为推动“一点一策”、市-区-镇-街多级联动防治模式提供了重要科技支撑；直接支撑了《佛山市调整重点区域货车限制通行时间及实施国三排放标准柴油货车限制通行交通管理措施》的制定，该措施于 2019 年 7 月 1 日发布实施，实施以来，路段货车流量平均降幅 11%；同时支撑了“佛山市国三排放标准柴油货车限制通行(第二阶段)措施”“海八路货车交通管制”“佛山市绿色物流示范区域”等 10 项政策措施的制定。平台为佛山市打赢蓝天保卫战提供了全面、有力的科技保障。

1. *在线防控措施研制及效果预测*

除了路网排放计算、路网清单更新、污染溯源等功能之外，平台可根据气象条件和交通流变化情况逐小时分析研制出各空气质量监测站点附近区域绿色交通管控措施，预测措施实施的减排效果以及对站点 NO_2 浓度影响的变化情况。也就是说，由于时变气象和交通排放的双重影响，道路交通排放的影响同样随着时间的推移而时刻变化，平台提出的措施与效果预评估结果仅代表所选时间段的情况。同时，由于部分路段交通流具有较强的周期性变化规律，因此，平台可以快速及时指导系统用户对关注站点周边的道路进行车辆管控。

以 2021 年 12 月 1 日凌晨 1:00 为例，纳入平台实时监测的湾梁空气质量监测站点污染溯源情况如图 7-8 所示，图中展示了站点附近 3 km 范围内的道路上 NO_x 排放占比排名前十的路段。从图中分析可知，分析日主要受东北风的影响，重点道路上的重点车型主要为重型货车，其中桂澜中路(绿景东路往季华东路方向)与东平路(怡海路到魁奇路，双向)上重点车型排放占比高达 83.8%，对湾梁站点影响最大的道路为季华东路(桂澜中路到季华东路立交，双向)，该条道路上重点关注国Ⅲ排放标准的重型货车。如果对季华东路施行重点车辆管控，禁止所有国Ⅲ及以下的重型货车在该道路上行驶，则季华东路的排放可减少 22%左右。

佛山市路网机动车动态排放分析与决策应用系统

排名	道路名	早高峰排放比例	晚高峰排放比例	重点时刻	重点风向	重点车型	重点排放标准	重点车型排放比例
1	季华东路(桂澜中路往季华东立交方向)	0%	0%	2021-12-01 01时	东北风	重型货车	国3	45.9%
2	季华东路(季华东立交往桂澜中路方向)	0%	0%	2021-12-01 01时	东北风	重型货车	国3	45.9%
3	教育路(桂澜中路到东华路双方向行驶)	0%	0%	2021-12-01 01时	东北风	重型货车	国5	43.4%
4	桂澜中路(绿景东路往季华东路方向)	0%	0%	2021-12-01 01时	东北风	重型货车	国4	83.3%
5	东平路(怡海路往魁奇路方向)	0%	0%	2021-12-01 01时	东北风	重型货车	国5	83.8%
6	东平路(魁奇路往怡海路方向)	0%	0%	2021-12-01 01时	东北风	重型货车	国5	83.8%
7	桂澜中路(石肯大桥往绿景东路方向)	0%	0%	2021-12-01 01时	东北风	重型牵引车	国3	51.9%
8	南海大道南(公安局特警支队往季华七路方向)	0%	0%	2021-12-01 01时	东北风	轻型货车	国5	59.4%
9	桂澜路(绿景东路往东平路方向)	0%	0%	2021-12-01 01时	东北风	重型货车	国4	27.9%
10	桂澜路(东平路往绿景东路方向)	0%	0%	2021-12-01 01时	东北风	重型货车	国4	27.9%

推荐交通管控措施

推荐重点对季华东路(桂澜中路往季华东立交方向) 季华东路(季华东立交往桂澜中路方向) 教育路(桂澜中路到东华路双方向行驶) 桂澜中路(绿景东路往季华东路方向) 东平路(怡海路往魁奇路方向)进行交通管控，具体如下：

☑季华东路(桂澜中路往季华东立交方向) 进行重点车型管控,管控车型为国3及以下重型货车
☑季华东路(季华东立交往桂澜中路方向) 进行重点车型管控,管控车型为国3及以下重型货车
☑教育路(桂澜中路到东华路双方向行驶) 进行重点车型管控,管控车型为国5及以下重型货车
☑桂澜中路(绿景东路往季华东路方向) 进行重点车型管控,管控车型为国4及以下重型货车
☑东平路(怡海路往魁奇路方向) 进行重点车型管控,管控车型为国5及以下重型货车

实施前后减排效果对比

图 7-8　2021 年 12 月 1 日 1:00 湾梁空气质量监测站点监测情况、建议措施及效果分析

2. 站点道路排放预测及分析

以 2021 年 1 月 15 日为例，平台对选定站点南海气象局的交通早高峰时刻(8:00)空气质量、道路排放贡献排名和车型出行占比进行了分析：该时刻空气质量指数为 178，属于中度污染，首要污染物为 $PM_{2.5}$，排放贡献最高的道路为海三路，交通出行最多的车型为小型客车，占比 76%，$PM_{2.5}$ 排放最高的车型主要为重型货车与大型客车，共占比 53%。针对当前情况与历史情况，平台对该站点未来 24 小时的情况进行了预测，如图 7-9 所示。在预测的 24 小时内，NO_x 浓度逐渐下降，在晚高峰期间保持水平趋势，夜间降到最低点，基本符合实际变化趋势。同时，平台预测了 24 小时内站点空气质量水平以及周

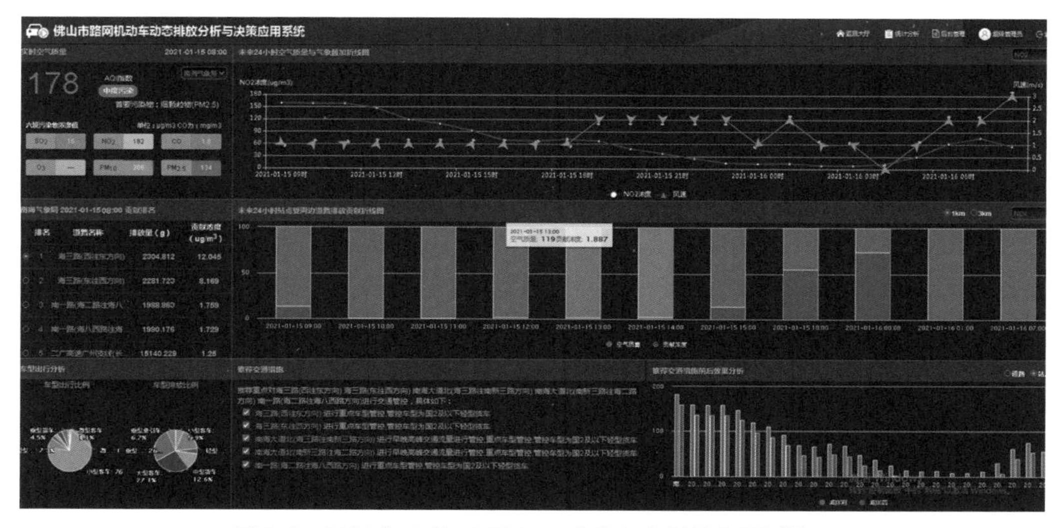

图 7-9　2021 年 1 月 15 日 8:00 南海气象局站点预测情况

边道路对站点污染物的贡献浓度，其中 13:00 时，站点空气质量指数预测值为 119，周边道路对站点 NO_x 的贡献浓度为 1.887 μg/m³。根据预测值变化规律，系统智能推荐未来 24 小时应重点对关注站点周边的道路进行车辆管控，管控对象主要为国Ⅱ及国Ⅱ前的轻型货车，并对措施实施前后的每个时刻进行了效果评估。

7.3.3 深圳市交通排放实时监测平台

2013 年 6 月 22 日在中德合作框架下，深圳市交通运输委员会与德国环境部就“支持深圳缓解城市交通拥堵建设低碳交通体系”签署合作协议，深圳市城市交通规划设计研究中心、德国国际合作机构(Deutsche Gesellschaft für Internationale Zusammenarbeit，GIZ)合作承担相关研究课题，合作构建了本地化交通排放模型与本地化排放因子库，并于 2014 年建成国内首个城市级道路交通碳排放监测平台。

在上述研究的基础上，2017 年深圳市城市交通规划设计研究中心成立交通碳排放工程实验室，获批深圳市节能环保产业发展专项资金 2017 年第一批扶持计划支持项目，项目成果之一是建成了面向全方式交通排放监测平台，并增加了排放物扩散过程模拟功能，具备污染溯源分析功能。

1. 平台主要使用对象

交通碳排放实时监测发布平台主要用途是提高道路交通排放扩散信息的综合服务水平，以便提高城市交通规划和管理综合能力，诱导出行者采用低碳交通方式出行，达到倡导低碳环保出行的目的，从而提高城市的综合竞争能力和可持续发展能力。交通碳排放实时监测发布平台主要服务的对象包括政府部门、交通规划与设计人员和交通使用者。

1) 政府部门

交通管理的政府部门包括市政府、交通运输委员会、公安交警局、规划国土委等部门。平台可实现以下功能：

(1) 为交通排放管理提供统一、完整的信息服务平台：通过统一的、准确的交通排放信息服务平台，政府及其相关管理部门能及时、客观地获得综合交通排放以及机动车排放物扩散信息，从而避免了因为信息的缺乏和不及时造成的各种管理和决策失误，有利于相关管理部门之间的信息沟通和协调，提高了城市综合治理能力。

(2) 提高城市交通服务形象：系统能大大改善目前交通排放信息的发布条件，提高交通排放及扩散信息发布的全面性、及时性以及预测能力。这些不仅能有效帮助出行者提高环保意识，同时也能提高城市交通的利用率，减少城市交通对环境造成的负面影响，进而大大提高城市交通管理部门服务市民的形象。

2) 技术人员

技术人员主要包括从事交通规划与设计的工程人员。平台可以实现以下功能：

(1) 提供统一的交通排放扩散信息平台：使规划设计建立在统一的信息基础上，为设计结果提供统一的标准参照和比较平台，从而能更加客观地评判设计规划成果对环境的影响程度。

(2) 提供定量化且精确的交通排放扩散监测服务:由于系统的交通数据来自较大样本的自动采集系统,人为干扰因素少,原始数据真实、可靠,同时历史数据丰富,交通排放扩散监测的质量将大大提高,这样可为设计规划工作提供有力的支持。

3) 社会公众

社会公众主要指城市市民,平台为社会公众提供以下服务:

(1) 交通排放及扩散状况播报与查询:利用各种网络技术(如 Web、短信)、各种媒体(如微博、广播、电视)向广大道路使用者及时提供交通排放状况,道路使用者可以利用这些信息,及时调整出行计划,选择低碳的交通出行方式,同时也可以降低城市交通的拥堵程度,减少城市交通整体排放量。对于步行健身的人群,引导其选择沿线排放较低的区域。

(2) 交通排放扩散变化趋势了解与查询:通过对历史数据的查询,了解道路交通排放变化趋势,引起市民的广泛关注,发挥引导宣传作用,鼓励市民参与低碳交通发展建设。

2. 平台总体技术架构

深圳市交通排放实时监测平台包括数据融合、大数据算力平台应用、评估结果发布三个方面,如图 7-10 所示。

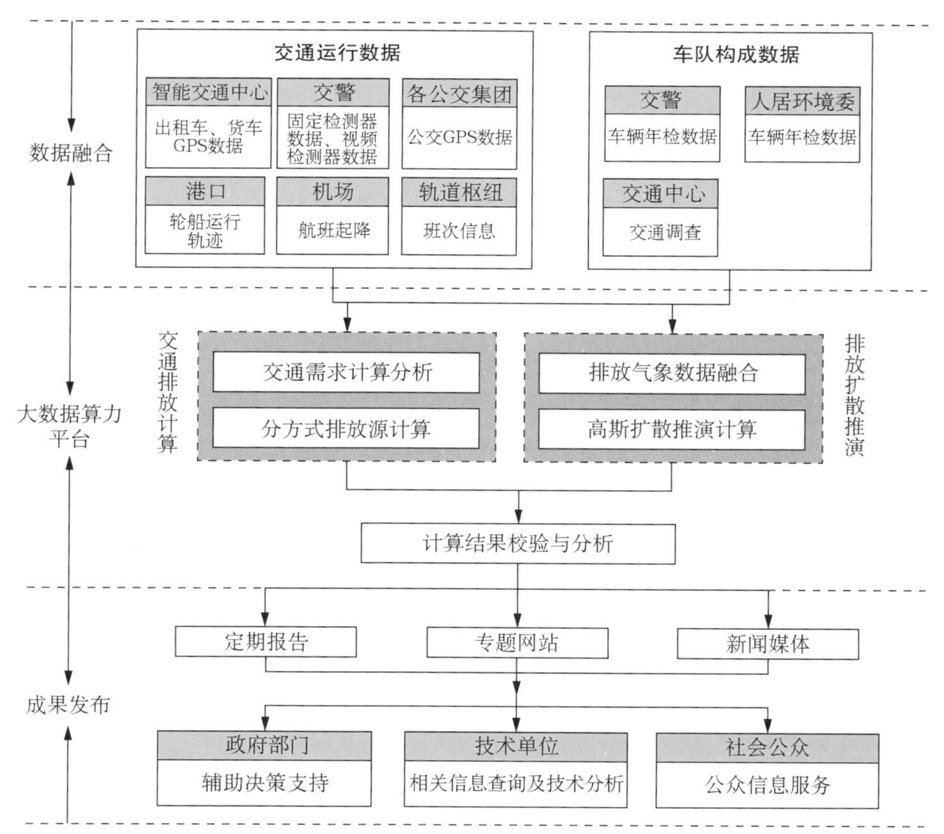

图 7-10 深圳市交通排放实时监测平台架构

1）交通排放扩散数据采集平台

交通排放数据采集平台负责中心数据库与外界或子系统之间的数据传输交换和处理。主要有以下两大功能：

（1）接收数据采集平台数据，并按照数据内容和系统要求进行相应数据转换，存储到系统数据库中。

（2）接收外界（如城市交通综合信息服务系统和城市交通规划设计系统）请求，从系统数据库中获取有关信息，并进行相应转换后发送给外界。

数据交换平台根据外部环境的特殊需要，一般要连接和处理 GPRS，CDMA，TCP/IP 等多种网络协议。

2）交通排放扩散数据处理平台

数据处理平台负责交通碳排放实时监测发布平台的数据维护，并对数据库中数据进行进一步加工，以提供综合、全面的分析报告。

数据处理平台主要功能包括：

（1）数据融合：建立统一的数据格式标准，通过统一的数据转换平台，将原来分离的、独立运行的数据或系统进行整合。将原来各自独立的系统数据库转换成一个统一的、公用数据的核心数据库，可支持将来的海量数据存储和存储设备的动态增加，以及提供多个应用同时读取访问服务，即多个服务器中的多个应用程序可以同时读取数据并对数据进行修改。

（2）数据挖掘：对数据进行进一步提炼、加工，以便获得更深层次的信息，主要通过各种统计分析得出相关趋势的综合数据。

（3）决策支持：以比率分析、结构分析、对比分析和趋势分析为基础，配以各类曲线、折线、圆饼图等直观表示方式，为相关部门和单位的决策者提供统计信息。

（4）数据备份：为了保证数据的可靠性和安全性，防止因设备的损坏或系统故障导致数据缺损，部署备份恢复系统来保证数据的可靠性。

3）交通排放扩散数据发布平台

交通排放扩散数据发布平台是系统进行结果输出与发布的界面。通过交通排放专题模型对系统数据库中的原始交通与环境数据进行分析，得到交通环境评估结果，并将结果反馈到系统数据库中。

按照深圳市城市空间特点和评估工作的实际需要，将从空间上的面、线、点三个层次构建评估指标体系，能够整体反映路网以及交通热点片区、路段和节点的交通排放水平，应对服务对象不同层次的信息需求，实现全面监测、重点跟踪的评估效果。

3. 平台业务应用功能

1）平台入口首页

在浏览器中输入首页地址，进入平台首页（图 7-11），首页实时显示深圳市各类型车辆碳排放、深圳市交通碳排放概况、全方式交通排放、路网碳排放、各片区交通碳排放和交通碳排放扩散共计六个窗口。点击相应窗口可跳到具体展示页面。

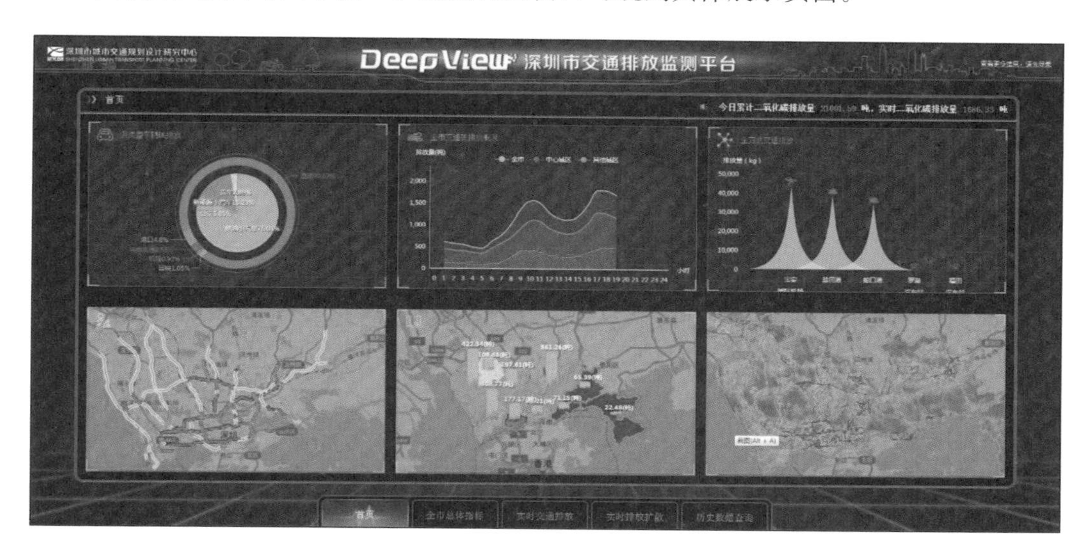

图 7-11 深圳市交通排放监测平台首页

2）深圳市总体指标

在深圳市总体指标界面(图 7-12)，可以查询深圳市的燃油量、CO_2 和各污染物(NO_x，CO，HC，PM)的分车型实时排放量以及分区域、分车型、分方式的全日累计排放量。

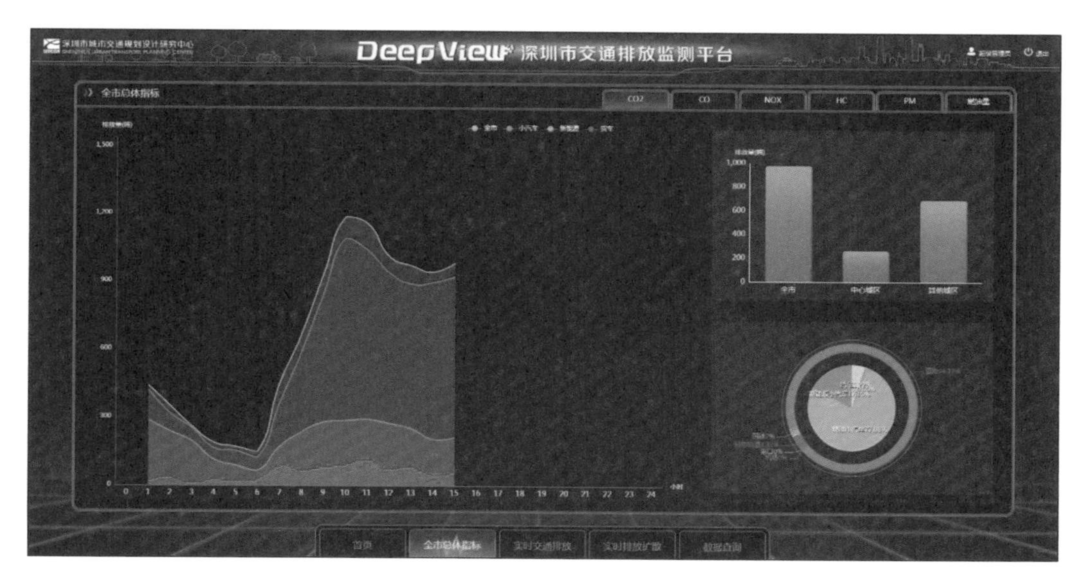

图 7-12 深圳市总体指标查询

3）实时交通排放

在实时交通排放界面(图 7-13)，可以查询深圳市的燃油量、CO_2 和各污染物

(NO_x,CO,HC,PM)的排放热力图,支持片区排放、道路排放、机场排放等全方式交通排放的实时排放量统计。

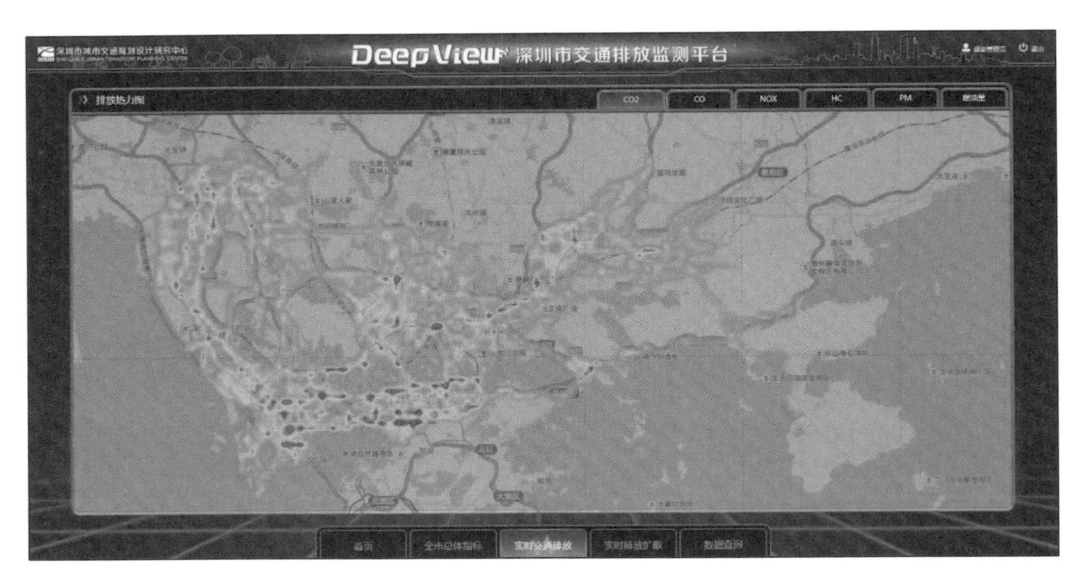

图 7-13　实时交通排放查询

4) 实时排放扩散

在实时排放扩散界面(图 7-14),可以查询深圳市的燃油量、CO_2 和各污染物(NO_x,CO,HC,PM)的排放扩散热力图,同时支持查询影响当前区域排放扩散因子的情况,如温度、风力风向、相对湿度和 24 小时雨量。

图 7-14　实时排放扩散查询

5）历史数据查询

在历史数据查询界面(图 7-15)，可以查询深圳市、片区和道路的燃油量、CO_2 和各污染物(NO_x，CO，HC，PM)的历史排放、扩散记录，同时也可以在排放因子查询界面查询标定好的深圳市本地货车、大客车、小汽车的排放因子。

图 7-15　历史数据查询

7.3.4　佛山市南海区机动车尾气精细防控决策支撑平台

为满足佛山市南海区空气质量监测站点周边重点区域交通尾气污染成因分析及精细治理对策研究的工作需要，开发了佛山市南海区机动车尾气精细防控决策支撑平台。该系统于 2019 年 4 月开始建立，于 2020 年 2 月开始使用，已成为南海区环境保护监测站重要的工作支撑平台。与上述三个平台的实时性和部分功能稍有不同，该平台未接入实时交通流数据，而是突显了三维可视化的展示和分析功能。

该系统的核心业务功能包括数据管理、数据对比、数据查询、统计分析、动态汇总图形展示、关联分析、影响分析、污染溯源、情景预判及设置、政策评估等功能。系统基于佛山市南海区空气质量监测站点周边重点区域交通路网动态排放清单计算模型，结合南海区机动车电子标识数据、空气质量数据和气象数据等，利用信息化手段，开发了展示页面对南海气象局周边重点区域的交通流量、机动车路网排放、排放特征分布等信息进行可视化展示，直观地表现了佛山市南海区空气质量监测站点周边重点区域机动车排放情况；同时建立了机动车精细化防控措施库，利用机动车路网排放计算模型、污染扩散模型等对防控措施进行了评估，为机动车尾气排放精细化防控决策的实施提供了技术支撑。

1. 重点区域交通三维地球展示

为支撑佛山市南海区重点区域交通排放污染的精准防控决策工作，将实时可视化技术与评估技术应用于佛山市南海区，研发了佛山市南海区机动车尾气精细防控决策支撑平台，实现了对南海区重点区域机动车尾气污染问题的动态识别及综合防控决策，可实时量化并地图可视化以小时为时间分辨率的交通排放。交通污染排放扩散与周边建筑物结构密切相关，为了提升交通排放污染结果的展示效果以及提供更全面的实时决策支撑，在二维地图展示技术基础上，开发了加载建筑群结构的三维地球展示技术。平台在加载动态路网排放地图图层的基础上，同时加载地图卫星影像数据，包括地貌、建筑、路网、兴趣点等多维地理信息，实现了动态路网排放的三维地球展示(图 7-16)。

图 7-16　动态路网排放的三维地球展示

2. 重点区域交通排放污染问题综合研判

基于实时平台，综合分析了南海区重点区域交通出行时空分布特征，经过综合研判发现：海八西路、海八东路、桂和路、佛山一环等城际通道型道路，单向小时车流量超过 3 500 辆，明显高于城市内部道路；城市内部道路中，桂澜路、南海大道北、佛平三路、佛平二路、桂平西路车流量较突出，单向小时车流量超过 1 500 辆；城市内部道路早晚高峰平均车速较低，拥堵严重，重点应关注离站点较近的桂澜路、南海大道北、佛平二路。图 7-17 所示为工作日早高峰道路单向小时车流量与小时平均车速空间分布。

通过平台应用分析(图 7-18、图 7-19)，综合研判发现：HC 排放源强较为突出的道路主要为轻型客车流量大的城市主干路，包括海八西路、南海大道北、桂澜路、佛平三路、佛平二路等，并识别到 HC 排放的首要车型为轻型客车，占比约为 62%，其次为公交车，占比约为 21%；NO_x 排放源强较为突出的道路主要为货车流量大的城际通道型道路，包括佛山一环、桂和路、海八西路、海八东路、南海大道北等，并识别到 NO_x 排放的主要车型为货车，轻型货车、中型货车和重型货车排放占比之和接近 50%，其次为公交车，排放占比约为 27%。

图 7-17　工作日早高峰道路单向小时车流量与小时平均车速空间分布

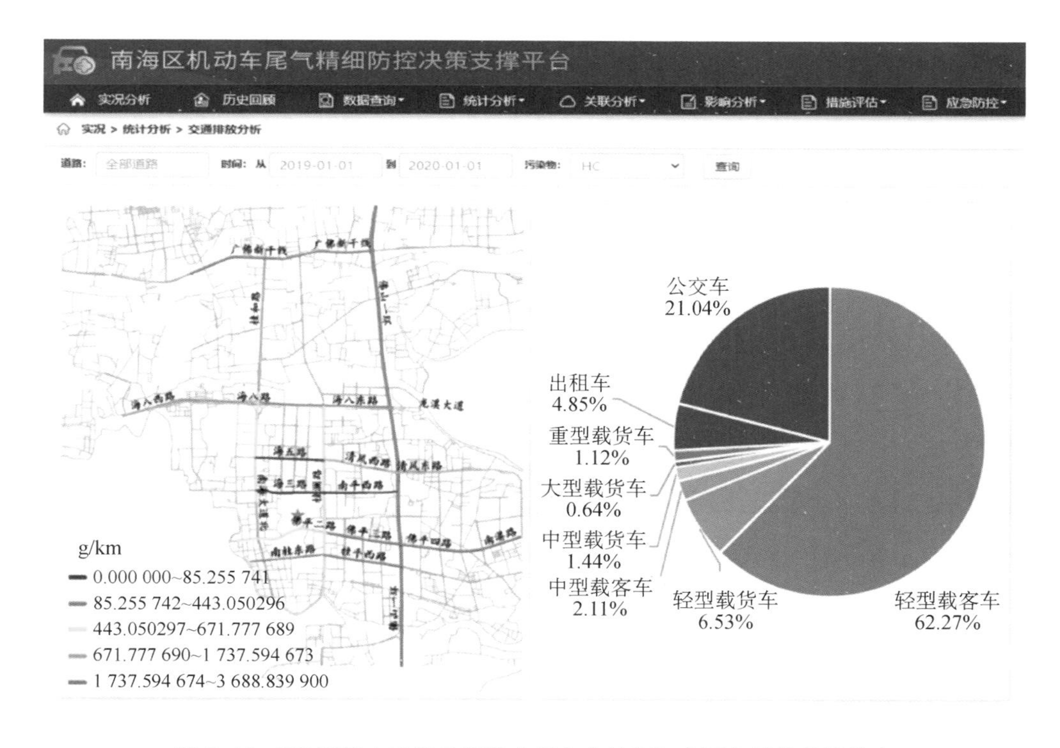

图 7-18　HC 道路小时排放源强空间分布特征与主要车型排放贡献率

通过平台应用分析 NO_2 浓度小时变化情况（以 2019 年 1 月为例），综合研判发现：NO_2 浓度在夜间较为突出，主要在交通晚高峰 17：00 左右开始加剧，21：00～22：00 达到浓度峰值。其主要原因可能是夜间气象扩散条件变差，晚高峰左右及后期（16：00—23：00）高强度排放难以快速缓解。

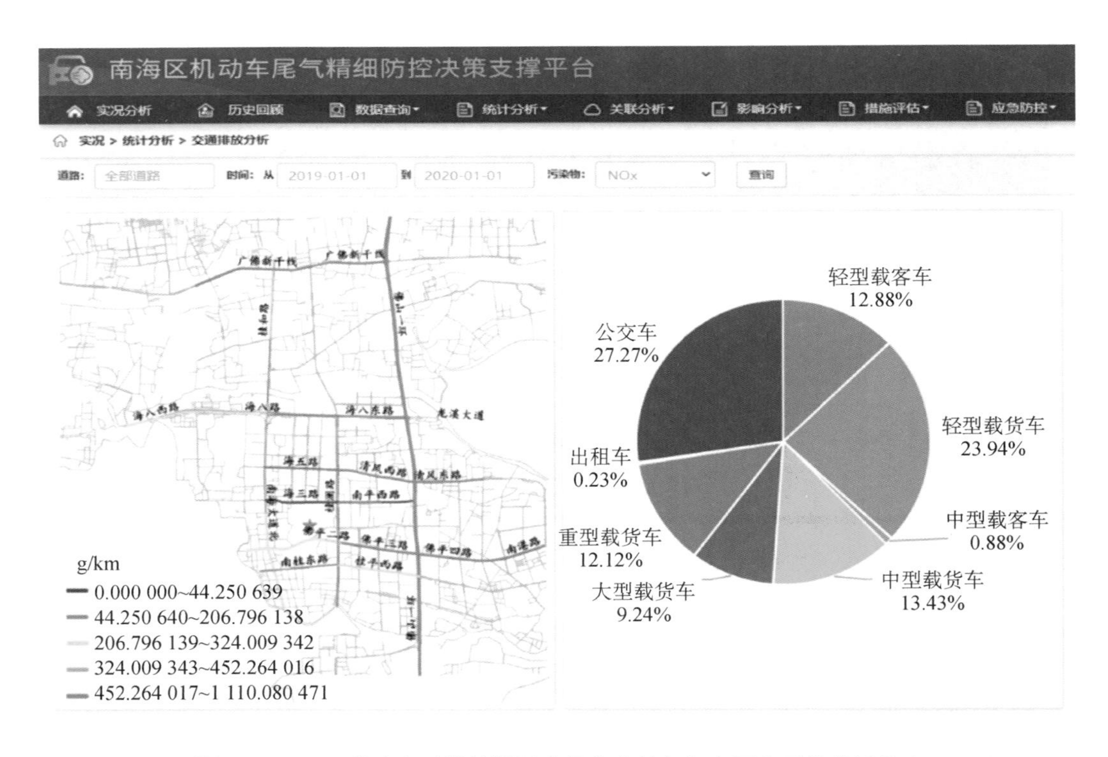

图 7-19 NO_x 道路小时排放源强空间分布特征与主要车型排放贡献率

此外还发现，晚高峰左右（16:00—19:00），交通高峰出行使得交通出现高强度排放，随着 22:00 货车开始通行（以桂澜路为例，图 7-20），22:00—23:00 的交通高排放仍未明显减弱，因此，随着夜间气象扩散条件逐步变差，高强度排放难以快速缓解，易出现 NO_2 浓度升高现象。

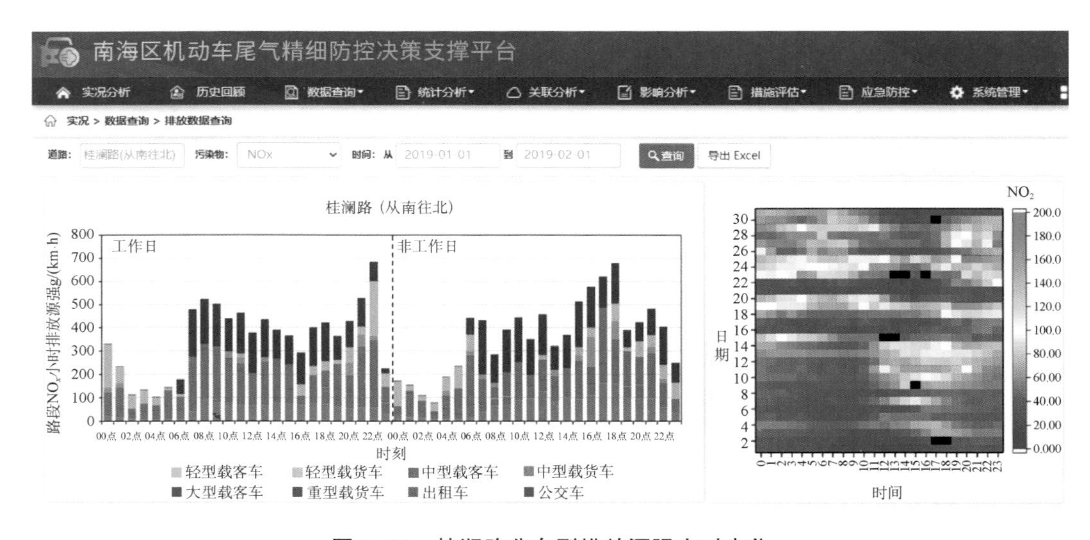

图 7-20 桂澜路分车型排放源强小时变化

7.4 小结

本章通过重庆市交通排放实时监测与综合分析系统、佛山市路网机动车动态排放分析系统、深圳市交通排放实时监测平台、佛山市南海区机动车尾气精细防控决策支撑平台四个应用案例，详细介绍了道路交通排放实时监测系统平台研发的关键技术及应用价值。在排放计算方法研究的基础上，集成大数据处理算法、Web 平台开发技术、二维地图、三维地球等可视化技术，开展实时可视化系统平台研究，实现排放监测的实时可视化、高排放对象的实时智能评估、精细的排放来源智能分析，是支撑交通尾气排放污染精准防控工作中多变来源解析、及时决策响应的最优方式，可为城市交通尾气污染监管、治理与评估提供科学合理的数据和技术支撑。

参考文献

[1] 吴红辉. 智慧城市实践总论[M]. 北京：人民邮电出版社，2017.

[2] 马建，孙守增，芮海田，等. 中国交通工程学术研究综述・2016[J]. 中国公路学报，2016，29(6)：1-161.

[3] 关嵘. B/S、C/S 结构优缺点浅析[J]. 科学时代，2012，7：91-92.

[4] 瞿有甜. 数据库技术与应用[M]. 杭州：浙江大学出版社，2010.

[5] 刘艺鸣. 交互式学习系统设计与实现[J]. 硅谷，2010，3：81.

[6] 吕改艳. 重庆市主城区机动车尾气污染物排放特征及减排情景研究[D]. 重庆：重庆大学，2019.

[7] 朱倩茹，刘永红，曾伟良，等. 基于 GPS 浮动车法的机动车尾气排放量分布特征[J]. 环境科学研究，2011，24(10)：1097-1103.

[8] Prakash B M, Majumder S, Swamy M, et al. Prediction of air pollutant dispersion from point and line sources and validation of ISCST3 and CALINE4 model data with observed values in the industrial area of Mysuru [J]. International Journal of Innovative Research in Science, Engineering & Technology, 2017, 6: 18333-18350.

[9] Vallamsundar S, Jin J. MOVES and AERMOD used for PM2.5 conformity hot Spot air quality modeling[J]. Transportation Research Record, 2018, 2270(1): 39-48.

[10] 陈海虹，黄彪，刘锋，等. 机器学习原理及应用[M]. 成都：电子科技大学出版社，2017.

8 道路交通污染来源精确解析与治理应用

在多年实施工业结构调整、技术升级改造等措施之后，工业污染治理基本完成，治理空间较小，治理成本也越来越高。而以机动车为核心的交通源逐渐成为城市大气污染和碳排放的主要来源，并且随着经济的持续快速发展和人们生活水平的日益提升，未来机动化交通需求仍将继续增长。机动车保有量呈现增长趋势，机动车排放污染问题和影响愈发凸显，将成为城市减污降碳、改善空气质量的重要抓手。因此，为了能够让读者更直观、具体和清楚地了解大数据驱动道路交通尾气排放量化技术方法，明确交通污染和碳排放来源精确解析的作用与意义，本章重点以重庆市、广州市、佛山市、宣城市和深圳市为例，具体阐述交通排放精细化防控技术应用。

8.1 重庆市交通污染来源精确解析与治理研究

本节以重庆市中心城区(绕城高速及其以内区域)为研究范围，利用前述章节介绍的方法建立路网机动车动态排放清单，精准识别交通污染的主要来源，并提出相应的治理措施。

8.1.1 区域概况

重庆市位于中国西部、长江上游和三峡库区腹心地带，1997 年获批成为我国第四个直辖市，东临湖北、湖南，南靠贵州，西依四川，北接陕西，辖区面积 8.24 万 km^2，总人口 3 390 万，常住人口 3 075.16 万人，辖 38 个区县(自治县)，包括 26 个区、8 个县、4 个自治县(含 276 个乡、575 个镇、158 个街道)[1]。

在地貌构成上，最典型的特征是山多河多。地势沿河流、山脉起伏，形成从南北向长江河谷倾斜的地貌，构成以山地、丘陵为主的地形状态。

在城镇地理分布结构上，重庆市中心城区是一个以渝中半岛为中心，四周与江北区、南岸区、沙坪坝区、大渡口区、九龙坡区等行政区相连，并包括渝北区、北碚区和巴南区等以区政府为中心的组团式复合型城市。绕城高速公路建成通车，标志着重庆市中心城区从内环以内向内环与二环之间及二环沿线地区拓展，全面进入建设“千万人口、千平方公里”国家中心城市的“二环时代”(图 8-1)。因此，本研究以绕城高速及其以内区域作为研究范围。绕城高速公路全长 187 km，环内面积 2 253 km^2。

8.1.2 主要数据与方法

1. 数据情况

本研究涉及的交通数据主要包括浮动车数据、电子标识 RFID 数据以及重庆市全路网数据。这些数据具有质量不确定性和信息不完整性，难以直接应用于研究。基于大数据技术的交通数据处理方法通过对各类交通、地理信息数据进行采集方案的合理性检查和数据的完整可靠性核查，确保数据内容准确可靠；在数据质量控制的基础上，通过不同数据源的比对融合、可计算路网与电子标识点位的匹配(图 8-2)以及基于道路规模分类的交通数据推演等方法,最终形成标准化的地理信息和具有高时空分辨率的城市交通参数。研究区域共有 21 465 个可计算路段和 1 588 个点位的电子标识 RFID 数据[2,3]。

图 8-1 重庆二环区域范围

2. 排放因子本地化

根据第 4 章车辆排放因子本地化研究方法,主要利用来自出租车、公交车、小型客车、轻型货车、大型客车和重型货车等 80 辆车载排放测试的逐秒排放数据,基于 IVE 模型框架,初步建立本地化的基础排放因子库[4-6];然后基于实测逐秒运行和排放数据、逐秒坡度数据和环保检测数据,建立机动车车龄、运行工况、道路坡度对排放因子的修正方法,实现重庆市机动车尾气排放因子的本地化。

3. 动态路网排放计算

根据第 5 章 5.2 节基于动态交通流的路网排放计算方法,对所获得的车流量、运行位置、车速等数据,基于频率、空间分布、时间分布以及数据属性等特征,设计一套可用于表征车辆运行工况、运行模式、车辆活动水平等动态交通特征参数内容,以路段为单元,构建动态路网排放模型,实现对不同路段、不同时段、不同车型、不同污染物的排放量计算[7]。

图 8-2 匹配 RFID 点位后的路网情况

4. 溯源模型

为对污染源在不同气象条件下可能对监测站点的污染影响进行模拟分析，为机动车污染防治提供科学的数据支撑，需要建立机动车污染诊断溯源模型，以便于开展监测点位的污染溯源分析。重庆市利用 AERMOD[8] 机动车污染扩散溯源模型，结合气象数据、机动车排放数据等，分析道路机动车排放在当前气象条件下对空气质量监测站点的污染贡献情况，实现站点-路段-车型-排放标准-燃油类型-时段的精确解析[9-11]。

8.1.3 成果与应用

1. 新山村站机动车污染来源分析及治理

在重庆市主城各区 2016—2018 年空气质量排名中，大渡口区排名靠后，因此以大渡口区为代表区域，选择大渡口区的空气质量监测站(国控站)新山村站为代表站点。

以新山村站周边 3 km 半径范围为研究区域(图 8-3)，从路网分布上看，新山村站点周边核心区域(半径 1 km)路网较稀疏，站点东边方向路网较密集，需着重关注偏东风(东风、东北风、东南风)天气下机动车排放影响。

选取一个污染过程(2018 年 10 月 28 日—11 月 2 日，中度污染)对新山村站点进行研究分析，该污染过程为良—轻度污染—良—轻度污染—中度污染—轻度污染—良，刚开始污染慢慢加重，最后又完成了污染消散过程。从不同污染物浓度变化来看，主要是

由于 NO_2，$PM_{2.5}$ 和 PM_{10} 三种污染物超标导致，而这三种污染物与机动车尾气排放密切相关。进一步分析气象条件参数发现，该过程风速较小，在 0.2～1.8 m/s 之间，风向主要为西北风或东北风，为静稳天气，如图 8-4—图 8-6 所示。进一步选取 2018 年 10 月 31 日 18:00 作扩散模拟，从这之后，污染物浓度逐渐攀升，直至最高。

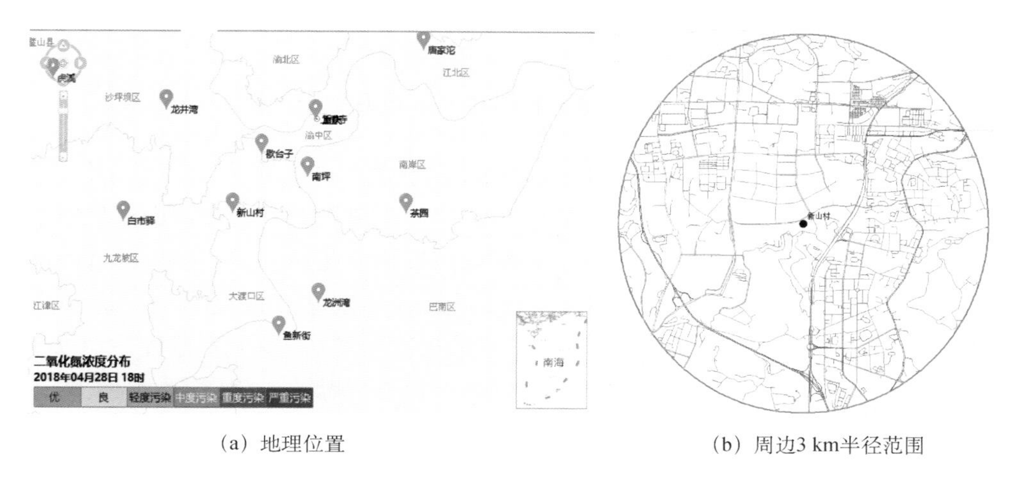

（a）地理位置　　（b）周边3 km半径范围

图 8-3　新山村站

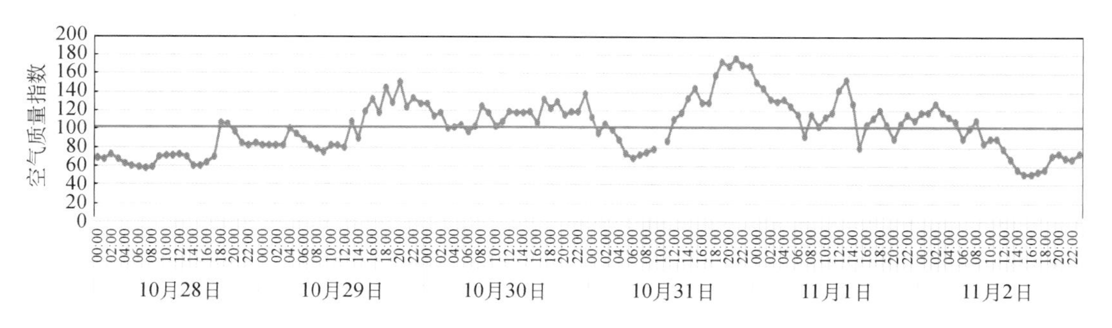

图 8-4　新山村站空气质量指数变化情况(2018 年 10 月 28 日—11 月 2 日)

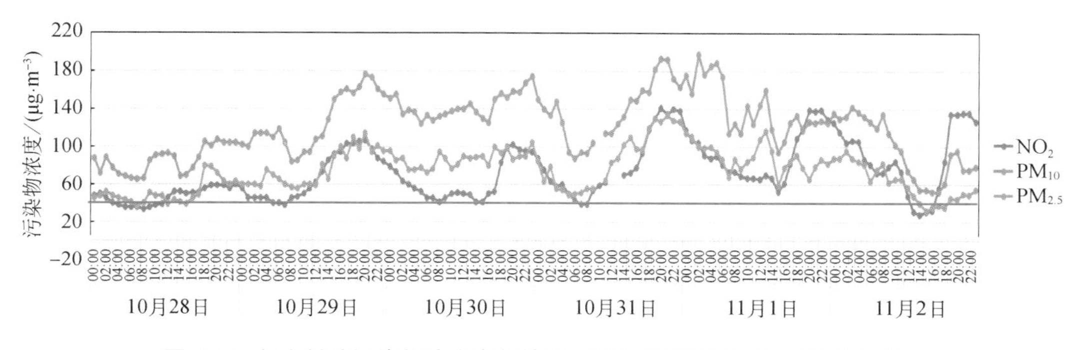

图 8-5　新山村站污染物浓度变化情况(2018 年 10 月 28 日—11 月 2 日)

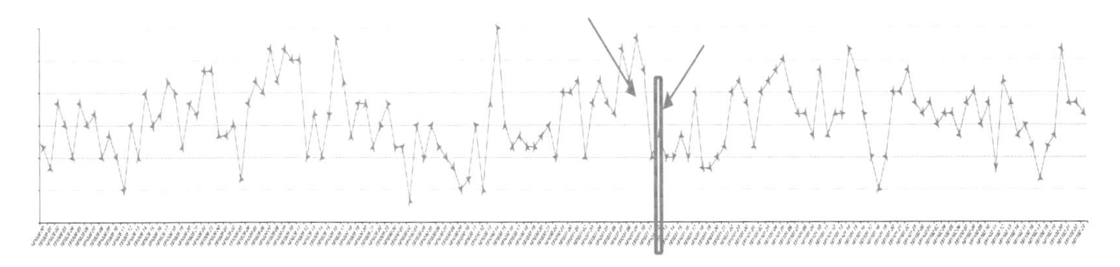

图 8-6　新山村站风速风向变化情况(2018 年 10 月 28 日—11 月 2 日)

根据新山村站点周边 3 km 半径范围内的路网机动车排放量，结合气象条件，模拟得出 NO_2 浓度空间分布[图 8-7(a)]，东北方向 NO_2 浓度较高。通过前面气象因素分析发现，自 2018 年 10 月 31 日 18:00 起，正好风向发生变化，变为东北风，在风的助力下，将东北方向浓度较高的 NO_2 吹向了新山村站，导致站点浓度升高。进一步对 2018 年 10 月 31 日 18:00 的道路机动车尾气排放进行空气质量影响贡献评估，3 km 半径范围内道路重点关注：双园路、火炬大道、红狮大道、诗情路、云湖路、翼龙路、蟠龙大道、剑龙路、科城路，这些道路的排放贡献占比 16%[图 8-7(b)]。

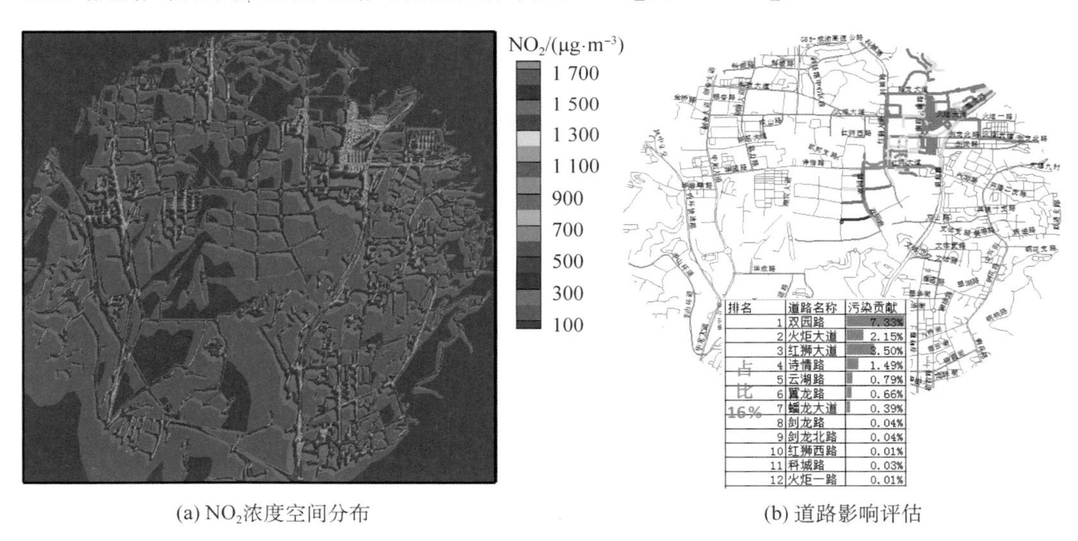

排名	道路名称	污染贡献
1	双园路	7.33%
2	火炬大道	2.15%
3	红狮大道	3.50%
4	诗情路	1.49%
5	云湖路	0.79%
6	翼龙路	0.66%
7	蟠龙大道	0.39%
8	剑龙路	0.04%
9	剑龙北路	0.04%
10	红狮西路	0.01%
11	科城路	0.03%
12	火炬一路	0.01%

(a) NO_2浓度空间分布　　(b) 道路影响评估

图 8-7　新山村站周边 3 km 半径范围内 NO_2 排放情况

通过对 3 km 半径范围内的重点道路进行排放车型分析发现，不同车型排放占比不同，需不同对待(图 8-8)。双园路主要关注出租车、微型货车、中型客车的排放；火炬大道主要关注公交车、中型货车、重型客车、微型客车的排放；红狮大道主要关注公交车、中型货车、中型客车的排放；诗情路主要关注出租车、微型货车和中型客车的排放。总体来说，新山村站需加强对出租车、公交车以及中小型货车的控制。进一步对火炬大道和红狮大道两条道路的车辆技术水平进行分析，重点关注国Ⅲ排放标准的车辆，其中中型货车还需特别注意老旧车(图 8-9)。

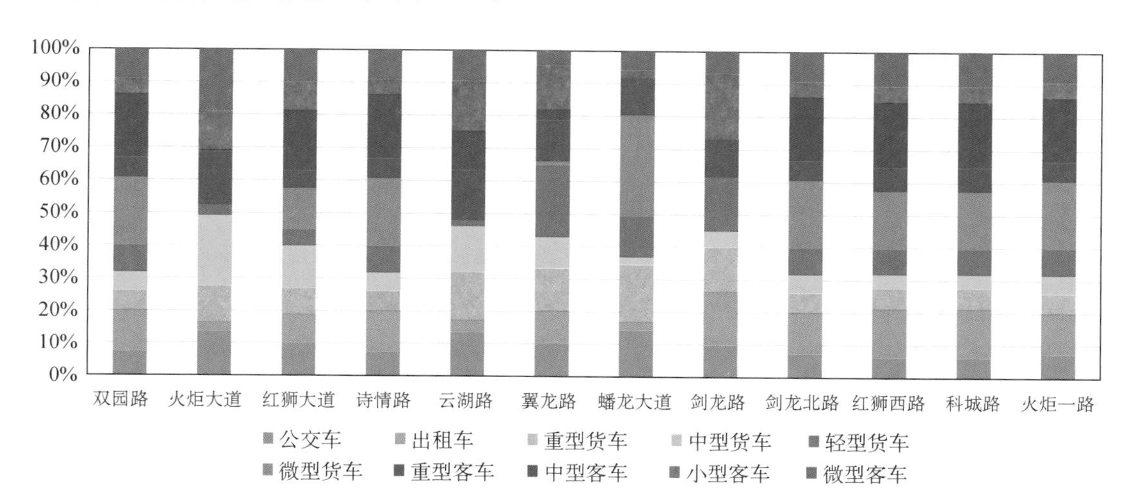

图 8-8 重点道路排放车型分析

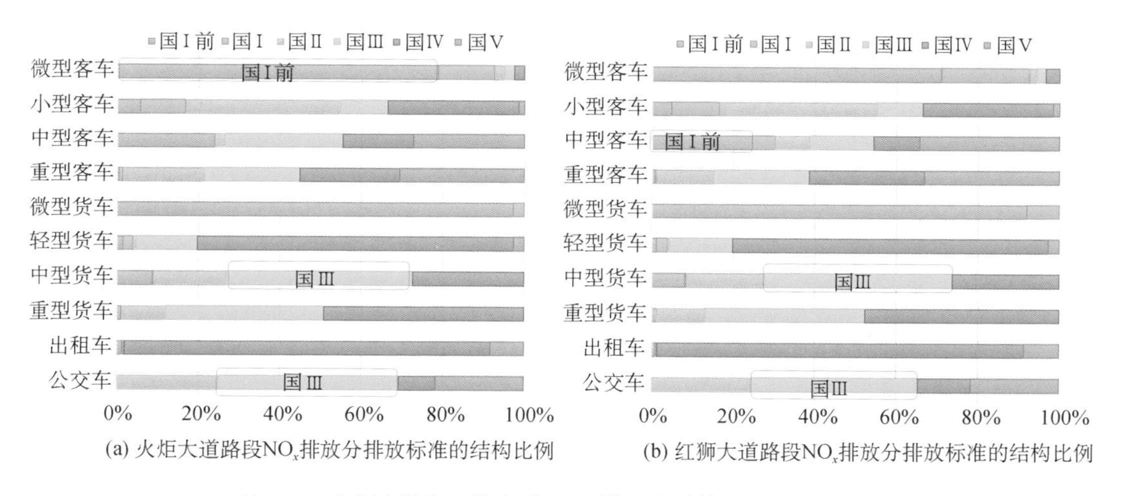

(a) 火炬大道路段NO_x排放分排放标准的结构比例　(b) 红狮大道路段NO_x排放分排放标准的结构比例

图 8-9 火炬大道和红狮大道 NO_x 排放车型技术水平结构分析

在摸清新山村站点周边的重点路段、重点车型以及车辆排放标准的基础上,对排放小时变化过程也进行了分析。从火炬大道和红狮大道的 NO_x 排放小时变化(图 8-10、图 8-11)可以看出,需对早晚高峰时段进行机动车管制。

综上,新山村站点污染物浓度着重关注东偏北方向的风向,在吹东北风的时候,站点污染物浓度会逐渐攀升。在找出站点周边重点路段、重点车型和重点时段后,特提出以下控制措施:

(1) 加强对双园路、火炬大道、红狮大道、诗情路路面车辆的监管;

(2) 推进出租车和公交车的纯电动化工作;

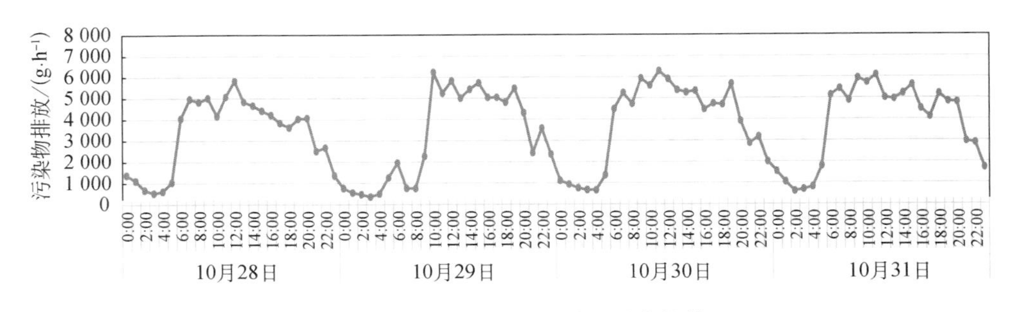

图 8-10　火炬大道 NO_x 排放小时变化情况

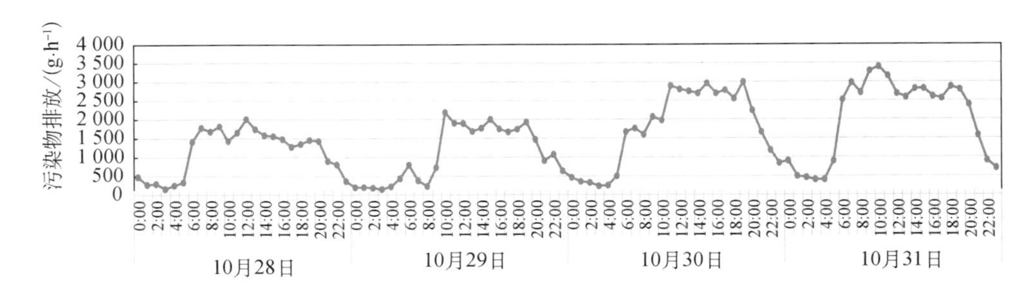

图 8-11　红狮大道 NO_x 排放小时变化情况

(3) 加强中小型车辆的排放标准升级,强化黄标车淘汰工作,尤其是中型客车;

(4) 以空气质量为目标,在早晚高峰时段诱导车辆出行,尽量减少车辆行驶在站点周边路网。

2. 特定事件机动车尾气污染溯源

根据国务院办公厅通知精神,2020 年春节放假安排为:1 月 24 日(星期五,除夕)至 30 日(星期四,初六)放假,共 7 天,1 月 19 日(星期日)、2 月 1 日(星期六)调休上班。受 2020 年新冠肺炎疫情影响,春节放假延长,根据《中华人民共和国突发事件应对法》《中华人民共和国传染病防治法》和重庆市重大突发公共卫生事件一级响应机制的有关规定,重庆市行政区域内各类企业复工、复产时间不得早于 2020 年 2 月 9 日 24 时。

为了更好地分析重庆市主城区春节及疫情期间污染变化情况,特选取 2020 年 1 月 1 日—3 月 31 日这一时段进行分析。其中,2020 年 1 月 3 日(腊月初九)—1 月 9 日(腊月十五)为春节前第三周,作为春节前正常期间;2020 年 1 月 24 日(除夕)—1 月 30 日(正月初六)为春节假期;2020 年 1 月 31 日(正月初七)—2 月 9 日(正月十六)为疫情全封闭期间;2020 年 2 月 10 日—2 月 16 日(复工第一周)和 2020 年 2 月 17 日—2 月 23 日(复工第二周)为复工第一阶段;2020 年 2 月 24 日—3 月 31 日为复工第二阶段。

1) 空气质量分析

通过对重庆市主城区 17 个空气质量监测点位分析发现,重庆市主城区 2020 年

1月1日—3月31日空气质量优良天数为83天，同比2019年增加17天，轻度污染8天，同比2019年减少12天，未出现中度污染及以上情况，春节期间首次空气质量全部优良；$PM_{2.5}$浓度为48 μg/m³，同比2019年下降21.3%，NO_2浓度为34 μg/m³，同比2019年下降26.1%。如表8-1所示。

表8-1　2019年和2020年重庆市主城区春节期间空气质量情况

时间	时期	AQI	CO /(mg·m⁻³)	NO_2 /(μg·m⁻³)	$PM_{2.5}$ (μg·m⁻³)	PM_{10} (μg·m⁻³)	O_3 (μg·m⁻³)
2020年第一季度	春节前正常期间	80	1.1	48	56	75	27
	春节假期	54	0.9	20	38	47	31
	疫情全封闭期间	59	0.9	20	42	50	31
	复工第一阶段	86	0.8	25	62	79	51
	复工第二阶段	66	0.9	36	41	62	75
	平均浓度	71	0.9	34	48	66	50
2019年第一季度	平均浓度	86	1.1	46	61	86	53
	同比下降	17.44%	18.18%	26.09%	21.31%	23.26%	5.66%

2）机动车流量与尾气排放量变化分析

从2020年1月1日—3月31日内环快速路及其以内区域日均机动车污染物排放源强来看，6种污染物排放变化总体上与车流量变化趋势一致。

2020年1月1日—3月31日内环快速路及其以内区域每个路段日均车流量为9 650辆/d，同比2019年下降45.58%。2020年春节假期间内环区域日均车流量为6 627辆/d，同比2019年下降41.58%；复工第七周(2020年3月23日—3月29日)相比复工第六周(2020年3月16日—3月22日)日均车流量提高6.83%，车流量变化不大，并且复工第七周日均车流量已达到春节前正常时期车流量的93.85%。

2020年春节和疫情期间机动车污染物排放情况如图8-12所示。从机动车污染物排放量来看，春节假期间机动车日均污染物排放量下降比例在42.60%～57.58%，而在疫情全封闭期间，机动车污染物排放量进一步下降，相比春节期间，下降比例在19.96%～27.49%。从2020年2月10日复工以来，机动车污染物排放量逐渐上升，在复工第七周，机动车污染物CO，HC，$PM_{2.5}$，PM_{10}，NO_x和SO_2日均排放量分别恢复到正常时期的76.91%，75.77%，72.41%，71.97%，89.77%和95.75%。截至2020年3月底，重庆市内环区域机动车流量及排放量已基本恢复。

进一步对机动车NO_x排放重点分析(图8-13)，对2020年1月1日—3月31日内环快速路及其以内区域日均机动车NO_x排放源强时间变化序列进行分析。从腊

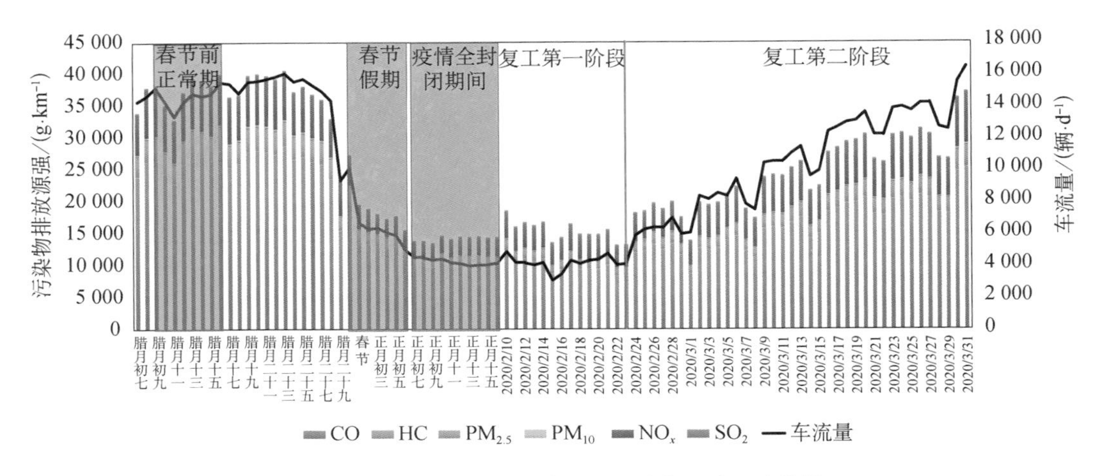

图 8-12　2020 年春节和疫情期间机动车排放污染物情况

月二十五(2020 年 1 月 19 日)开始,重庆市内环区域机动车 NO_x 排放开始逐步下降,正月初九(2020 年 2 月 2 日)NO_x 排放最低。春节期间(1 月 24 日—1 月 30 日)内环区域路网机动车 NO_x 平均排放源强是正常期间的 0.44 倍;受新冠肺炎疫情影响,全封闭期间(1 月 31 日—2 月 9 日)路网机动车 NO_x 排放进一步下降,NO_x 平均排放源强是正常期间的 0.35 倍,相比春节期间,内环区域路网机动车 NO_x 平均排放源强下降比例为 20%。

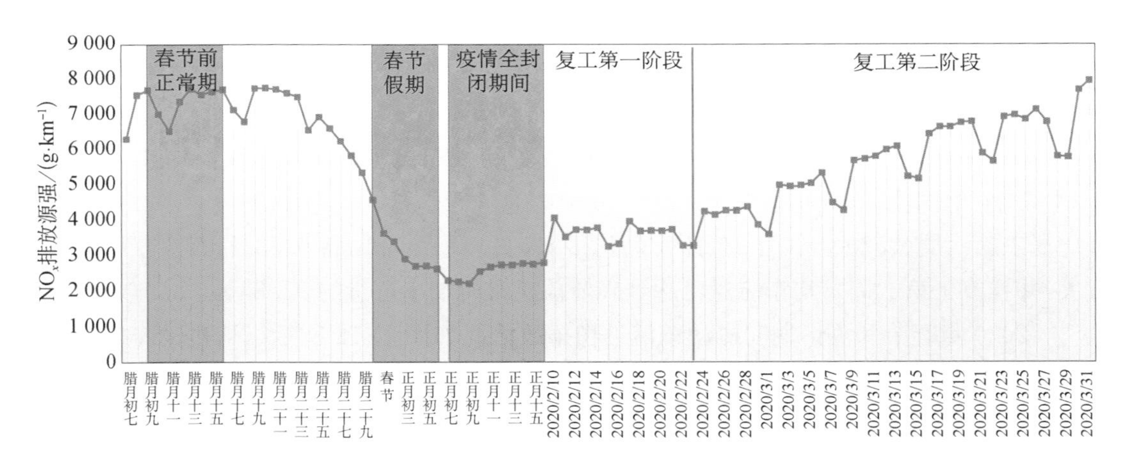

图 8-13　2020 年春节和疫情期间机动车 NO_x 排放情况

自 2020 年 2 月 10 日(正月十七)可以复工开始,受机动车车流量增大影响,机动车排放开始不断攀升,复工第一阶段(第一周和第二周)机动车 NO_x 平均排放源强增加不明显,约是疫情全封闭期间 NO_x 排放的 1.4 倍,从复工第三周(2 月 24 日)开始,机动车 NO_x 排放逐步攀升,复工第三周 NO_x 排放相比疫情全封闭期间增加 60%,复工第四周

NO_x 排放相比疫情全封闭期间增加 89%，复工第五周 NO_x 排放相比疫情全封闭期间增加 120%，复工第六周 NO_x 排放相比疫情全封闭期间增加 238%，复工第七周相比复工第六周 NO_x 排放源强变化不大，仅增加 3%。复工期间出现明显的周变化特征，工作日期间机动车 NO_x 排放较高，尤其是周五，非工作日期间排放大幅回落，工作日和非工作日对一周机动车 NO_x 排放贡献率分别为 74%和 26%，工作日和非工作日日均 NO_x 排放源强之比为 1∶0.87。截至 2020 年 3 月底，重庆市内环区域机动车 NO_x 排放源强是正常时期的 90%左右，机动车 NO_x 排放已基本恢复。

从 2020 年 1 月 1 日—3 月 31 日内环快速路及其以内区域日均 NO_x 排放源强车型结构时间变化序列（图 8-14）来看，公交车是重庆市内环区域机动车 NO_x 排放的主要车型，春节前公交车 NO_x 排放贡献率为 43%。受春节假期和新冠肺炎疫情影响，1 月 24 日—2 月 9 日公交车排放比例逐渐下降，正月初九（2020 年 2 月 2 日）NO_x 排放比例最低，为 29%，随后又慢慢开始回升，春节假期和疫情全封闭期间（1 月 24 日—2 月 9 日）公交车 NO_x 平均排放比例为 39%。从 2020 年 2 月 10 日可以复工开始，公交车 NO_x 排放比例进一步上升，复工第一阶段（第一周和第二周）公交车排放比例是春节前的 1.26 倍，复工第二阶段公交车排放比例慢慢回到春节前正常水平。

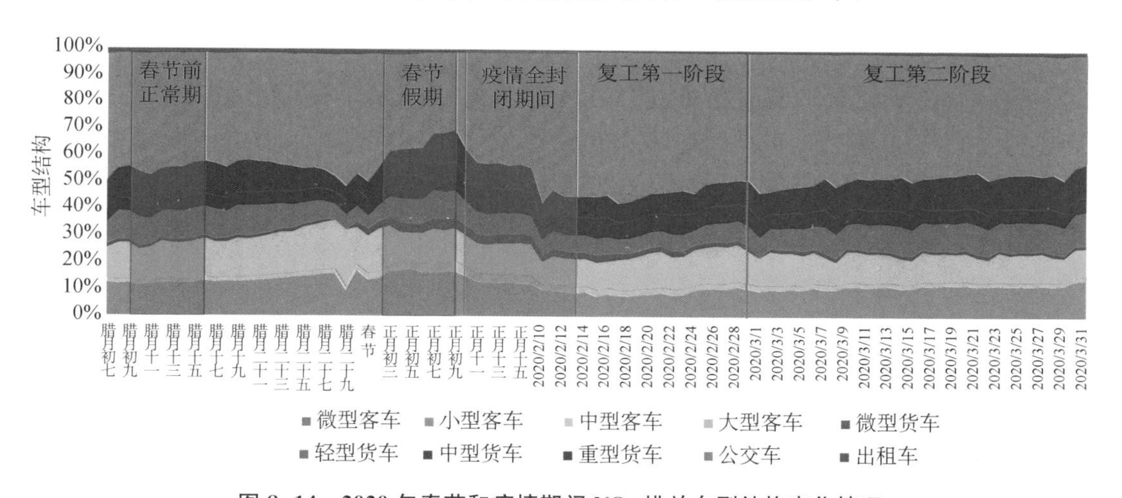

图 8-14　2020 年春节和疫情期间 NO_x 排放车型结构变化情况

从腊月十二（2020 年 1 月 6 日）开始，大型客车 NO_x 排放比例逐渐上升，在除夕前达到最高，随后大型客车排放比例慢慢恢复正常，说明临近春节，重庆市大型客车运行班次可能增多，一部分人选择搭乘大型客车回家过年。

3）机动车排放与空气质量关联性分析

通过对内环区域机动车日均排放量与空气质量的时间变化趋势进行分析，可以看出，机动车 NO_x 排放量与空气质量 NO_2 浓度关联性较高，总体上变化趋势一致（图 8-15）。而机动车 $PM_{2.5}$ 排放量与空气质量 $PM_{2.5}$ 浓度在时间上匹配度不高

(图 8-16),说明空气质量 $PM_{2.5}$ 成因更复杂,除了机动车排放源,可能还存在其他排放源或输入性源对其产生重要影响。

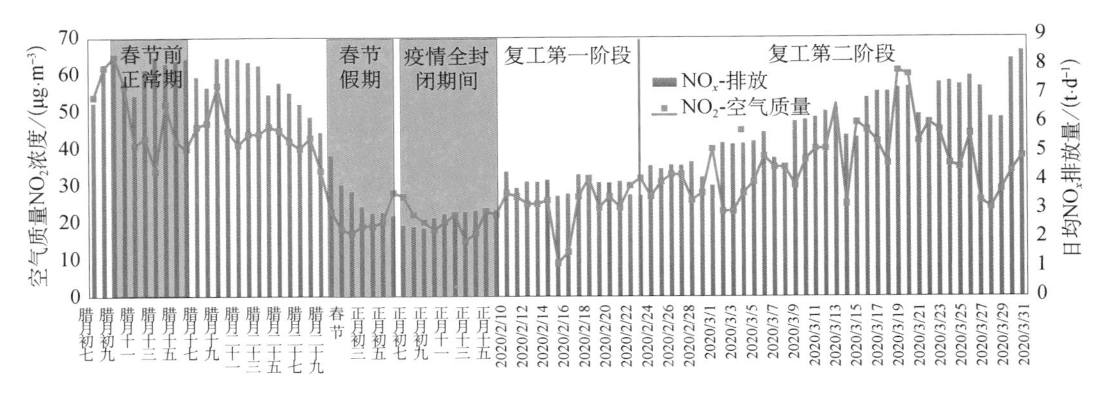

图 8-15　2020 年春节和疫情期间日均 NO_x 排放与空气质量 NO_2 浓度关系

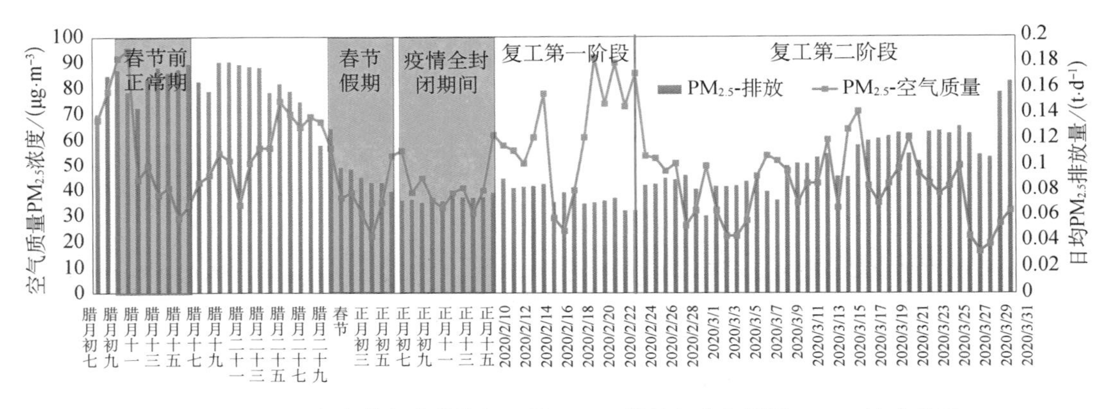

图 8-16　2020 年春节和疫情期间日均 $PM_{2.5}$ 排放与空气质量 $PM_{2.5}$ 浓度关系

8.2 广佛两市交通污染来源精确解析与治理研究

8.2.1　区域概况

广州作为广东省省会、国家重要中心城市,地处珠江下游,濒临南海,是国际性的综合交通枢纽,是粤港澳大湾区、泛珠江三角洲经济区的中心城市以及“一带一路”的枢纽城市。随着城市化进程的推进,广州市机动车规模迅速发展,截至 2019 年,广州市民用汽车保有量为 279 万辆[12],随着机动车保有量的飞速增长,道路交通问题也越来越突出。佛山地处珠三角腹地,毗邻广州,与广州共同构成“广佛都市圈”,截至 2019 年,佛山市民用汽车保有量为 274 万辆[13],与广州相差甚微。目前,佛山已完成“五纵九横二环”主干线公路交通网络的建设,佛山一环全长 158 km,是广东省内长度最长的环城公路，同时也是广州与佛山密切联系的主要通道。目前广州与佛山两市都在大力推进广佛同城化合作，在此背景下，两市市民来往愈加频繁，机动车出行往来也随之增多。

近年来，广州市和佛山市认真落实国家、省、大气污染防治行动计划，不断改善空气质量，完善大气污染防治体系。从广东省生态环境厅发布的广东省城市环境空气质量状况(2020 年 12 月)来看，两市的环境空气质量同比均有所改善，但排名依然处于后五位[14]，与城市竞争力不相适应，空气质量改善压力突出。

8.2.2 交通数据采集及质量控制

1. 交通数据来源

广州市和佛山市交通数据主要来源于公安交警部门(图 8-17)。广州市 15 min 尺度卡口点位共包括 5 198 个，覆盖 1 262 条道路。佛山市小时尺度卡口点位共计 2 450 个，覆盖 74 307 个路段。

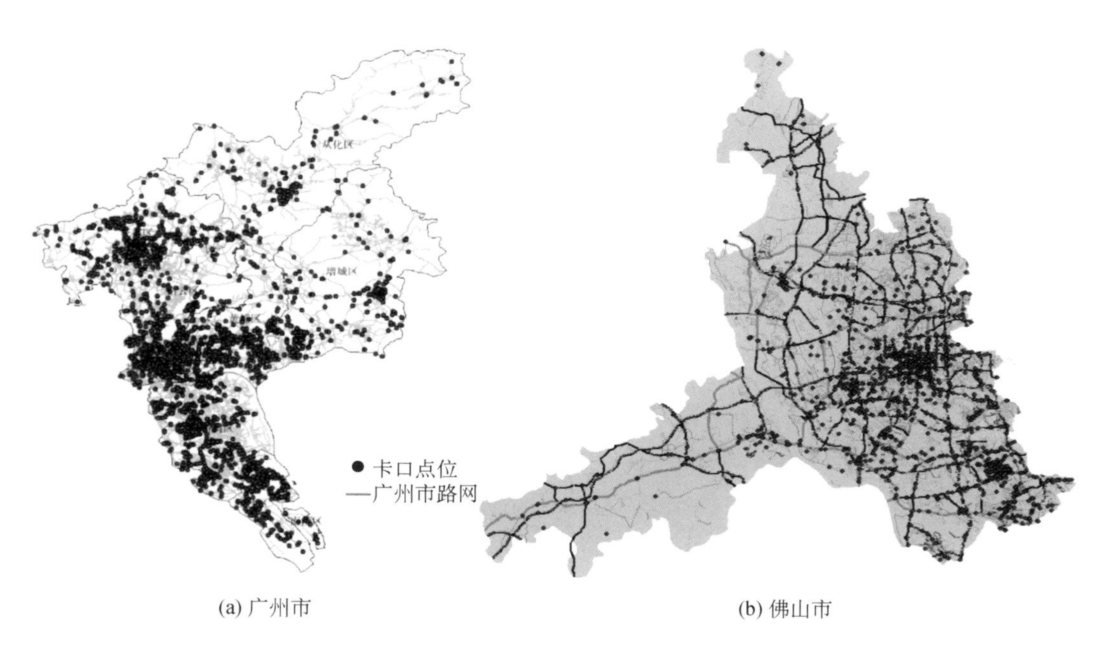

(a) 广州市　　(b) 佛山市

图 8-17　广州市和佛山市交通流量数据卡口点位分布情况

2. 交通数据质量控制

为方便数据的管理和应用，保证数据的有效性、高质量和高精度，避免在后续的使用过程中出现冗余、错误、无效或信息缺乏等问题，需要对采集到的卡口过车记录数据和速度数据进行预处理(图 8-18)，从而满足后续的研究要求[15]。

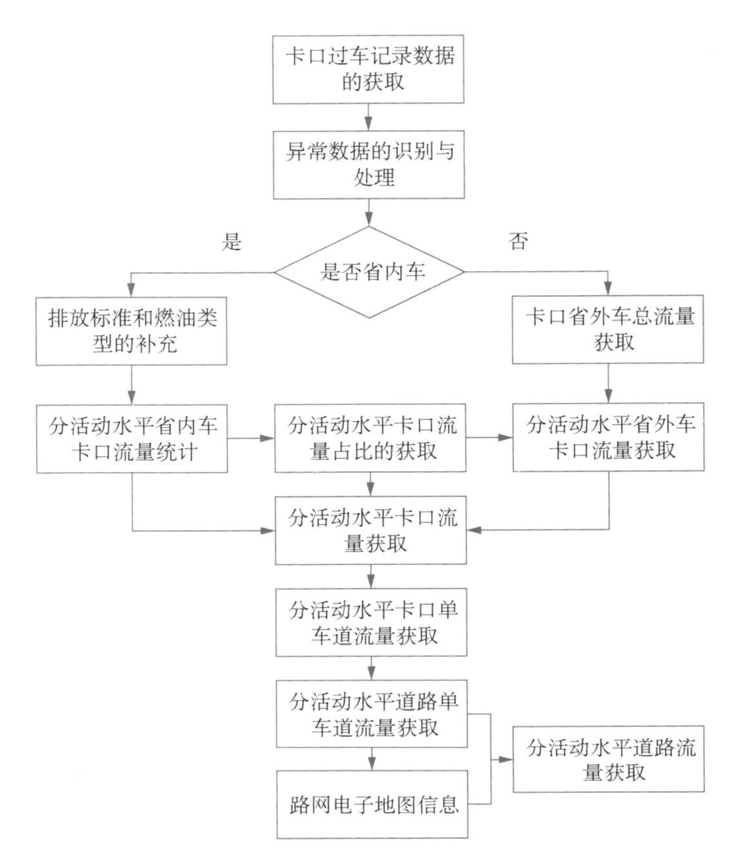

图 8-18 交通数据预处理流程图

8.2.3 成果与应用

1. 广州黄埔大沙地交通污染诊断分析

通过对 2020 年广州市国控点空气质量状况进行分析，识别到黄埔大沙地 NO_2 浓度在所有国控点中最高，同时该站点 O_3 浓度超标。根据 2021 年 8 月污染源分布情况统计结果，黄埔大沙地站点 3 km 范围内共有 114 个污染源（不含船舶），包括工业企业 3 个，施工工地 35 个，餐饮油烟场所 56 个，加油站 6 个，机动车维修企业 10 个，港口码头 4 个。此外，该片区有 24 家用车大户企业，机动车保有量超过 2 000 辆。从路网分布来看，该片区包括 5 条重要交通干道：广园快速路、中山大道东、黄埔东路、黄埔大道东和丰乐北路；次要干道 10 余条：护林路、珠吉路、茅岗路、广新路、港湾路、港湾西四街、大沙地东、港前路等。通过对黄埔大沙地污染源进行调查（图 8-19），初步识别到黄埔大沙地主要受货车出行影响。

根据 2020 年 9 月 24 日发布的《广州市公安局交通警察支队关于广州市区限制货车通行的通告》（穗公交规字〔2020〕6 号），梳理黄埔大沙地片区货车限行措施（图 8-20），具体如下：

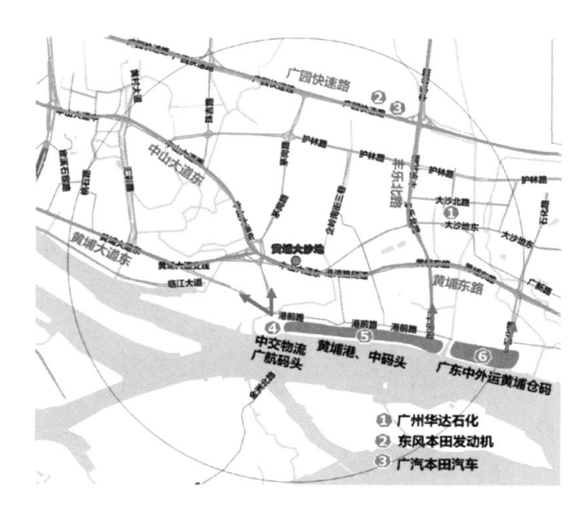

图 8-19 黄埔大沙地片区污染源分布情况

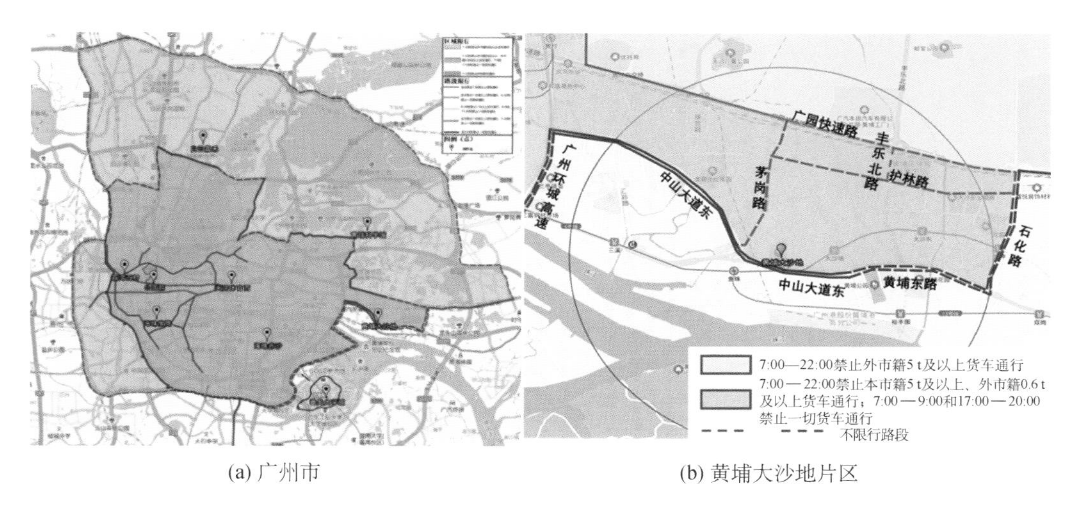

(a) 广州市　　(b) 黄埔大沙地片区

图 8-20 广州市与黄埔大沙地片区货车限行措施图解

(1) 5 t 以上(含 5 t)外市籍货车限制行驶的时间和范围：每天 7:00—22:00 禁止在广州环城高速—中山大道东—黄埔东路—石化路—广园快速路以北区域行驶，其中不包含边界道路广州环城高速、黄埔东路和石化路。

(2) 5 t 以上(含 5 t)本市籍货车和 0.6 t 以上(含 0.6 t)外市籍货车限制行驶的时间和范围：每天 7:00—22:00 禁止在广州环城高速—中山大道东—黄埔东路—石化路—广园快速路区域行驶，其中不包括广州环城高速、黄埔东路、石化路、护林路、茅岗路、丰乐北路(护林路—广园快速路路段)和广园快速路(石化路—茅岗路路段)。

(3) 所有货车限制行驶的时间和范围：每天 7:00—9:00 和 17:00—20:00 禁止在广州环城高速—中山大道东—黄埔东路—石化路—广园快速路区域行驶，其中不包括广州环城高速、黄埔东路、石化路、护林路、茅岗路、丰乐北路(护林路—广园快速路路段)和广园快速路(石化路—茅岗路路段)。

基于 2021 年 2 月、3 月卡口交通流量数据和黄埔大沙地片区货车限行政策,分析其货车出行情况。由于外市籍车辆中的外省车辆无法匹配到具体车型信息,无法分析"外市籍 0.6 t 及以上货车通行"的出行情况;"外市籍 5 t 及以上货车",则用外地大车[外地大车指外市籍总质量≥4.5 t、乘坐人数(驾驶员除外)≥20 人或车长≥6 m 的车辆,包括外市籍大型客车、中重型货车及大型专用车,主要为中型车和重型车,以货车为主,客车较少]近似评估。

(1) 针对"7:00—22:00 禁止外市籍 5 t 及以上货车通行"的限行规定,对黄埔大沙地周边 3 km 路网限货路段的外地大车进行小时流量分析(图 8-21)。在限货时段,大部分路段的外地大车流量都有明显下降,但丰乐北路南往北方向外地大车流量仍较大,外地大车流量为 24～63 辆/h。此外,广园快速路西往东方向外地大车流量从下午 18:00 开始上升,21:00—22:00 小时流量超过 30 辆。

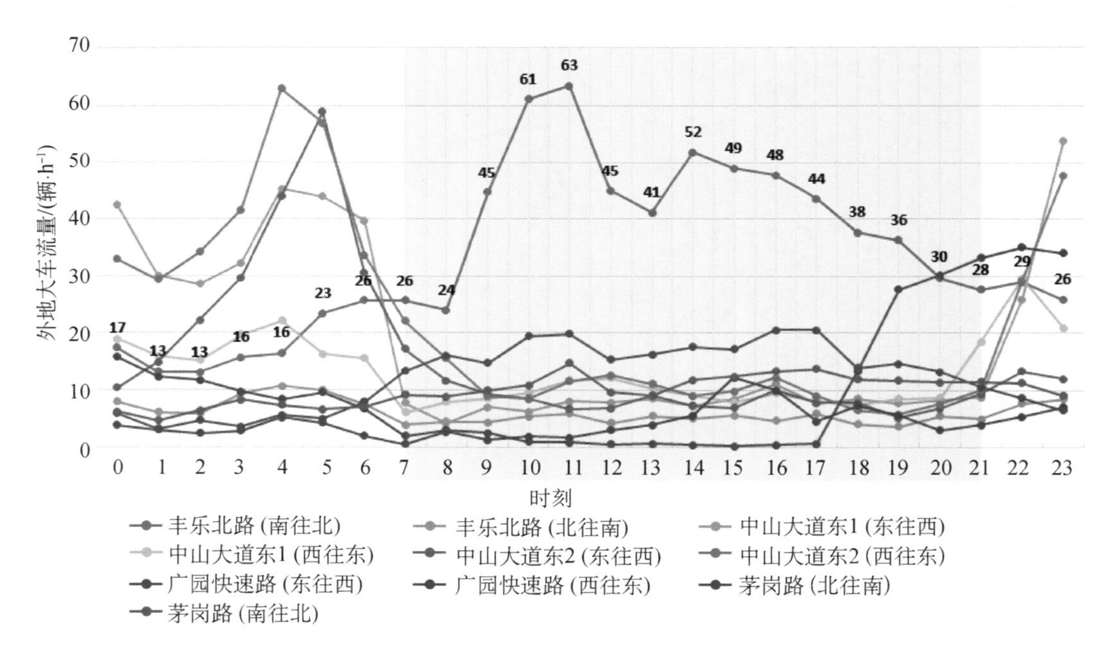

(注:中山大道东 1 指茅岗路—黄埔东路路段;中山大道东 2 指广州环城高速—茅岗路路段,下同)

图 8-21　外地大车小时流量变化趋势

(2) 针对"7:00—22:00 禁止本市籍 5 t 及以上货车通行"的限行规定,对黄埔大沙地周边 3 km 路网货车限行路段的本地重型货车(总质量≥12 t)进行小时流量分析(图 8-22)。在限货时段,仍有一部分货车通行,且大部分路段平峰期本地重型货车流量要略高于早、晚高峰,特别是中山大道东(茅岗路—黄埔东路路段)西往东方向,限货时段内本地重型货车最高小时流量达 43 辆。

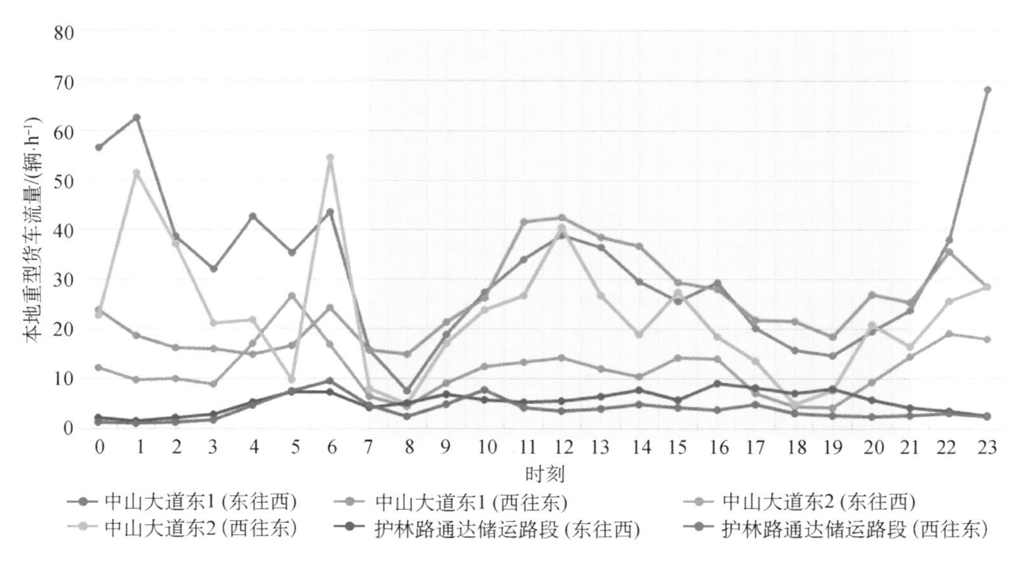

图 8-22　本地重型货车小时流量变化趋势

(3) 针对“7:00—9:00、17:00—20:00 禁止所有货车通行”的限行规定,对黄埔大沙地周边 3 km 路网限货路段的所有货车进行小时流量分析(图 8-23)。在早、晚高峰限货时段,仍有一部分货车通行,路段单方向小时流量为 20～110 辆。

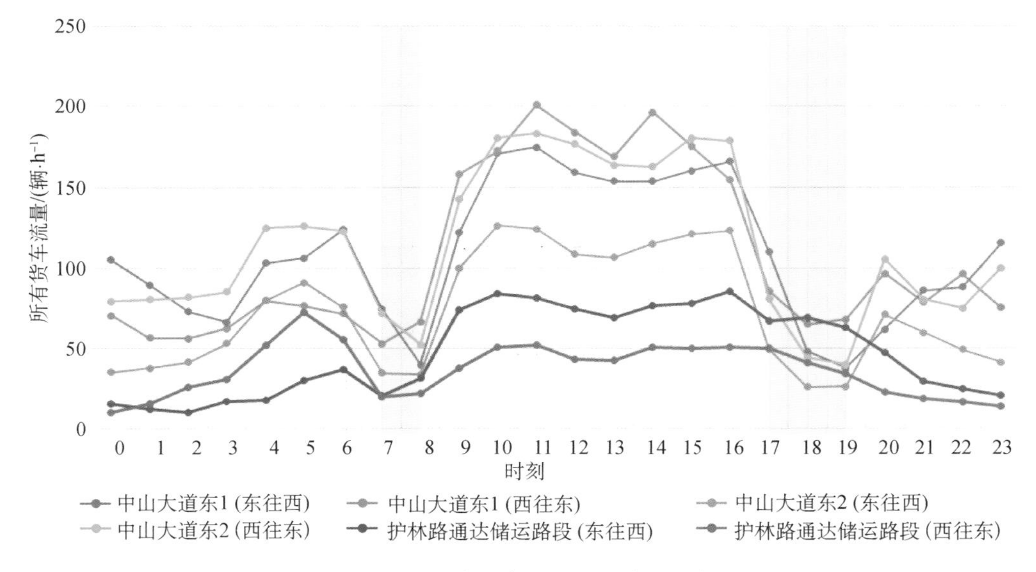

图 8-23　所有货车小时流量变化趋势

综上,黄埔大沙地片区在限货时段内,货车流量下降明显,但仍有一部分货车通行,尤其是丰乐北路南往北方向,7:00—22:00 限货时段内外地大车流量高达 24～63 辆/h。因此,建议加强限货区域货车通行监管,特别是对于丰乐北路南往北方向外地大车流量较高且限货时段下降不明显的问题,应重点监管。

2. 佛山市国Ⅲ柴油货车污染问题识别及治理

截至 2017 年底,佛山市国Ⅲ及以下排放标准柴油车共计 52 811 辆,其中柴油货车 41 403 辆,占比 78.40%,柴油客车保有量占比 15.16%,其次是牵引车和专项作业车。国Ⅲ及以下排放标准柴油货车(简称国Ⅲ柴油货车)占佛山市机动车总保有量的 2%。根据第 5 章 5.1 节基于宏观车辆数据的机动车排放计算方法,获取佛山市机动车污染物 NO_x、$PM_{2.5}$ 和 PM_{10} 的排放量分别为 29 591.98 t,799.28 t,878.18 t,其中,国Ⅲ及以下排放标准柴油货车 NO_x,$PM_{2.5}$ 和 PM_{10} 污染物排放量分别占机动车排放总量的 43.95%,48.76%和 49.26%。

通过分析佛山市国Ⅲ柴油货车车龄情况,发现车龄主要集中在 6~9 年(车龄为 6~9 年的柴油货车占比达 85.39%)。进一步对重型、中型柴油货车车龄分布进行分析,车龄在 6~9 年的重型、中型柴油货车占比为 86.83%。按照《机动车强制报废标准规定》,2024 年底,只能淘汰国Ⅲ柴油货车总数 17.36%的车辆,2028 年底,淘汰率约为 86.81%。仅仅依靠国Ⅲ柴油货车达到强制报废年限而自然报废,需要较长的时间。

进一步从空气质量浓度与机动车排放关系来看,佛山市大气污染呈现夜间污染显著的特征(图 8-24、图 8-25),整体上从夜间至次日凌晨日出前污染水平较高,NO_2 和 $PM_{2.5}$ 污染均在交通晚高峰 18:00 开始加剧,21:00~22:00 达到高峰,次日 3:00 左右下降至白天的平均污染水平。其主要原因可能是夜间气象扩散条件变差,晚高峰左右及后期(16:00—23:00)高强度排放难以快速缓解。晚高峰左右(16:00—19:00),由于高峰出行使得交通出现高排放,随着 22:00 货车限制通行的解禁,22:00—23:00 交通高排放仍未明显减弱,因此,随着夜间气象扩散条件逐步变差,高强度排放难以快速缓解,易出现污染加剧状态。

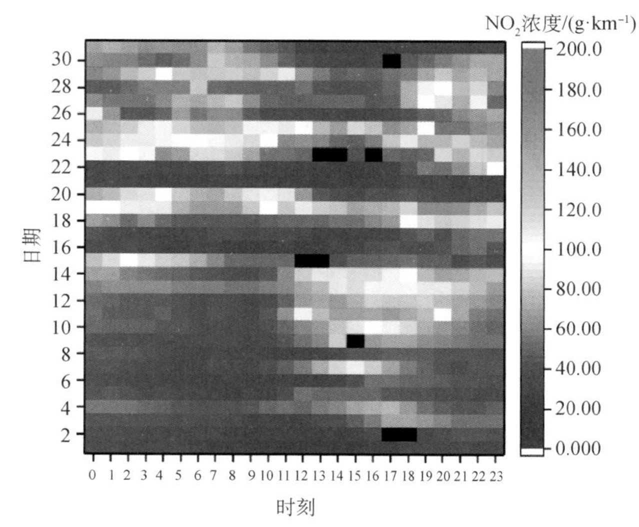

图 8-24 2019 年 1 月南海气象局 NO_2 浓度小时变化热力图

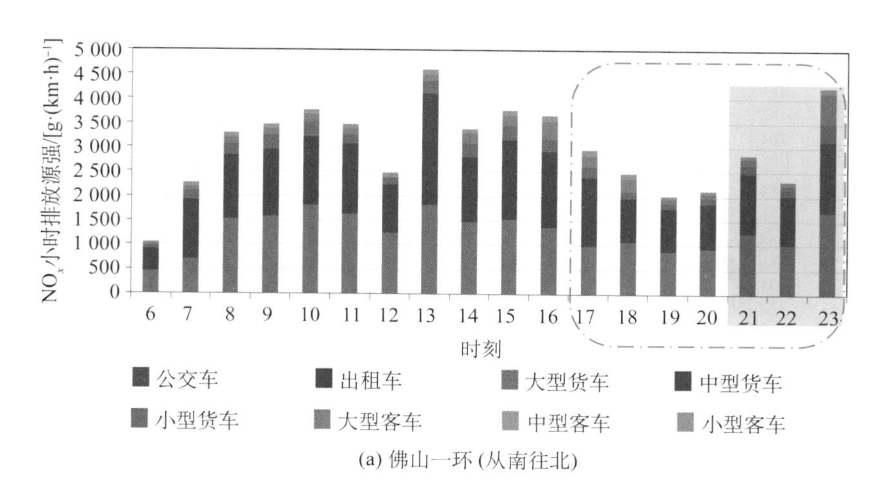

(a) 佛山一环 (从南往北)

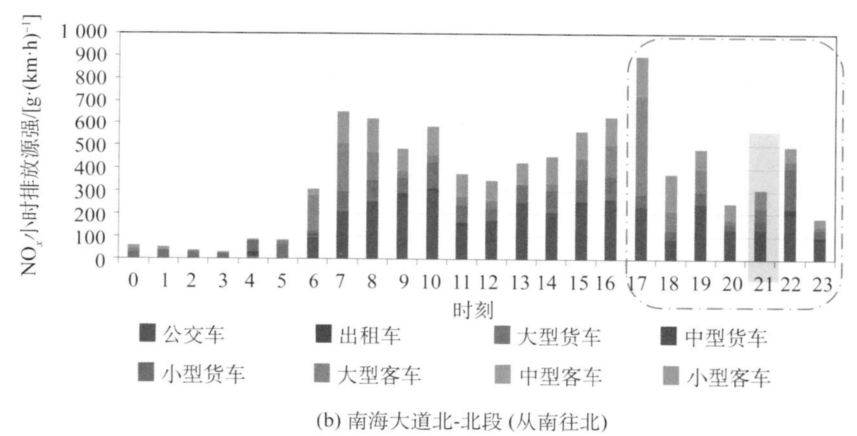

(b) 南海大道北-北段 (从南往北)

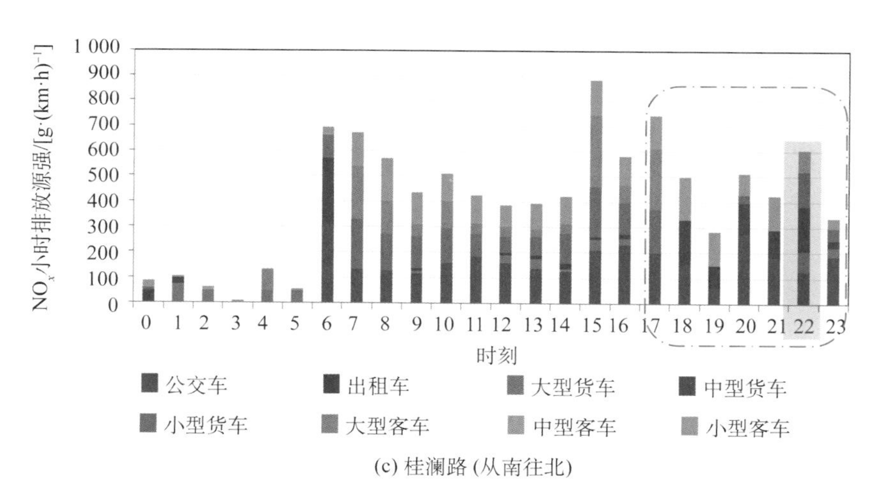

(c) 桂澜路 (从南往北)

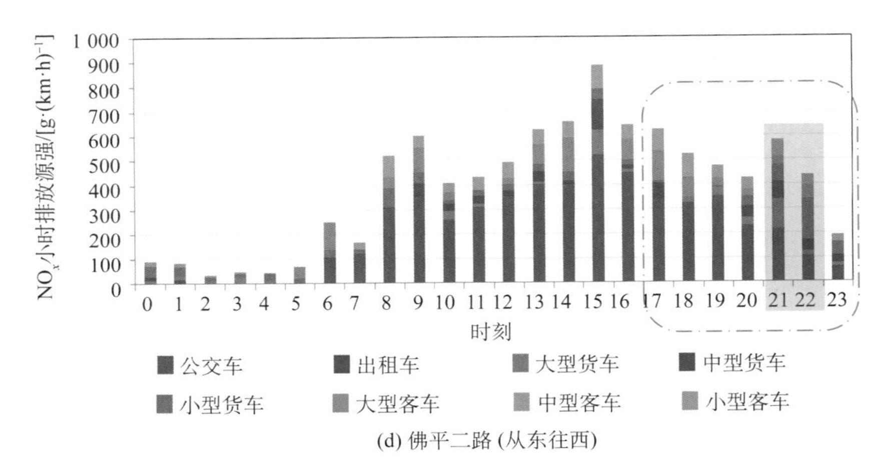

图 8-25 重点道路 NO_x 排放小时变化图

综上，佛山市大气污染呈现夜间污染显著的特征，与夜间气象扩散条件变差和货车排放相关。同时发现，佛山市国Ⅲ及以下排放标准柴油货车保有量约为 2%，但对 NO_x 和 PM 排放贡献率超过 40%，佛山市国Ⅲ柴油货车通行证办结车辆数为 10 843 辆，占全市国Ⅲ及以下排放标准柴油货车保有量的比例超 24%。由此说明，对佛山市国Ⅲ柴油车进行有效管控，有利于降低机动车 NO_x 和 PM 的排放量，对于改善佛山市空气质量意义重大。因此，提出佛山市国Ⅲ柴油货车管控对策：

(1) 在以桂澜路、海八路、佛山大道、魁奇路为边界(不含边界路段)的闭合区域内，现有的货车限制通行时段由 6:00—22:00 调整为 6:00—24:00。限制通行时段内禁止一切货车通行，其他时间段禁止 1.5 t(含)以上货车通行。

(2) 实施国Ⅲ排放标准柴油货车限制通行，限制通行范围、时段与各区中心城区货车限制通行范围、时段一致；公安机关交通管理部门不再向国Ⅲ柴油货车发放通行证。

该方案措施被佛山市生态环境部门接受并采纳，于 2020 年 4 月 4 日正式发布《调整重点区域货车限制通行时间及实施国三排放标准柴油货车限制通行交通管理措施》，自 2020 年 7 月 1 日起正式实施。

8.3 宣城市交通污染来源精确解析与治理研究

8.3.1 区域概况

近几年，宣城市经济发展迅速，但大气污染等问题也随之而来。根据《2018 年宣城市生态环境状况公报》，2018 年细颗粒物($PM_{2.5}$)年均浓度为 44 μg/m^3，同比下降 12.0%，超国家二级标准 25.7%；二氧化氮(NO_2)年均浓度为 34 μg/m^3，同比上升 6.2%；臭氧(O_3)日最大 8 h 滑动平均值的第 90 百分位浓度为 137 μg/m^3，同比下降

3.5%[16]。近五年，宣城市大气 $PM_{2.5}$ 年均浓度均超过国家二级标准限值；NO_2 目前年均水平虽未超标，但存在污染加重趋势，未来可能成为宣城市主要污染物。通过对 2019 年宣城市大气 $PM_{2.5}$ 来源解析，发现工业源和移动源是宣城市大气 $PM_{2.5}$ 污染的首要来源，分别贡献 33.4%和 27.0%。

宣城市以 $PM_{2.5}$ 治理为重点，聚焦扬尘、挥发性有机物治理等防治领域，坚持工程减排和管理减排并重，强化区域联防联控，着力提升强城市管理水平[17]。2018 年全年实施燃煤锅炉淘汰、工业废气治理、扬尘污染治理及餐饮油烟整治等大气污染防治重点项目 503 个，完成率达 100%，空气质量改善效果明显。但接下来，已有治理措施边际效应逐渐减少甚至消失，再考虑天气条件的变化，未来宣城市改善空气质量的压力将进一步加大。

8.3.2 主要数据与计算方法

1. 数据情况

以宣城市中心城区为研究区域，中心城区占地面积 28 km^2，道路长度约 100 km，路网由宣城市中心城区的 54 条主干道、49 个停车场及 101 个电警式卡口构成，根据卡口分布进一步划分为 123 条路段(Link)，相邻两路口的卡口间形成一条路段(图 8-26)。信控路口的电警式卡口覆盖率高达 76%，电警式卡口可以快速高效地检测出通过相应路段车辆的车牌号码、经过时间等信息。

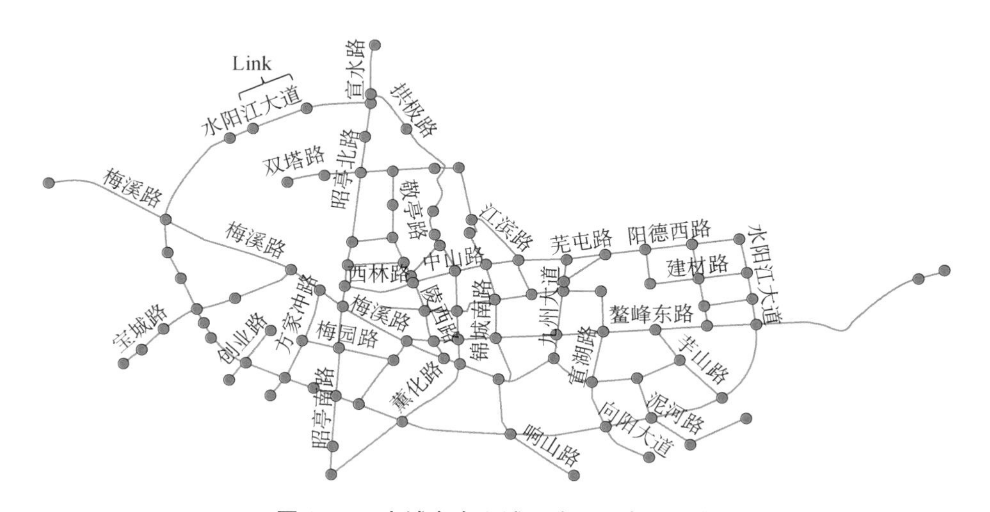

图 8-26 宣城市中心城区路网及卡口分布

2. 路网车辆排放计算

根据第 5 章 5.3 节基于个体车辆数据的单车排放计算方法，通过卡口过车记录数据的时空信息重构每辆车的出行轨迹，轨迹数据可精确到单辆车在路网内某条路段上的驶入、驶出时刻；通过车辆管理所的机动车保有量数据补充车辆技术参数，匹配排放模型中的车辆类型；根据轨迹数据中自带的时间、空间属性，计算车辆在各路段运行轨迹的平均行程速度，进而获得运行工况参数。将上述参数输入排放模型获得各污染物的排放因子，结合路段长度计算单车轨迹排放量，以分析不同车辆排放轨迹的时空特征[18]。

1）车辆类型匹配

车辆技术水平是影响机动车排放量的重要参数，通过宣城市机动车保有量数据库获得宣城市本地车辆的技术参数。由于IVE模型中现有车型分类丰富，本项目参考IVE模型获得车辆排放因子。考虑到与排放因子模型的对接，需对保有量数据库中的车辆初次登记日期、排放标准等数据进行一定的换算和标准化。其中，初次登记日期可转化为车龄，再参考《指南》中不同类型机动车的年均行驶里程换算各辆车的总行驶里程。通过对保有量数据库中排放标准登记格式标准化，得到宣城市机动车排放控制水平为国Ⅰ～国Ⅵ。

对上述技术参数标准化后，即可根据车辆总质量、燃料类型、发动机排量、排放标准、总行驶里程等参数与排放模型进行车辆类型匹配。从重构后的车辆轨迹数据出发，以轨迹单元为单位，以车牌号码和号牌种类为车辆唯一标识，将保有量数据库中调取的车辆类型信息补充到相应车辆的各轨迹单元数据中。

2）排放因子确定

根据车辆类型参考IVE模型获得基础排放因子，再经过一系列修正得到不同技术参数和运行工况下的CO，NO_x，VOCs，PM污染物排放因子，计算公式如下：

$$EF_{i,\mathrm{Bin}}=B_i\cdot K_{(\mathrm{Tmp})i}\cdot K_{(\mathrm{Hmd})i}\cdot K_{(\mathrm{IM})i}\cdot K_{(\mathrm{Alt})i}\cdot K_{(\mathrm{Fuel})i}\cdot K_{(\mathrm{Bin})i} \tag{8-1}$$

式中，$EF_{i,\mathrm{Bin}}$ 为修正后的排放因子，g/km；B_i 为基础排放因子，g/km；$K_{(\mathrm{Tmp})i}$ 为温度修正系数；$K_{(\mathrm{Hmd})i}$ 为湿度修正系数；$K_{(\mathrm{IM})i}$ 为I/M修正系数；$K_{(\mathrm{Alt})i}$ 为海拔修正系数；$K_{(\mathrm{Fuel})i}$ 为燃油修正系数，宣城市以国Ⅴ油品作为修正参数取值依据；$K_{(\mathrm{Bin})i}$ 为运行工况修正系数；i 表示不同车型，Bin表示不同 *VSP-ES* 区间。由于70%的轨迹单元长度小于0.66 km，假设单个轨迹单元中车辆匀速行驶，以路段平均速度计算 *VSP* 值，并参考各车型常见分布，取 *ES* 为低负荷状态，以 *VSP-ES* 对应所在Bin区间。

3）运行排放量计算

结合不同技术参数和运行工况下的各污染物排放因子，利用式(8-2)计算单辆车在单个轨迹单元的排放量：

$$Q_{\mathrm{Link},w,t,n}=\frac{\bar{V}_{\mathrm{FTP}}}{v_{w,t,n}}\cdot EF_{i,\mathrm{Bin}}\cdot L_{\mathrm{a}} \tag{8-2}$$

式中，$Q_{\mathrm{Link},w,t,n}$ 为车辆 w 在时间段 t 内第 n 个轨迹单元的污染物排放量，g；$\bar{V}_{\mathrm{FTP}}$ 为LA4驾驶循环下的平均速度，取31.4 km/h；$v_{w,t,n}$ 为平均行程速度，km/h；$EF_{i,\mathrm{Bin}}$ 为排放因子，g/km；L_{a} 为路段长度，km；i 表示不同车型，Bin表示不同 *VSP-ES* 区间。

单辆车在一定时间段 t 内所有运行轨迹下的总排放量可由式(8-3)求得：

$$Q_{\text{traj},w,t} = \sum_{n} Q_{\text{Link},w,t,n} \tag{8-3}$$

式中，$Q_{\text{traj},w,t}$ 为车辆 w 在时间段 t 内的排放总量，g；n 为车辆 w 落在时间段 t 内的所有轨迹单元。

将时间段 t 设为 1 h，通过将 1 h 内经过各路段的单车排放量汇总，可求出各路段逐小时的综合排放量，计算公式如式(8-4)所示：

$$Q_{\text{grid},a,t} = \sum_{w} \sum_{n} Q_{\text{Link},w,a,t,n} \tag{8-4}$$

式中，$Q_{\text{grid},a,t}$ 为路段 a 在 t 小时内的排放总量，g；w 为 t 小时内驶过路段 a 的所有车辆；n 为车辆 w 在 a 路段上行驶且落在 t 小时内的轨迹单元。

亦可将 1 h 内各路段上的排放量求和，得到路网中的逐小时排放总量，计算公式如式(8-5)所示：

$$Q_{\text{grid},t} = \sum_{a} Q_{\text{grid},a,t} \tag{8-5}$$

式中，$Q_{\text{grid},t}$ 为整个路网在 t 小时内的排放总量，g。

8.3.3 成果与应用

1. 高排放车辆筛查

为识别宣州区核心区域 PM 和 NO_x 突出排放车辆，对单辆车的 PM 和 NO_x 排放量进行排序分析，筛选出排放量突出的前 2%的车辆，作为高排放车辆。

分析发现，PM 高排放车辆的 PM 排放量占 PM 总排放量的 87%；PM 排放量前二十位的车辆主要为大型客车和重型货车，以国Ⅲ和国Ⅰ排放标准车辆为主；PM 高排放车辆中，近一半为货运车辆，且货运车辆的 PM 排放贡献也接近一半(45.81%)，公路客运车辆和非营运车辆的 PM 排放贡献率较高。如图 8-27 所示。

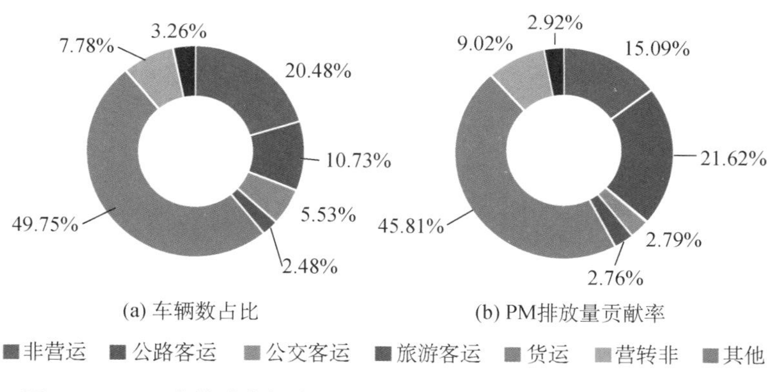

图 8-27 PM 高排放车辆分使用性质的车辆数占比和 PM 排放贡献率

NO_x 高排放车辆的 NO_x 排放量占 NO_x 总排放量的 73%；NO_x 排放量前二十位的车辆主要为大型客车和重型货车，以国Ⅲ排放标准车辆为主。NO_x 高排放车辆中，货运车辆数占比 44.24%，对 NO_x 排放贡献占比约 36.49%；公交客运车辆对 NO_x 排放的贡献率为 17.73%。值得注意的是，公交车的车辆数占比约 5.47%，但对 NO_x 的排放贡献率为 12.52%。如图 8-28 所示。

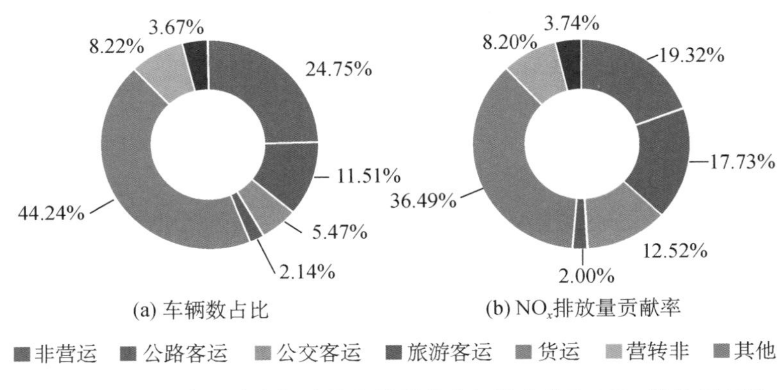

图 8-28　NO_x 高排放车辆分使用性质的车辆数占比和 NO_x 排放贡献率

为识别高排放车辆主要的行驶路段，对车辆的出行频次路网分布情况（图 8-29）进行分析，结合高排放车辆出行频次道路排名（图 8-30）发现：高排放车辆出行频次较高的道路主要为昭亭北路、鳌峰东路、水阳江南大道、梅溪路、薰化路、水阳江东大道、鸿越大道、宝城路等。

图 8-29　高排放车辆出行频次路网分布

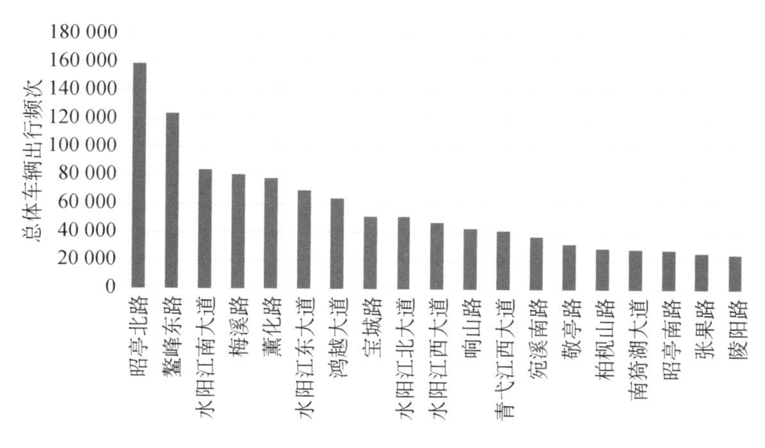

图 8-30　高排放车出行频次道路排名

2. 核心区域柴油货车污染治理

宣城市核心区域柴油货车车辆数在所有运行车辆中的占比为 5.53%，但柴油货车 NO_x 排放占比高达 51.90%，$PM_{2.5}$ 排放占比高达 59.04%。通过对柴油货车进行管控，可以有效改善宣城市空气质量。

基于 2019 年 12 月 25 日至 2020 年 1 月 11 日核心区域单车出行轨迹数据(该时间段内柴油货车出行次数共计 19 536 次)，分析核心区域柴油货车每一次出行的起点和终点，识别柴油货车运行的热点区域(图 8-31)。

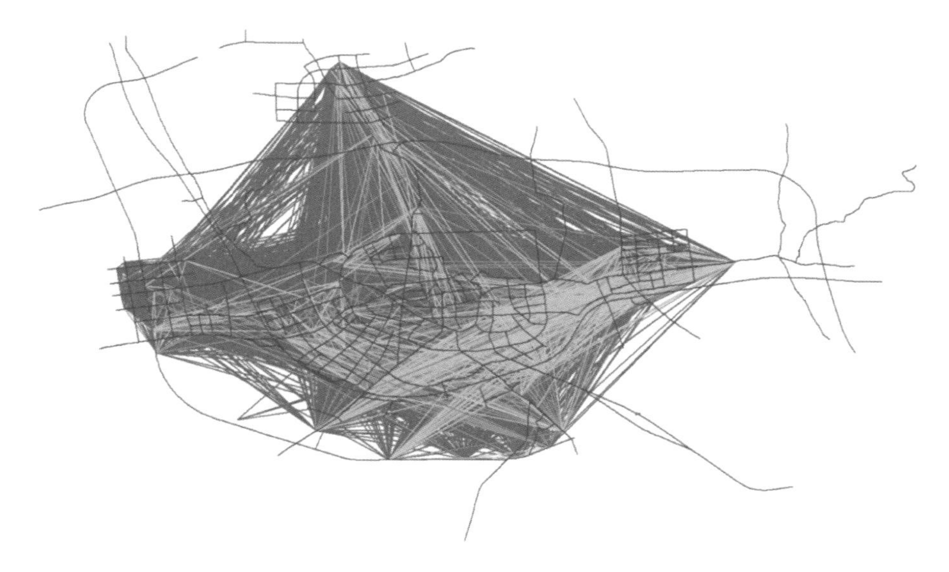

图 8-31　宣州区核心区域柴油货车运行起终点分布(19 536 类)

为便于分析，将 19 536 条起终点路线按照起点或终点的空间分布特征归为 28 类

(图 8-32)。由聚类结果可知,宣城市核心区域柴油货车运行的热点区域主要有 8 处:①产业园;②高新区;③市经开区;④夏渡新城片区;⑤中心医院片区;⑥敬亭苑片区;⑦开达名城片区;⑧鑫鸿科技园片区。从起终点路线来看,柴油货车出行次数前八的路线共占了所有路线的 60.89%(表 8-2)。宣城市核心区域柴油货车污染管控应重点关注 8 个热点区域周边的道路,特别是鳌峰东路、水阳江南大道、向阳大道、响山路、鸿越大道、昭亭北路等。

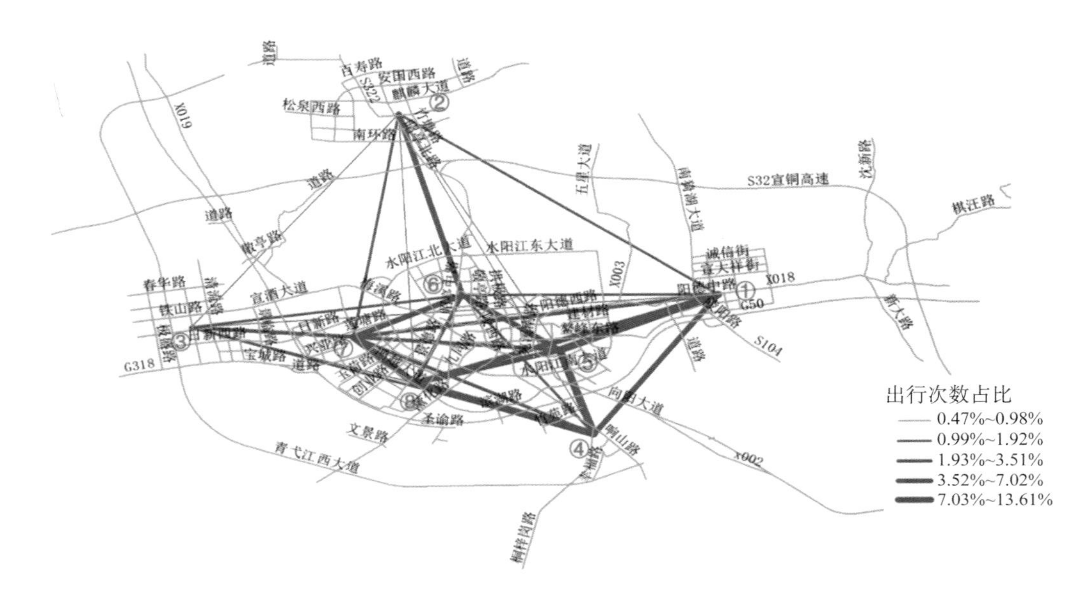

图 8-32　柴油货车运行起终点聚类结果(28 类)

表 8-2　柴油货车出行次数占比前八的路线

序号	起终点路线	出行占比	可能经过道路
1	①往返⑤	13.61%	鳌峰东路、水阳江南大道
2	④往返⑧	8.19%	响山路、滨湖路、水阳江南大道、鸿越大道
3	④往返⑤	7.76%	向阳大道、响山路、水阳江南大道
4	⑧往返⑦	7.73%	鸿越大道、宝城路、水阳江西大道
5	①往返⑧	7.02%	鳌峰东路、水阳江南大道、鸿越大道
6	⑤往返⑧	6.38%	水阳江南大道、鸿越大道、宝城路
7	①往返④	5.20%	鳌峰东路、水阳江南大道、响山路、向阳大道
8	②往返⑥	5.00%	昭亭北路、昭亭中路

8.4 深圳市交通碳减排政策应用研究

8.4.1 区域概况

深圳是全国经济中心城市、科技创新中心、区域金融中心、商贸物流中心，国际知名度、影响力不断扩大。作为我国最早实施改革开放、影响最大、建设最好的经济特区，《深圳市国民经济和社会发展第十三个五年规划纲要》就提出建立健全碳排放权初始分配和管理制度，完善低碳发展的政策法规体系，实行碳排放总量和强度双控，实现到2020年万元GDP二氧化碳排放量比2015年下降23%的发展目标。

交通（尤其是机动车）碳排放管理作为该项战略的重要组成部分，已成为深圳近期交通发展建设工作中高度重视的重点任务之一。基于深圳市在交通模型、交通运行评估等方面已具备的技术基础，实现城市级别的高精度交通排放监测与扩散推演，推进深圳市交通减碳政策应用落地。图8-33所示为深圳市研究范围。

图8-33 深圳市研究范围

8.4.2 主要数据与方法

（1）多种数据关联挖掘分析，提取动态交通需求与运行特征。关联挖掘多源GPS、地磁检测、视频卡口、车牌识别、车辆排放标准等数据，开展交通需求测算与标定，提取全路段交通需求（分车型流量）与运行特征（服务水平）状态。

（2）基于逐秒级GPS数据，提取深圳市本地交通运行工况，匹配排放因子模型库。采用高精度设备采集逐秒级GPS数据，通过数据清理与填补、地图匹配、道路等级与服务水平匹配、行驶工况单元划分等提取本地工况，由GIZ匹配排放因子模型库，提取排放因子。

（3）建立精细化的交通排放模型。以深圳市行政区域为核算范围，根据交通需求、运行特征和交通排放因子，计算特定时空的交通总排放量，从中、微观层面描述道路交通排放的种类、时空分布等细节特征。后续进一步研究，接入全方式交通运行数据(机场航班、港口轮船、轨道班次、客运枢纽班次)，基于不同行驶模式下的运行特征行为建模、排放因子测算，构建全方式交通排放模型。

(4) 构建宏观-微观多维排放扩散模型。基于改进型的 CALINE4 模型，包含道路源动态网格化切分，结合稳态高斯烟羽模型-高斯扩散方程推演模拟道路污染物扩散过程。主要方法是将道路排放线源划分为一系列与风向垂直的等效线源(或单元)，通过计算每个等效线源对接受点的影响，叠加分析道路线源对该接受点的整体影响。在道路线源动态网格化切分基础上，利用高斯扩散公式计算等效线源对接受点的浓度，推演出深圳市范围内排放扩散浓度。

8.4.3 成果与应用

1. 停车收费政策分析评估

定量化、精细化核算城市交通排放能够评估交通政策对环境的影响，可作为评价政策、措施实施效果的重要依据。例如伦敦将交通减排作为评价中心区拥堵收费的重要指标：2003 年 2 月征收交通拥挤费后，收费区域的 NO_x，PM_{10}，CO_2 排放分别减少了 12%，12%，20%。通过分析交通碳排放情况，评估深圳市不同路内停车收费方案。深圳市路外停车调节费的方案比选如下：

方案一(表 8-3)：征收对象为经营性停车场的小汽车使用者(住宅类停车场月卡用户除外)，征收时段为(7:30—21:00)。

表 8-3　　停车收费方案一

征收时段	收费标准/[元·(0.5 h)$^{-1}$]		
	一类区域	二类区域	三类区域
工作日(7:00—21:00)	6	4	2
非工作日(7:00—21:00)	3	2	1

方案二(表 8-4)：征收对象为经营性停车场的小汽车使用者(住宅类停车场月卡用户除外)，征收时段为全天。

表 8-4　　停车收费方案二

征收时段	收费标准/[元·(0.5 h)$^{-1}$]		
	一类区域	二类区域	三类区域
工作日(全天)	5	3	2
非工作日(全天)	3	2	1

现状交通运行排放密度如图 8-34 所示。

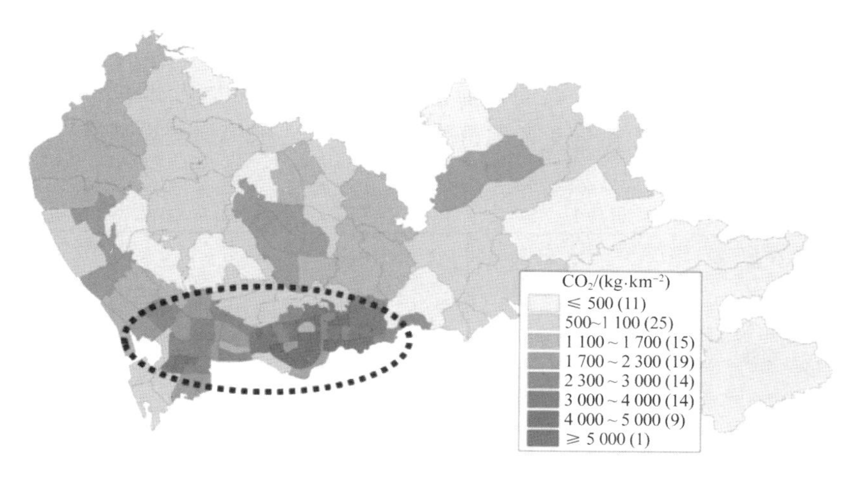

图 8-34　现状交通运行排放密度

方案一实施后模拟分区碳排放密度如图 8-35 所示。

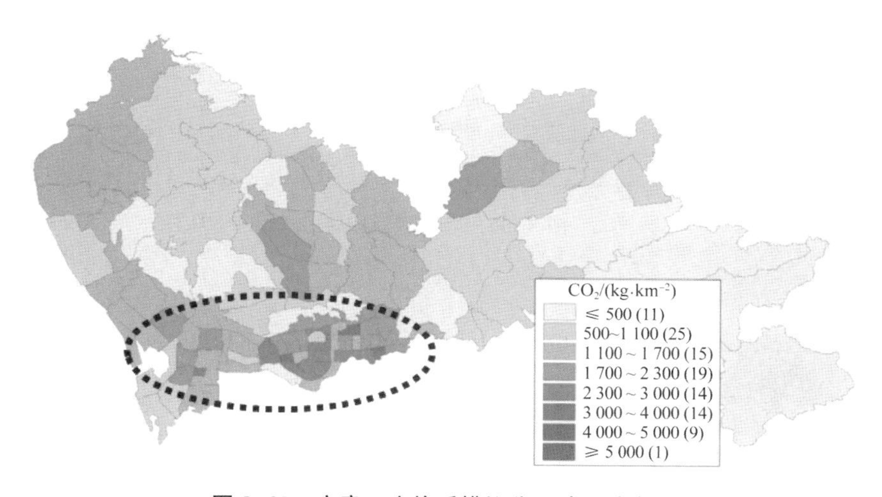

图 8-35　方案一实施后模拟分区碳排放密度

经方案测试后，两种停车收费方案对应的交通碳排放下降情况如表 8-5 所示。

表 8-5　方案测试评估分析结果

指标	现状	方案一(7:30—21:00)	方案二(全天)
变化比例/%	—	下降 22.30%	下降 21.50%

交通排放政策评估有力地支撑了深圳市路边停车场收费政策的落地实施，改善了停车资源，提升了交通运行效率同时降低了整个城市的交通排放。

2. 基础设施建设评估

基于交通排放量化评估，一方面可评估交通规划策略或组合策略的交通减排效果，为优化策略方案提供交通环境方面的支撑；另一方面可为重大交通基建，如新彩隧道（图 8-36）的环境影响评价提供量化依据，预测减排效果。据模型初步测算，新彩隧道通车后，梅林关交通排放将下降 12%。

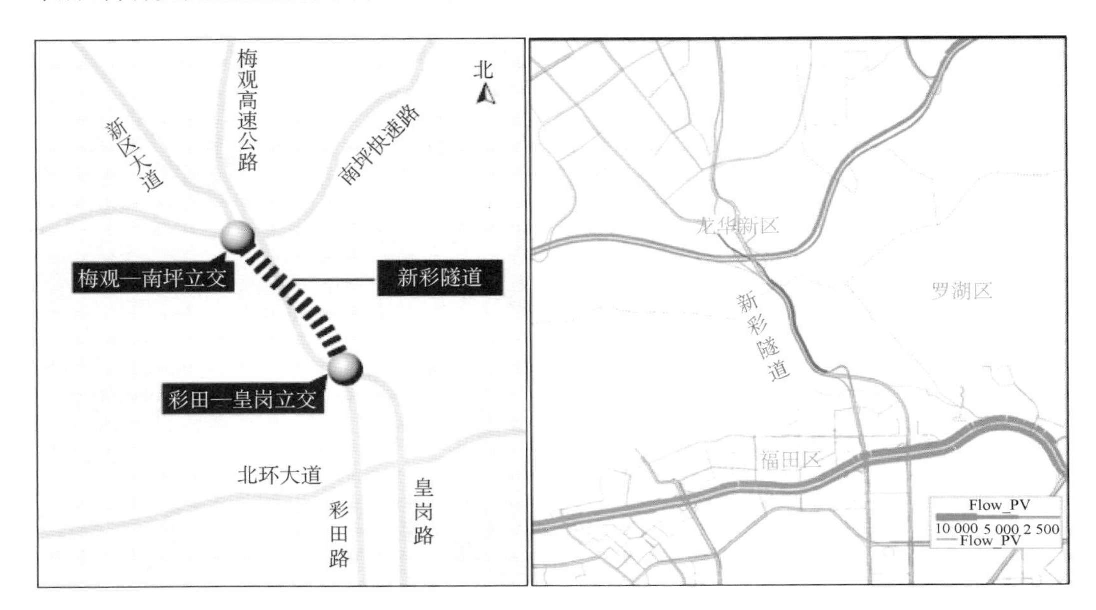

图 8-36 新彩隧道线位

3. “碳足迹”信息发布服务

面向社会公众，逐步建立健全发布机制，丰富交通环境信息的发布内容和渠道，提供更人性化的出行者信息服务。住房和城乡建设部中国城市无车日活动指导委员会联合未来交通实验室推出的移动应用“碳足迹”，旨在配合“922 中国城市无车日”活动，培养市民减排和环保意识。

“碳足迹”通过绿色友好、卡通游戏的方式，让用户在使用过程中，逐步建立低碳出行的现代理念，让绿色出行方式和低碳生活渐渐深入民心。市民可通过“碳足迹”App 查询实时或历史的交通排放信息，了解交通排放的强度及其时空分布。届时，市民出行将不仅取决于拥堵程度，还可根据交通排放情况制定合适的路线及时间。例如，市民可选择在交通排放较低的时段或路段开展跑步、骑行等健身活动。

8.5 小结

本章介绍了重庆市交通污染来源精确解析与治理、广州佛山两市交通污染来源精确解析与治理、宣城市交通污染来源精确解析与治理和深圳市交通碳减排政策及碳足迹应用研究四个应用案例，详细阐述了基于道路交通尾气排放和碳排放计算的交通污染精细化防控和碳减排技术应用。在重庆市，基于路网排放计算，开展了新山村站空气质量监测站点周边区域以及特定事件的机动车污染来源分析，提出了针对性的防控措施建议，为重庆市“纯电动公交车出租车推广应用”“主城区高排放车辆限行”政策制定和顺利实施提供了关键数据和技术支撑，同时推动了重庆市“一点一策”、市-区-镇-街多级联动防治模式工作的开展；在广州佛山两市，针对柴油货车污染问题进行分析，提出了相应的管控对策，成果支撑了“广州市国Ⅲ排放标准柴油货车限行”“佛山市调整重点区域货车限制通行时间及实施国Ⅲ排放标准柴油货车限制通行交通管理措施”“佛山市国Ⅲ排放标准柴油货车限制通行(第二阶段)方案”“海八路货车绕行”政策的制定，为广州市和佛山市打赢蓝天保卫战提供了全面、有力的科技保障；在宣城市，首次实现了个体车辆出行的全域全量精准排放量化，成果精准识别了高排放车辆出行轨迹和出行频次较高的路段，为制定昭亭北路货车绕行方案和公交线路优化方案提供了有力支撑，切实改善了敬亭山测点的空气质量；在深圳市，基于逐秒级 GPS 数据，提取深圳本地交通运行工况，匹配排放因子模型库，实现了深圳行政区划全市域的高精度交通排放监测与扩散推演，成果主要应用在“停车收费”“基础设施建设”“碳足迹信息发布”等方面。

参考文献

[1] 周乾. 重庆主城区环境空气质量监测点位研究[D]. 重庆:重庆工商大学,2013.

[2] Payne H J, Helfenbein E D, Knobel H C. Development and testing of incident detection algorithms[R]. U. S. Federal Highway Administration, 1976.

[3] 杨越思,杜威,宁丹,等. RFID 交通冗余数据检测及分析[J]. 交通信息与安全,2016,34(3):72-80.

[4] 董红召,徐勇斌,陈宁. 基于 IVE 模型的杭州市机动车实际行驶工况下排放因子的研究[J]. 汽车工程,2011,33(12):1034-1038.

[5] 黄成,刘娟,陈长虹,等. 基于实时交通信息的道路机动车动态排放清单模拟研究[J]. 环境科学,2012,33(11):3725-3732.

[6] 吕改艳. 重庆市主城区机动车尾气污染物排放特征及减排情景研究[D]. 重庆:重庆大学,2019.

[7] 朱倩茹,刘永红,曾伟良,等. 基于 GPS 浮动车法的机动车尾气排放量分布特征[J]. 环境科学研究,2011,24(10):1097-1103.

[8] 杨多兴,杨木水,赵晓宏,等. AERMOD 模式系统理论[J]. 化学工业与工程,2005,2:130-135.

[9] Pierce T, Isakov V, Haneke B, Paumier J, et al. Emission and air quality modeling tools for near-roadway applications[R]. U. S. Environmental Protection Agency, 2008.

[10] Vallamsundar S, Jin J. MOVES and AERMOD used for PM2. 5 conformity hot spot air quality modeling[J]. Transportation Research Record, 2018, 2270(1): 39-48.

[11] 侯博峰. 石化企业突发性恶臭污染监测方法及预警体系研究[D]. 青岛:中国石油大学(华

东),2018.
[12] 广州市统计局. 2020 年广州统计年鉴[R/OL]. (2020-10-09). http://stats.gd.gov.cn/gdtjnj/content/post_3098041.html.
[13] 佛山市统计局. 2020 年佛山统计年鉴[R/OL]. (2020-12-31). http://www.foshan.gov.cn/attachment/0/153/153028/4654170.zip.
[14] 广东省生态环境厅. 广东省城市环境空气质量状况(2020 年 12 月)[R/OL]. (2021-01-26). http://gdee.gd.gov.cn/kqzl/content/post_3184330.html.
[15] Turochy R E, Smith B L. New procedure for detector data screening in traffic management systems[J]. Transportation Research Record, 2000, 1727(1): 127-131.
[16] 宣城市生态环境局. 2018 宣城市环境状况公报[R/OL]. (2019-06-04). http://www.xuancheng.gov.cn/OpennessContent/show/1547635.html.
[17] 长三角城市生态环境质量测评课题组. 长江三角洲 26 个城市生态环境质量测评[J]. 内蒙古统计,2020,6:4-7.
[18] 林颖,丁卉,刘永红,等. 基于车辆身份检测数据的单车排放轨迹研究[J]. 中国环境科学,2019,39(12):4929-4940.

9 挑战与展望

本章总结归纳了本书中机动车尾气排放量化方法与技术研究中存在的问题与挑战，展望探讨了未来的技术研究和发展趋势。

9.1 问题与挑战

1. 道路交通尾气排放量化的精细精准度受限于数据质量

影响道路尾气量化技术精细精准度的原因是复杂多样的，而大数据驱动的尾气模型量化技术对数据的依赖性较高，导致数据覆盖面、内容丰富程度和数据质量均会影响模型量化技术的效果，包括模型的适用性、排放量结果的不确定性等。

以宏观尺度排放量化模型为例，在道路交通尾气计算中常常使用年均行驶里程和平均车速两个参数对较大区域范围的车辆尾气排放进行计算。如第 5 章 5.1 节所述，年均行驶里程主要通过问卷调查法和文献调研法获取，调查统计对象不全以及受访者填报数据存在较大偶然性，会对排放量化结果的准确性产生了较大影响。对于宏观模型中假定的平均速度而言，它忽略了单个车辆(例如重型柴油货车、轻型汽油客车、行驶在公交专用道上的公交车等)在运行过程中速度的动态变化以及车辆之间的速度差异。以往的研究表明，城市道路交通实际运行速度接近或低于诸多宏观排放量化计算模型中假定的最小平均速度。Abou-Senna 等[1]发现，车速对 CO_2 的排放具有显著影响，但宏观模型计算时忽略了这一工况表征参数动态变化的重要影响。由此不难发现，基于平均速度的宏观模型方法计算的尾气排放量化结果存在不确定性问题。

在交通工程学或交通学科的研究中，道路交通运行监测数据是交通管控研究的核心，交通运行数据的质量直接决定研究的深度[2]。相较于宏观模型而言，微观模型考虑了所有重要的排放计算信息(如车型、行驶里程、车辆运行工况特性、时段、燃料信息、道路类型、地理区域等)，能够得到一个相对精确的排放量计算结果。然而，微观模型中大规模单车级的交通运行信息获取难度较大。在我国交通运行监测设施建设较为滞后的城市，难以获取单车级的运行或行为数据，从短期来看，现有的方法较难从微观尺度上对这些区域的道路尾气进行量化研究。上述宏观和微观方法的适用性不足都源自应用地区的数据情况，在以后的研究和应用中，应当着重于对数据质量的把控，将计算过程精细准确化，降低排放量化技术的不确定性。

近年来，随着人工智能、物联网、超算等新信息技术的发展，道路交通系统理论和方法学均在发生变革，这种变革已经逐渐渗透到交通环境问题的研究中，仅依靠大数据驱动的研究也将迎来新一轮挑战和变化，诸多技术难题仍需要继续攻克。

2. 面向道路交通尾气排放量化的多领域数据融合存在的难点

交通大气环境污染是由道路交通系统和大气环境系统相互耦合作用形成的复杂问题，也是一个典型的交通、环境和计算机等学科的交叉问题。交通尾气的排放量化由多领域数据共同支撑完成，路网、个体车辆的交通出行、气象、空气质量等多领域数据的融合是实现车辆排放精准量化的数据基础。

有效地将涵盖近百个参数内容、时空尺度不一、稀疏程度不一、跨三大领域的数据进行融合处理，是多领域数据融合处理的难点。首先需要考虑任意的单一领域自身数据质量的缺陷，针对不同领域数据的时空特征，需要提出一套甄别监测数据错误的方法，对不确定、不精确以及异常虚假的数据进行判别和修正，这是多领域数据融合处理的前提。其次，多领域的监测数据具有时空尺度的不一致性，包括数据统计尺度频率的差异、数据维度的差异以及数据存储形式的不同。基于此，应当建立起某要素全链条或全过程特征表征的时空关联或映射方法，将从不同领域、不同监测方式获得的对同一对象不同属性特征或同一属性特征数据进行关联匹配，形成一套融合多类属性特征后的跨领域交通环境监测数据集，为后续的道路交通排放量化奠定基础。

3. 从全生命周期的视角展开排放量化研究的重要性

目前，在新能源渗透率不高的背景下，道路交通排放尾气量化研究大多数都是集中在道路运行过程中的排放，而忽略了其在车辆制造生产和燃料生产等过程中带来的污染物排放。随着国内新能源汽车保有量的逐年递增，尤其当前“双碳”目标的提出，汽车全生命周期能耗与排放的量化受到广泛关注和重视。《中国移动源环境管理年报(2021 年)》显示，2020 年，全国新能源汽车保有量达 492 万辆，约占汽车总保有量的 1.75%，与 2019 年底相比，增加 111 万辆，同比增长 29.18%。其中，纯电动汽车保有量 400 万辆，占新能源汽车总量的 81.32%。新能源汽车增量连续两年超过 100 万辆，呈快速增长趋势[3]。新能源汽车作为在道路上行驶的接近“零排放”的车辆，按以往主要计算道路运行排放量的方法，数目逐渐庞大的新能源汽车在上游车身制造、新能源电池制造以及发电等过程中产生的大量排放物将被忽略，由此道路交通车辆的全生命周期排放将远被低估。另外，新能源汽车在电池报废或回收过程中产生的污染排放也不可忽视。因此，对于新能源汽车与传统汽柴油汽车混行后的道路交通能耗排放研究，需重新厘清道路交通系统能耗排放的研究边界，综合考虑全生命周期能耗排放。

作为未来交通领域减污降碳的重要手段之一，新能源汽车常常在安全、能耗、排放等方面被用来与传统燃油汽车进行比较。为使得二者的比较更科学、更具有指导政策制定的意义，应在往后的科学研究中，重视道路上各类行驶车辆的全生命周期能耗排放的研究。

9.2 研究展望

针对上述提出的问题和挑战，抓住交通领域的新信息技术变革时机，立足国家“双碳”战略、深入落实打赢治理大气污染攻坚战行动计划，预测下一阶段的道路交通排放研究及应用的发展将从以下几个方面展开。

1. 发展基于交通物理信息系统的交通能耗排放精准量化技术体系

如第9章9.1节所述，新信息技术促进社会变革，绿色交通发展科学理论体系也处于变革的“前夜”。以人工智能、深度学习为代表的技术革命正在逐渐影响和改变人类的生产和生活方式，并推动政府管理方式朝精准化和精细化方向转变。在此背景下，交通领域处于这场技术变革的前沿：大数据、即时通信、AI高性能计算为交通系统可测、可知、可控创造机遇，即在新的交通信息环境与技术条件下，交通信息物理系统（Transportation Cyber Physical System，TCPS）可以有效承载交通系统实体（人、车、路）在物理与数字空间的行为计算，初步形成了交通系统理论框架，在上海这一特大型城市、安徽宣城这一中小型城市实现了对每一车辆每次完整出行轨迹进行辨识和认知，对每一个路口、每一个路段的通行能力进行精准认知[4,5]。在这套系统理论构建中，智慧与绿色技术深度交叉融合，道路上行驶车辆的排放量化方法、排放规律认知等将产生根本性变化，这些新认知必然将推动运行效率与环境效益相统一的交通规划、设计与管控、交通生态环境保护等社会治理工作。诚然，这套技术的发展离不开个体级车辆排放测试技术以及不同尾气污染物、碳排放测试数据的快速发展，由此也可促进新信息技术驱动下车辆排放测试技术的发展和基础设施建设的发展。

2. 大数据驱动的道路交通尾气排放量化技术体系仍需完善提升

单车级交通运行数据的发展需要较完善的交通运行监测基础设施，需要有较大的资金投入，否则有可能导致上述方法的快速发展和应用受到限制。因此，在大数据环境下开展应用导向的道路交通量化技术仍有很大的研究空间。一方面，根据实际应用场景，利用多种先进的交通运行监测采集方式获取精细化数据，通过多种监测方式的闭合研究、多种数据融合方法研究，全面提高数据质量。交通运行监测数据获取渠道和方式更广，包括治安卡口、RFID、浮动车等数据。以浮动车数据为例，浮动车一般是指安装了车载GPS定位装置并行驶在城市道路上的车辆，根据定位系统，可有效得到车辆的位置、运行方向以及速度等信息，因此，通过浮动车技术可以获得单个车辆的运行特征。同时，随着高德、百度在线地图数据的开放共享，利用地图时空关联匹配、多种路径重构预测等技术，可以快速推断出道路交通流量和车辆运行速度等。然而，任意一种数据类型都有可能出现记录缺漏、异常等情况，为得到更完备准确的数据，通过对单一监测要素数据进行闭合研究，建立要素齐全、对象统一的融合数据集。另一方面，提升各类车辆各种重要污染物（NO_2，VOCs，CO_2 等）本地化排放因子的研究，尝试建立我国机动车排污监管与排放性能提升的关系，探索普适性的道路形状-车辆运行-排放因子之间的多维耦合关系。同时，探索建立全生命周期道路交通能耗排放研究方法。

3. 探索交通领域减污降碳协同管控的手段，降低对公众健康的危害和气候变化的影响

《2030年前碳达峰行动方案》、《交通强国建设纲要》、“美丽中国”等一系列国家战略、行动计划均表明，未来相当长时期交通减污降碳协同管控非常重要，但因交通领域

运输方式众多，包括道路、水运、铁路和航空。就道路交通而言，个体车辆出行的多元化、随机性、动态性更强，新能源车与燃油车辆混行，集约化客流与货物承运方式众多。车辆排放标准提升、新能源交通工具更换、客货交通运输结构调整等手段均能发挥较好的协同减排作用，但从长远来看，结构性减排、管理性减排和技术性减排多措并举方能可持续发展，推动交通能耗结构低碳化、降低排放量，促进相关产业技术的升级甚至新兴技术涌现，是未来交通领域研究的方向之一。

相应地，从成本投入、减排量、环境影响、气候影响、健康危害等方面，建立全面的、综合的跟踪评估协同管控举措，为国家、省市制定和实施各种行动计划提供科学评估方法，并实施动态的跟踪评估行动，形成闭环的交通领域减污减碳技术分析与管理手段。

参考文献

[1] Abou-Senna H, Radwan E. VISSIM/MOVES integration to investigate the effect of major key parameters on CO_2 emissions[J]. Transportation Research Part D: Transport & Environment, 2013, 21: 39-46.

[2] Huang W, Guo Y, Xu X. Evaluation of real-time vehicle energy consumption and related emissions in China: A case study of the Guangdong-Hong Kong-Macao greater Bay Area[J]. Journal of Cleaner Production, 2020, 263: 121583.

[3] 中华人民共和国生态环境部. 中国移动源环境管理年报(2021年)[R]. https://www.mee.gov.cn/hjzl/sthjzk/ydyhjgl/202109/W020210910400449015882.pdf, 2021.

[4] 邹兵. 基于车辆身份检测数据的个体出行规律挖掘及应用研究[D]. 广州：中山大学，2020.

[5] 朱依婷. 车辆身份检测环境下的城市交通网络博弈控制[D]. 广州：中山大学，2021.